中国数据中心冷却技术年度发展研究报告 2017

中国制冷学会数据中心冷却工作组　组织编写

中国建筑工业出版社

图书在版编目（CIP）数据

中国数据中心冷却技术年度发展研究报告 2017/中国制冷学会数据中心冷却工作组组织编写. —北京：中国建筑工业出版社，2018.4

ISBN 978-7-112-21905-6

Ⅰ. ①中… Ⅱ. ①中… Ⅲ. ①冷却-技术发展-研究报告-中国-2017 Ⅳ. ①TB6

中国版本图书馆 CIP 数据核字（2018）第 043182 号

本书结合我国当前数据中心相关数据及研究成果，介绍了目前数据中心发展状况与能耗情况、冷却方式及现状、典型案例、相关政策等。书中新增数据中心冷却理念和思辨、系统形式、数据中心冷却新型设备等内容，以及大机房、小机房测试案例和运行维护管理案例。涵盖我国数据中心最新建设情况，我国最新相关政策以及国外发展情况，打破数据封闭大环境，用数据说话，数据来源真实可靠。本书内容丰富，较为翔实、全面地反映了我国数据中心冷却系统的概况，可供数据中心冷却技术相关科研、工程技术人员参考使用。同时也包含许多创新之处，为广大科研人员提供了一些新的研究思路与方向。

责任编辑：张文胜

责任校对：王　瑞

中国数据中心冷却技术年度发展研究报告
2017

中国制冷学会数据中心冷却工作组　组织编写

*

中国建筑工业出版社出版、发行（北京海淀三里河路 9 号）

各地新华书店、建筑书店经销

北京红光制版公司制版

北京圣夫亚美印刷有限公司印刷

*

开本：787×1092 毫米　1/16　印张：14½　字数：359 千字

2018 年 4 月第一版　2018 年 4 月第一次印刷

定价：**49.00** 元

ISBN 978-7-112-21905-6

（31827）

编　写　人　员

第 1 章　陈焕新
1.1　陈焕新　何　红
1.2　陈焕新　袁　玥

第 2 章　陈焕新
2.1　陈焕新　孙　淼
2.2　孙东方　孙　淼
2.3　诸　凯
2.4　唐海达　佟　振
2.5　唐海达
2.6　严　瀚

第 3 章　李红霞
3.1　罗海亮
3.2　马　德
3.3　苗文森
3.4　蔡　宇
3.5　罗志钢
3.6　严　瀚

第 4 章　胡汪洋
4.1　邵双全
4.2　邵双全
4.3　冯潇潇　谢晓云　吕继祥

第 5 章　郑竺凌
5.1　王雪峰　黄　璜
5.2　田　浩　李　震
5.3　肖皓斌　黄　璜
5.4　黄冬梅　郑竺凌
5.5　钟志鲲　郑竺凌
5.6　黄　翔　耿志超　李婷婷

第 6 章　杨彦霞

6.1　吕东建

6.2　钟志鲲

6.3　郭　林

6.4　丁会芳　康　楠　金玉科

第 7 章　董丽萍

7.1　董丽萍　张晓宁

7.2　董丽萍

7.3　吴延鹏

第 8 章　赵国君

8.1　于志慧

8.2　张伟荣

序

　　"中国制冷学会数据中心冷却工作组"自成立以来开展了多项技术交流活动，并于2017年初出版了《中国数据中心冷却技术年度发展研究报告2016》，受到业界广泛欢迎。无论是技术研发，还是产业拓展，都需要这样一份汇总行业年度技术发展的报告。为此，工作组的各位专家、学者继续了这项艰辛而有意义的工作，《中国数据中心冷却技术年度发展研究报告2017》又在2018年出版，为行业的继续前行，做了最基础、最重要的技术进步的记录。

　　我们依然要坚信，制冷技术是一直伴随社会发展与科学进步而发展的重要学科，是为社会发展、科学进步保驾护航的行业。数据中心的冷却，无疑是这其中重要的一环，是如今信息时代大发展的必要条件，所以我们整个行业都应承担起重任与挑战。

　　"中国制冷学会数据中心冷却工作组"共有6个工作小组，汇集了从事这一领域技术研究、工程设计、产品研发、工程实践和运行维护管理的各个机构，包括了高校、科研院所、设计院、生产企业、市场研究和数据中心运行企业及行业媒体，共同关注中国数据中心建设与发展，合力聚焦冷却技术与现代数据中心建设相结合的创新，探求数据中心能耗降低的各种技术途径，推进绿色数据中心在中国的可持续发展。

　　工作组按照如下分工开展工作：

　　第一组：数据中心冷却的基本状况和基础数据，了解国内外这一领域的发展动态变化，统计全国数据中心冷却运行数据。

　　第二组：数据中心冷却系统形式和设计参数，对目前国内外的系统形式和主要参数进行分类和系统地分析，提出未来各种情况下数据中心冷却的推荐做法。

　　第三组：数据中心运行状况测试与分析，对我国各类典型的数据中心冷却系统进行深入测试与分析。

　　第四组：数据中心相关设备的性能研究与新产品开发，此组又分为末端、冷源、冷却塔等几个分小组，分别对数据中心各类主要设备的目前状况、性能等进行研究，并提出新品的研发方向。

　　第五组：数据中心冷却领域相关政策、机制研究，汇集这一领域第一线从业者的诉求，向有关方面提出政策建议。

　　第六组：数据中心冷却系统的运行管理，总结目前的运行管理经验，提出先进的运管方法，并从运行管理的需求出发，对系统形式、设备性能提出新的诉求。

　　比较2016年度的报告，2017年度报告更加聚焦于中国和世界范围内数据中心行业所发生的一些技术变化，8个章节的设置中有关"系统设计、理念与思辨、典型案例测试与分析、新型设备"等都更加偏重于实践工程中遇到的问题的解决，内容更加具有可参考性，而非教科书式的理论堆砌。很多技术观念与思辨的观点提炼，更是希望给行业关注者一个开放的角度，希望能够确实反映出一年以来的新东西，从可参考的角度引申出更多有益的思考和行动。

　　"中国制冷学会数据中心冷却工作组"各位小组成员在百忙之中抽时间搜集资料、撰稿，并且召开了三次有关本报告撰写的专题讨论会，足见各位专家对年度报告的重视，尽管因为时间不足和研究角度摄取不同，2017 的年度报告还存在很多问题，但正如大数据信息时代发展的特点，发展的速度总是快过我们技术规范的总结速度，因此有问题才说明整个产业处于高速发展的重要时期，我们作为见证者，先行纪录和表达冷却技术于数据中心建设之重要性，已经是十分了不起的事了，因此，在《中国数据中心冷却技术年度发展研究报告 2017》出版之时，我们应该感到自豪。存在的不足，需要我们积蓄力量，继续前行。

于　清华建筑节能研究中心

2018 年 1 月 1 日

前　言

随着"十三五"规划中"互联网＋"、"大数据应用"等一系列信息化重大工程的提出和推进，我国数据中心的规模和数量都得到了长足发展。与此同时，数据中心能耗问题也日益突出。研究表明，2016 年数据中心冷却系统能耗约占数据中心总能耗的 40％。目前数据中心用电量、制冷能力都已经达到极限。为了降低数据中心能耗，更加合理优化资源配置，本书从数据中心的规模、分布、冷却形式、智能控制等方面进行了阐述和探讨。

为了全面总结我国数据中心冷却现状及发展趋势，继《中国数据中心冷却技术年度发展研究报告 2016》之后，中国制冷学会数据中心冷却工作组（DC Cooling）再次组织国内相关专家及企业编写了《中国数据中心冷却技术年度发展研究报告 2017》。根据国内外相关标准规范的要求，结合国内各类数据中心冷却系统实例，经过研究讨论、总结归纳、专家审查并反复修改，历时一年，最终得以完成。

本书结合我国当前数据中心相关数据及研究成果，介绍了目前数据中心发展状况与能耗情况、冷却方式及现状、典型案例、相关政策等。本书新增数据中心冷却理念和思辨、系统形式、数据中心冷却新型设备等内容，以及大机房、小机房测试案例和运行维护管理案例。涵盖我国数据中心最新建设情况，我国最新相关政策以及国外发展情况，打破数据封闭大环境，用数据说话，数据来源真实可靠。本书内容丰富，较为翔实、全面地反映了我国数据中心冷却系统的概况，可供数据中心冷却技术相关科研、工程技术人员参考使用。同时也包含许多创新之处，为广大科研人员提供了一些新的研究思路与方向。

本书编写得到了中国制冷学会数据中心冷却工作组成员单位的大力支持。

书中若有错漏之处，恳请各位专家批评指正。

目　录

第1章　概述 ··· 1

　1.1　我国数据中心发展现状 ·· 1

　　1.1.1　我国数据中心概况 ·· 1

　　1.1.2　我国数据中心发展规模分类 ··· 2

　　1.1.3　我国数据中心市场发展现状 ··· 2

　　1.1.4　我国数据中心分布及现状 ·· 5

　　1.1.5　我国数据中心建设现状 ·· 6

　　1.1.6　我国数据中心发展趋势 ·· 7

　1.2　我国数据中心能耗现状 ·· 10

　　1.2.1　我国数据中心能耗现状简介 ·· 10

　　1.2.2　我国数据中心用能情况分析 ·· 12

　　1.2.3　我国数据中心能耗发展趋势 ·· 14

　本章参考文献 ··· 18

第2章　数据中心冷却理念与思辨 ·· 19

　2.1　数据中心热量传递过程 ·· 19

　2.2　围护结构和通风 ·· 20

　　2.2.1　围护结构 ··· 20

　　2.2.2　通风 ·· 22

　2.3　数据中心服务器芯片冷却新技术 ··· 24

　　2.3.1　服务器芯片空气冷却 ··· 24

　　2.3.2　服务器芯片液体冷却 ··· 28

　　2.3.3　超级计算机服务器冷板式液体冷却 ·· 32

　　2.3.4　服务器CPU节能的新举措 ·· 36

　2.4　排热需求冷源温度和除湿问题 ··· 38

　　2.4.1　数据中心环控需求及自然冷源状况 ·· 38

　　2.4.2　数据中心现有空调方式 ·· 41

　　2.4.3　降低驱动温差的途径 ··· 43

　　2.4.4　实现"大风量、小温差"的途径 ·· 45

　　2.4.5　数据中心的湿度控制 ··· 47

　2.5　数据中心的热量输配系统 ·· 48

　　2.5.1　输配系统能耗 ··· 48

　　2.5.2　输配能耗与冷源能耗的综合分析 ·· 48

　2.6　数据中心空调系统可靠性 ·· 51

2.6.1 数据中心空调系统故障实例 ·········· 52

2.6.2 数据中心空调系统全生命周期可靠性 ·········· 53

2.6.3 数据中心空调系统可靠性提升方向 ·········· 54

2.6.4 数据中心空调系统可靠性评级体系 ·········· 56

本章参考文献 ·········· 58

第3章 数据中心冷却系统形式 ·········· 60

3.1 供回水温度 ·········· 60

3.1.1 冷冻水温度对空调系统的影响 ·········· 60

3.1.2 数据中心冷冻水温数据调研 ·········· 60

3.1.3 冷冻水温发展趋势 ·········· 62

3.2 湖水冷却 ·········· 63

3.2.1 湖水冷却的特点 ·········· 63

3.2.2 湖水冷却技术适合条件 ·········· 66

3.2.3 湖水冷却系统设计的原则 ·········· 66

3.2.4 湖水冷却系统的组成 ·········· 67

3.2.5 控制 ·········· 68

3.2.6 后评估 ·········· 68

3.3 模块化数据中心 ·········· 69

3.3.1 模块化数据中心的定义及发展 ·········· 69

3.3.2 模块化数据中心分类 ·········· 70

3.3.3 模块化数据中心制冷系统设计要点 ·········· 71

3.3.4 模块化数据中心案例 ·········· 73

3.4 蓄冷 ·········· 76

3.4.1 蓄冷罐 ·········· 76

3.4.2 蓄冷罐的常用系统形式 ·········· 79

3.4.3 蓄冷罐与常用蓄冷空调系统的关系 ·········· 82

3.5 直接新风冷却 ·········· 82

3.5.1 直接新风冷却原理 ·········· 82

3.5.2 国内外关于数据中心空气品质的标准要求 ·········· 83

3.5.3 空气采样数据、测试方法和测试仪器 ·········· 84

3.5.4 新风过滤处理原则 ·········· 86

3.6 直接膨胀式空调 ·········· 87

3.6.1 直接膨胀式空调系统特点 ·········· 87

3.6.2 直接膨胀式空调的应用情况 ·········· 89

3.6.3 直接膨胀式空调系统的优缺点 ·········· 90

3.6.4 直接膨胀式空调的发展方向 ·········· 92

第4章 数据中心冷却新型设备 ·········· 99

4.1 新型冷机篇 ·········· 99

4.1.1 高温冷水机组 ·········· 99

　　　4.1.2　变频冷水机组 ·· 102

　　　4.1.3　磁悬浮冷水机组 ·· 105

　　　4.1.4　蒸发冷凝冷水机组 ·· 109

　　　4.1.5　双冷源机组 ·· 111

　　4.2　机房专用空调 ··· 113

　　　4.2.1　冷冻水型机房专用空调机组 ···································· 113

　　　4.2.2　冷媒型行级空调 ·· 115

　　　4.2.3　列间空调 ·· 117

　　　4.2.4　顶置式热管空调 ·· 119

　　　4.2.5　热管背板空调 ·· 120

　　4.3　数据中心冷却塔现状与防冻方法 ···································· 122

　　　4.3.1　数据中心冷却塔现状与存在的问题 ························· 122

　　　4.3.2　基于间接蒸发冷却塔的机房冷却系统 ····················· 123

　　　4.3.3　典型工况的设计计算 ·· 126

　　　4.3.4　间接蒸发冷却塔防冻性能测试 ································· 129

　　　4.3.5　小结 ·· 133

　本章参考文献 ··· 134

第5章　冷却系统案例实测 ·· 135

　5.1　数据中心环境能效检测与优化 ··· 135

　　　5.1.1　某数据中心概况 ·· 135

　　　5.1.2　改造前的性能测试 ·· 135

　　　5.1.3　改造方案及测试结果分析 ······································· 137

　5.2　数据中心分布式冷却系统案例分析 ···································· 141

　　　5.2.1　某数据中心概况 ·· 141

　　　5.2.2　改造前的性能测试 ·· 141

　　　5.2.3　改造及测试方案 ·· 142

　　　5.2.4　改造后性能测试结果与分析 ···································· 144

　5.3　某数据中心新型冷却方案及其能耗特性分析 ···················· 147

　　　5.3.1　某数据中心概况 ·· 147

　　　5.3.2　改造前的性能测试 ·· 148

　　　5.3.3　改造及测试方案 ·· 148

　　　5.3.4　改造后性能测试结果与分析 ···································· 150

　5.4　某数据中心机房以CFD模拟结合测试的案例分析 ·············· 151

　　　5.4.1　某数据中心概况 ·· 151

　　　5.4.2　当前机房状态模拟与分析 ······································· 152

　　　5.4.3　当前机房存在的问题 ·· 154

　　　5.4.4　改造后机房温度分布结果与分析 ····························· 154

　5.5　上海市某数据中心园区冷源系统运营案例分析 ················· 155

　　　5.5.1　某数据中心概况 ·· 155

    5.5.2 运营模式介绍 ·· 156
    5.5.3 冷源系统性能测试结果与分析 ······················· 156
  5.6 蒸发式冷气机在通信数据中心应用的测试与分析 ··········· 159
    5.6.1 蒸发式冷气机原理 ································· 159
    5.6.2 通信机房用蒸发式冷气机新风系统的测试分析 ········· 160
  本章参考文献 ··· 164

第6章 数据中心运行管理案例 ································· 165
  6.1 某小型数据中心运维案例 ······························· 165
    6.1.1 某小型数据中心运维要求 ··························· 165
    6.1.2 某小型数据中心运维情况 ··························· 169
  6.2 某大型数据中心运行管理案例 ··························· 172
    6.2.1 某大型数据中心的基本情况 ························· 172
    6.2.2 运维组织架构 ····································· 173
    6.2.3 数据中心主要运行参数 ····························· 176
    6.2.4 运维中优化 ······································· 177
    6.2.5 提高可靠性的措施 ································· 177
  6.3 某云计算中心机房运行案例 ····························· 178
    6.3.1 项目基本情况 ····································· 178
    6.3.2 项目采用的技术 ··································· 180
    6.3.3 系统运行状况 ····································· 181
    6.3.4 项目运行总结 ····································· 183
  6.4 数据中心信息化运维管理平台的应用案例 ················· 183
    6.4.1 概述 ··· 183
    6.4.2 基于智能一体化运维管理实践 ······················· 184
    6.4.3 对标国际一流的运维服务模式 ······················· 187
    6.4.4 结语 ··· 187
  本章参考文献 ··· 188

第7章 国家及地方对数据中心建设相关政策走向、电价优惠、
        选址规范及设计标准 ······························· 189
  7.1 国家及地方政策 ··· 189
    7.1.1 国家相关政策走向分析 ····························· 189
    7.1.2 2015～2017年国家相关部门颁布的有关数据中心建设及管理相关政策、规范
         等部分内容介绍 ································· 190
    7.1.3 有关地方政策部分内容汇总 ························· 191
    7.1.4 部分地区有关电价等相关优惠政策 ··················· 195
  7.2 相关数据中心选址规范与环保要求 ······················· 197
    7.2.1 综述 ··· 197
    7.2.2 五大因素分析 ····································· 197
    7.2.3 国内现有数据中心设计规范中关于选址的要求 ········· 199

7.2.4　小结 ·· 201

7.3　设计标准 ·· 202

　　7.3.1　空调系统可靠性的要求 ·· 202

　　7.3.2　机房设计温湿度要求 ··· 203

　　7.3.3　机房洁净度要求 ··· 204

本章参考文献 ·· 204

第 8 章　国外发展介绍·· 205

8.1　英国数据中心发展现状 ·· 205

　　8.1.1　市场概述 ··· 205

　　8.1.2　功率密度 ··· 206

　　8.1.3　垂直市场 ··· 207

　　8.1.4　模块化数据中心 ·· 207

　　8.1.5　数据中心冷却 ··· 208

　　8.1.6　近端冷却（close-coupled） ···································· 208

　　8.1.7　蒸发式冷却 ·· 209

　　8.1.8　自然冷却、冷暖通道封闭 ······································· 209

　　8.1.9　英国数据中心行业标准 ·· 209

　　8.1.10　新技术在数据中心中的应用 ··································· 209

　　8.1.11　未来趋势 ·· 210

8.2　日本数据中心发展现状 ·· 211

　　8.2.1　日本数据中心发展现状 ·· 211

　　8.2.2　日本数据中心的特点 ··· 213

　　8.2.3　数据中心的资格认证 ··· 218

本章参考文献 ·· 218

第1章 概　　述

1.1　我国数据中心发展现状

自 20 世纪 80 年代以来，我国数据中心的建设规模不断扩大，能耗大幅降低，但都呈现一种自建自用的模式。在可穿戴技术和大数据等趋势的推动下，带宽需求不断增长，企业对于数据中心的认识、构建和规划也正在发生转变。与此同时，随着"互联网＋"、"十三五"规划等重要措施的推进，电信、能源、金融、交通等重点行业对数据中心的需要日益迫切。但需要注意的是，在数据中心不断发展的今天，基于传统设计思想和实施技术的制约，数据中心也同时面临着在能源消耗、计算密度、自动化和服务连续性等方面一系列日趋严峻的考验。

1.1.1　我国数据中心概况

伴随着互联网信息时代的高速发展，带动了数据中心井喷式的发展。加之国家政策对于数据中心的帮扶，电价调度等，加快了数据中心的规模化、集中化、绿色化以及布局合理化的发展。近 10 年来，云计算产业园区在国内普遍发展，云计算的基础设施数据中心数量、面积都得到了快速增长。有数据统计，2014 年我国已有 58.8 万个数据中心。2014 年左右每年新增数据中心面积在 800 万 m² 左右，新增数据中心个数在 3 万左右。但当前我国各行业数据中心面临着成本、整合、管理、安全、资源共享等一系列挑战，与国际先进水平的数据中心各方面上还有比较大的差距（王建平等，2014）。

当前，企业数据中心在成本层面、效率层面和管理层面都面临着诸多挑战。其中，在成本方面，根据最大负荷来确定所有服务器的配置，导致了资源利用率低的情况；同时，服务器数量级激增，不仅购置费用高，还导致电力、空间成本以及附件硬件成本的不断上升。在效率方面，面临着服务器供给效率低以及运营效率低的问题。在管理方面，不同的服务器品牌管理难度较大；旧操作系统与新硬件的兼容性差，以及较多的单点故障都对管理造成很大的难度（王亚辉等，2016）。

随着数据中心的蓬勃发展，数据中心能耗问题也受到广泛关注。有研究表明，功耗为 15MW 的数据中心每个月需花费 100 万美元的电费（Barroso L A 等，2013）。Amazon 的副总裁 James Hamilton 在其有关数据中心的报告中指出，Amazon 的数据中心总成本（包括建设和维护）中就有 40％ 的部分与能源消耗有关（J hamilton 等，2011）。而且由于日益增长的需求，数据中心的耗电量每 5 年就会增长 1 倍。这不仅仅对于供应商本身是巨大的资源负荷，对于社会，也会面临环境污染、能源过度消耗等亟待解决的问题。

1.1.2 我国数据中心发展规模分类

目前，我国数据中心规模分类有多种方法，其中主要包括三种：按照机架数量分类；按照数据中心地板面积分类；按照数据中心机房面积分类。

1. 按照机架数量分类

数据中心的规模是影响数据中心选址的主要因素之一。由工业和信息化部、国家发展改革委员会、国土资源部、电监会、能源局共同发布的《关于数据中心建设布局的指导意见》中，将数据中心大小规模划分为超大型、大型、中小型三个类别，具体分类标准如表1.1-1 所示。

数据中心规模按机架数量分类 　　　　　　　　　　　　　　　　表 1.1-1

类别/条件	超大型	大型	中小型
标准机架数量	≥10000	3000～10000	<3000
布局要求	重点考虑气候环境、能源供给等要素		重点考虑市场需求、能源供给等要素
布局建议	优先在气候寒冷、能源充足的地区建设，也可在气候适宜、能源充足的地区建设	优先在气候寒冷、能源充足的地区建设，也可在气候适宜、靠近能源富集地区的地区建设	靠近用户所在地、能源获取便利的地区，依市场需求灵活部署

注：此处标准机架为换算单位，以功率为 2.5kW 为一个标准机架。

2. 按照数据中心地板面积分类

根据《北京市公共结构绿色数据中心评价标准（2014）》，数据中心按照占地面积可分为：

（1）大型数据中心：地板面积一般在 150m² 以上（含）或 IT 设备总功率在 200kW以上（含）的数据中心；

（2）中小型数据中心：其他不符合大型数据中心标准的数据中心。

3. 按照数据中心机房面积分类

根据北京市地方标准《数据中心能效分级》DB11/T 1139—2014，数据中心按照机房面积可分为：

（1）大型数据中心：机房面积（数据机房面积，不包括供电系统、空调系统等配套用房面积）一般在 5000m² 以上（含）或 IT 设备总功率在 6000kW 以上（含）；

（2）中小型数据中心：其他不符合大型数据中心标准的数据中心。

数据中心规模按照机房面积分类具有不精准性，因为在这类标准下，应该考虑数据中心机柜的容积比，即数据中心主机机房面积与机柜数量的比率。当数据中心机房面积很大，但机柜数量很少，容积比高，数据中心的规模也不能认为很大。加之，按照机架数量确定数据中心规模是工业和信息化部颁发的，其余两个都是北京市颁发的，不具有普遍性。基于此，如无特殊说明，本书按照机架数量给数据中心规模分类。

1.1.3 我国数据中心市场发展现状

从全球市场来看，数据中心相关技术、产品、应用和服务产业正向亚太地区转移，我国作为新兴市场，又正处于产业转型的战略机遇期，具有巨大的市场空间和潜力，在数据中心投入方面具有优势。而最新的数据中心技术和理念不断涌入中国，对于我国数据中心市场是极大的推动，又是面临变革的挑战。

各政府部门对战略性新兴产业的大力支持，以及对云计算、物联网、宽带和下一代网络发展的高度重视，都给我国数据中心市场的发展带来了极好的条件。相应的政策引导和落实，客观上促进了数据中心市场的快速增长。地方政府大规模建设云计算园区，客观上促进了数据中心市场的发展。

1. 数据中心市场规模现状

2015 年，技术创新驱动的智能终端、VR、人工智能等领域快速发展，带动数据储存规模、计算能力以及网络流量的大幅增加；再者，云计算技术的应用将单位机柜收入提升了 5 倍以上，极大地调动了传统数据中心服务商以及市场新进入者的热情，尤其是亚太地区云计算拉动的新一代基础设施建设进入加速期。

2012 年受欧债危机的影响，全球经济增长率为 2.5％。如图 1.1-1 所示，全球数据中心市场增速明显下降，直至 2013 年全球数据中心市场增长率为 11.4％；2014 年全球经济复苏，随之，互联网行业也得到重视，数据中心市场规模达到 327.9 亿美元，全球数据中心市场竞争开始激烈；到 2015 年全球数据中心整体市场规模达到 384.6 亿美元，增速为 17.3％，相比 2014 年增速有所提升；截至 2016 年，全球数据中心整体市场规模达到 451.9 亿美元，增速为 17.5％。从市场总量来说，美国和欧洲地区占据了全球数据中心市场规模的 50％以上。

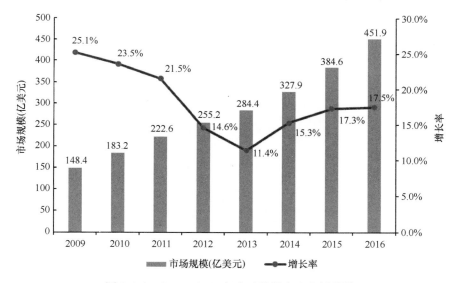

图 1.1-1　2009～2016 年全球数据中心市场规模

如图 1.1-2 所示，我国数据中心市场受全球经济的影响，2012 年、2013 年我国数据中心市场规模增长缓慢，增长率较 2011 年下降 43％左右；自 2014 年以来，我国政府加强引导，促进移动互联网、视频、游戏等行业的快速发展，推动了数据中心的快速增长，2014 年市场规模提升到 372.2 亿元，增长 41.8％；而在 2015 年，地产、金融行业对数据中心的投资，"互联网＋"以及政府的鼓励政策，使互联网流量快速增加，数据中心规模达到 518.6 亿元，同比增长 39.3%。

到 2016 年，数据中心多为大型、高等级数据中心，机柜数量普遍在 1000 个以上。数据中心规模达到 714.5 亿元，同比增长 37.8%，而互联网行业继续成为数据中心服务的需要客户群体，占比为 55.9%。

图 1.1-2　2009～2016 年我国数据中心市场规模

2. 服务器市场规模现状

服务器是数据中心的核心部分，在数据中心硬件设备投资中所占比重最高。服务器也是数据中心中能耗最高的部分，掌握服务器的应用状况，有助于分析我国数据中心的总能耗。在新常态下，我国提出"互联网＋"和"中国制造 2025"等国家战略，旨在深入推进工业化和信息化的深度融合。如图 1.1-3 所示，2015 年服务器市场销售额达到 498.2 亿元，比 2014 年增长 16.57%（佚名，2013）。综合 2012～2015 年服务器市场规模的发展情况看，服务器市场规模增长正在不断加速，预计未来几年保持稳步增长。

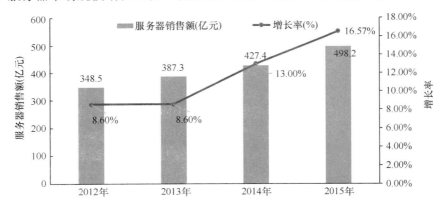

图 1.1-3　2012～2015 年我国服务器市场规模增长情况

中国大数据技术和服务市场在未来五年的复合增长率将达到 51.4%，其中增长率最高的是存储市场，将达 60.8%，服务器市场的增长率则是 38.3%，远远高于其他产品的相关市场。

3. 通信行业市场规模现状

数据中心的建设主体有政府机构、电信企业、互联网企业、金融企业，其中电信行业是数据中心主要建设者。

据初步统计，2012 年通信业综合能耗为 609.92×10^4 tce、耗电 394.38×10^8 度，同比增长分别为 7.2%、8.87%（秦婷等，2013）。因此，数据中心作为重点用能单位已经纳入国家节能减排重点监管范围。为了减少能耗和环境污染，越来越多的数据中心尝试利用新能源，如太阳能、风能等，为数据中心供电。目前，针对新能源在数据中心应用中有了较为全面的研究。

随着我国通信业的迅猛发展，数据中心通信设备数量也急剧增加。据统计，截至 2013 年 3 月底，我国移动用户数已经达到 1146×10^8 户，移动通信基站数已超过了 120×10^4 个；我国各类数据中心总量约 43×10^4 个，可容纳服务器共约 500×10^4 台。其中经营性数据中心机房 921 个，面积约 $88 \times 10^4 m^2$，机柜数约 17.7×10^4 个，可容纳服务器约 200×10^4 台（张高记等，2011）。随之而来的能耗也急剧增加，因此，推动数据中心节能减排工作迫在眉睫。

1.1.4 我国数据中心分布及现状

研究表明，全球数据中心发展存在三个特点：（1）数据中心具有显著的基础设施特性，产业处于转型期；（2）全球数据中心市场呈稳步增长的趋势，美国仍居首位；（3）亚太地区数据中心数量及规模显著增加。而我国数据中心大多数为企业自建自用，70% 以上为三大基础电信运营商所有，主要集中在北京、上海等经济相对发达的城市。

2015 年抽取数据中心圈的 300 个样本（见图 1.1-4），不难发现数据北京、广东、上海等一线城市。在这 300 个样本中，其中有 53 个数据中心在北京，占总数的 18%。广东有 50 个数据中心，占总数的 17%。上海有 31 个数据中心，占总数的 10%。此外，在选取的 300 个样本中，三大运营商占据了主流机房的 69%，第三方数据中心运营商占据主流机房的 31%。

我国数据中心大多集中在北京、上海、广东等用电负荷高、电力资源相对紧张、城市热岛效应严重的城

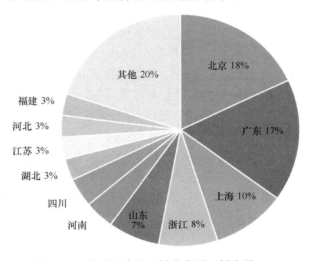

图 1.1-4 主流机房的区域分布图（样本量 300）

市，过于庞大的数据中心需求无疑加重了这些地区的供电压力，提高运营成本；同时，过分集中地布局数据中心也会对制冷设备造成困扰，埋下巨大的安全隐患。因此，加强数据中心节能和需求侧管理，合理优化数据中心布局，是建设两型社会的现实需求和迫切需要。

2015 年国务院发布了《关于促进云计算创新发展培育信息产业新业态的意见》，鼓励

数据中心往电力充沛的新疆、内蒙古等地发展。此外，除了国家层面的政策外，各地区也根据自身的建设发展需求，针对信息化、大数据、互联网＋等方面出台了许多政策，使我国数据中心和云计算产业稳健发展。受经济发展水平、业务量等因素的影响，目前我国数据中心大多集中在北京、上海等经济发达的地区。相比之下，西部和东北部一些省份具有电力资源丰富、电价地价较低、气温较低、自然冷源较多等优势。表 1.1-2 中所示是我国各地燃煤发电标杆上网电价。

部分省市脱硫煤标杆电价   表 1.1-2

省份	电价（元/kWh）
北京	0.3515
广东	0.4505
上海	0.4048
江苏	0.3780
内蒙古	0.2772
宁夏	0.2595
青海	0.3247
贵州	0.3363

数据中心由北上广深向西部地区转移，一方面可以有效缓解东部地区电力紧张的问题，降低建造和运营成本；另一方面使煤炭、电力等资源合理优化配置，同时也有利于促进相关地区信息服务业的发展，优化产业结构。综合考虑气候、地域等环境因素对数据中心进行选址。

内蒙古、新疆等地自然条件独特，发展大数据产业有突出的优势。内蒙古气候条件适宜，年平均温度在 0～8℃，适合服务器自然冷却，PUE 可以控制在 1.4 以下。此外，内蒙古电力装机容量居全国首位，蒙西电网形成了全国第一家省级电网独立输配电价体系，输配电价可以直接进行电力市场交易，大数据中心用电价格最低仅为 0.26 元/度，全国最低。2011 年，内蒙古自治区就已经大力推进云计算产业的发展了，2016 年内蒙古自治区发布了《内蒙古自治区促进大数据发展应用的若干政策》进一步吸引广大数据中心产商。目前三大运营商、华为公司、中兴公司、阿里巴巴、腾讯、百度等相继入驻内蒙古。

与内蒙古一样，新疆具有良好的自然条件，2016 年 10 月，工业和信息化部数据中心联盟与新疆移动签署技术支撑以及应用推广协议，新疆维吾尔自治区经信委和新疆移动签订了云计算全面战略合作框架协议，进一步推动新疆云计算发展。中国移动（新疆）云计算和大数据中心共计规划 2.5 万个机架能力。

1.1.5 我国数据中心建设现状

随着信息量的爆炸式增长以及信息化应用的不断深入，数据中心提供了便捷的智能计算处理和信息存储功能。据调查，截至 2012 年，我国数据中心总数已经超过 64 万个。但早期的数据中心，由于设备陈旧、性能低等特点导致机房 PUE 较高，平均其平均能耗效率（PUE）在 2.0～2.5 之间，还有大量 PUE 高于 3 的数据中心（冯升波等，2015）。随着技术水平的提高，新建数据中心在虚拟化程度、计算存储、自动化管理、绿色节能等方面展示了先进性。目前部分新建的数据中心 PUE 降低到 1.5 以下。

1. 我国新建数据中心现状

阿里巴巴作为全球领先的互联网综合业务平台，其遍布全球的数据中心承载着世界上最大的以电商为核心的复杂业务体系。2015 年，阿里巴巴的服务器数量相当于巴西全国的服务器数量。同时，阿里巴巴拥有世界先进的数据中心系统，其中以千岛湖数据中心和张北数据中心为代表，如图 1.1-5 所示。千岛湖数据中心是全世界首个采用湖水自然冷却的数据中心，PUE 低至 1.17，远远领先同行，张北数据中心充分利用自然冷却技术和模块化技术，使其建设速度远远领先世界同行，并实现 PUE 低至 1.13。

如图 1.1-6 所示，富士康在贵安新区的数据中心建造在山洞里。设计人员将山底部两端打通形成隧道，隧道的顶端保留了排热孔，使热气可以自然排出，这就形成天然的绿色隧道数据中心。数据中心内的服务器完全是以自然风作为冷却媒介。数据中心主体竣工以后，经实际测试年 PUE 低于 1.1，居于世界先进水平。

图 1.1-5　千岛湖数据中心

图 1.1-6　富士康绿色隧道数据中心

2. 我国早期数据中心改造现状

早期数据中心由于设备陈旧、效率低下、运行维护困难等带来的高能耗问题引起了广泛的关注，目前很多早期数据中心在进行改造。浪潮微模块数据中心解决方案基于柔性扩展、随需而变的设计理念，根据 IT 机柜的需求、机房面积和功率密度等多方面因素，让数据中心基础架构能够化简为繁，满足用户快速部署、绿色节能的需求。根据 2015 年统计，一些老旧数据中心通过采用先进制冷节能技术改造，PUE 也降到了 2.0 以下。

1.1.6　我国数据中心发展趋势

1. 机房面积

近年来，我国每年建成的机房中超过 3000m² 的机房数目逐渐增多，小于 3000m² 的机房数目逐渐减少。

如图 1.1-7 所示，我国在 2009 年以前建成的主流机房都小于 10000m²，直到 2009 年开始有占地大于 10000m² 的机房。在 2011 年和 2012 年，每年建成主流大型机房（3000m² 以上）12 个，其中约一半大于 10000m²。2013 年，主流大型机房的建成数量和前两年相比明显回落。预计近几年 3000～10000m² 的机房和 10000m² 以上的机房数量将保持稳定。根据美国伯克利实验室的研究，较大规模的数据中心在运行方面能耗较低，减少了闲置服务器的数量。

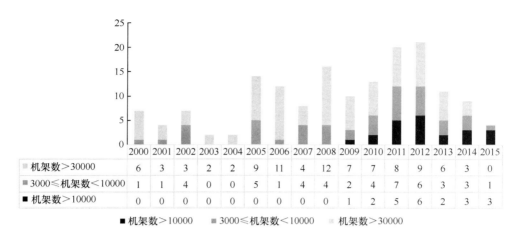

	2000	2001	2002	2003	2004	2005	2006	2007	2008	2009	2010	2011	2012	2013	2014	2015
▨ 机架数＞30000	6	3	3	2	2	9	11	4	12	7	7	8	9	6	3	0
▨ 3000≤机架数＜10000	1	1	4	0	0	5	1	4	4	2	4	7	6	3	3	1
■ 机架数＞10000	0	0	0	0	0	0	0	0	0	1	2	5	6	2	3	3

■ 机架数＞10000　　▨ 3000≤机架数＜10000　　▨ 机架数＞30000

图 1.1-7　不同规模的主流大型机房的建成时间（样本量 160）

据调查，在 2011 年到 2013 年上半年全国共规划建设数据中心 225 个，其中近 90% 的设计 PUE 低于 2.0，平均 PUE 为 1.73。超大型、大型数据中心设计 PUE 平均为 1.48，中小型数据中心设计 PUE 平均为 1.80。故随着数据中心规模不断增加，数据中心 PUE 也在不断降低。

2. 三大运营商仍占主导地位

在"互联网＋"的影响下，三大运营商纷纷加强数据中心的建设，为打造云服务提供支持。

（1）中国移动：2016 年 12 月移动用户数增长 165.1 万户，总数达到 8.49 亿户；4G 用户净增 2520.5 万户，4G 用户总数达到 5.35 亿户，全年累计新增 4G 用户 2.22 亿户。固网方面，中国移动 2016 年 12 月新增宽带用户数 44 万户，全年累计增长 2259.5 万户，累计用户数为 7762.4 万户。

（2）中国联通：2016 年 12 月移动出账用户净增 83.2 万户，累计达到 2.638 亿户；4G 用户 12 月净增 551.2 万户，累计达到 1.046 亿户。在固网业务中，宽带用户 12 月净减 16.6 万户，累计 7523.6 万户。本地电话用户 12 月净减 106.9 万户，累计 6664.9 万户。

（3）中国电信：2016 年 12 月移动用户净增 83 万户，全年净增 1006 万户，累计达 2.15 亿户；4G 用户净增 457 万户，4G 用户总数达 1.22 亿户。在固网业务中，宽带用户 12 月净增 89 万户，2016 年累计增长 1006 万户，累计增至 1.2312 亿户。

图 1.1-8、图 1.1-9 分别为三大运营商在 4G 运营和宽带市场用户所占的份额。由此可见，在 2016 年中国移动的 4G 用户数量约为中国电信/中国联通的 5 倍，而在宽带领域，中国电信处于领先地位。

中国电信在数据中心领域处于领导地位，有超过 330 个数据中心，占全国 50% 以上的份额。2015 年，中国电信启动数据中心承载专网配套波分网络建设工程的新建部分，包括北京、上海等 8 个城市的本地延伸系统，各城市分别新建一套 80×100Gb/s 波分复用系统。在此基础上，中国电信还将在 ChinaNet、CN2 两张全国骨干网的基础之上，打造第三张全国性骨干网络，主要用于数据中心之间的节点互联，助力电信打造面向未来的云服务提供商。

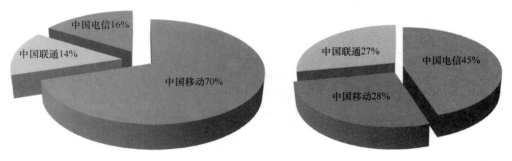

图 1.1-8 2016 年 4G 运营商份额   图 1.1-9 2016 年宽带市场用户份额

联通、移动也发力大数据中心。2015 年初，中国联通已安装 5634 个标准机架，建设规模已经达到大型数据中心的规模。

3. 数据中心业务一体化、标准化

国内数据中心逐步重视标准化、模块化建设。采用结构化、层次化、模块化的规划设计方法，实现数据中心的功能分区设计，标准化数据中心架构，实现数据中心高可靠、高性能、易管理、易扩展的目标。在中共中央政治局第三十六次集体学习时，就明确提出"建设全国一体化的国家大数据中心"，从根本上解决信息孤岛的问题，推动政府信息共享互通，使中国成为全球最大的数据中心市场和最富竞争力的"数据大国"。

在资源同一层面上，跨数据中心一体化协同分布式管理平台实现储存设备、网络、数据库、中间件和应用软件等多种计算资源的一体化管理、标准化供给和自动化操作，为电网企业信息建设的标准化建设、精益化管理提供有力支撑。实践证明，跨数据一体化协同分布式云管理平台可增强信息资源的可伸缩性、扩展性和灵活性，提高业务响应能力和服务模式水平（林强等，2012）。

数据中心整合/融合系统技术：所谓超融合集成系统就是一种共享计算和存储资源的平台。许多公司现在都拥有自己的数据中心机房，未来减少数据中心的占地面积，并尝试使用融合系统作为数据中心建设未来的首选技术。在 2017 年，云计算、整合系统、制冷系统以及动力系统方面都会有明显的变化。

4. 结合使用 DCIM 和 ITSM

数据中心生命周期中只有 20% 的时间与规划、建设、设施有关，其余 80% 的时间都与服务和运维有关。所以在数据中心里，服务和运维最为重要。

目前数据中心基础设施管理（DCIM）软件已经被公认为是数据中心管理的一种很有价值的技术与方法。然而事实上，DCIM 可以从单点解决方案到管理控制台进行全面的监控，这意味着许多不同的方式和方法将其整合成更大的硬件/软件管理，以及 IT 服务管理（ITSM）解决方案。DCIM 解决方案的价值是试图弄清楚如何将其与现有的 IT 管理工具的整合，特别是 DCIM 工具通常跨越传统 IT 设施管理之间的鸿沟。基础设施管理商的DCIM 主要从基础设施的耗电量、散热这个层面来管理，通过数据的分析和聚合，最大化数据中心的运营效率，提高可靠性，通常没有把 DCIM 和 ITSM 相结合。

如果把 ITSM 与原来比较粗放的基础设施管理相结合，即把双方最优的东西结合在一

起，将能最大限度地提升数据中心的运维、管理水平。这是未来最有可能的被集成的模块化工具。最终的结果将是 DCIM 和 ITSM 合并，为客户提供 IT 设备信息

5. 逐步打破数据孤岛

从企业和 CIO 开始尝试数据挖掘以来，数据孤岛就一直阻碍着商业智能效能的提高。数据孤岛一般有两种：物理孤岛和逻辑孤岛。数据物理孤岛：各自储存、各自维护，这样就出现重复和资源浪费。而数据逻辑上的孤岛，由于各个事业部有自己的数据规范，站在各自对数据的理解和定义，往往会出现相同的业务 ID、用户 ID 有不同的意义，当他们有合作时，沟通成本较高。

大数据需要不同数据的关联和整合才能更好地发挥理解客户和理解业务的优势，将不同部门的数据打通，并且实现技术和工具共享，才能更好地发挥企业大数据的价值。

在 2016 年，无论是从企业还是政府机构，都在不同程度地展开大数据的工作，开始意识到解决内部数据孤岛是启动大数据战略的重要基础。此后，企业会有更大的决心推动内部数据的打通，构建与外部数据的打通，更好地发挥大数据的关联和整合，取得更好的业务价值。

消除孤岛，制定数据规范，定义数据标准，建设维护元数据，让数据易采集、易储存、易理解、易处理、有价值。相信消除孤岛是实现大数据整合的必然趋势。

1.2 我国数据中心能耗现状

1.2.1 我国数据中心能耗现状简介

数据中心能耗指数据中心所有用能设备能耗量的总和，分为 IT 设备能耗和辅助系统能耗两大类。IT 设备主要包括服务器、交换机等，辅助系统有空调、配电系统等。据服务器能耗与销售量台数统计计算，2016 年数据中心能耗构成因素及排序与《中国数据中心冷却技术年度发展报告 2016》中提及的基本相同，如图 1.2-1 所示。由服务器、存储和网络通信设备等所构成的 IT 设备系统所产生的功耗约占数据中心总功耗的 45%。其中服务器系统约占 50%，其存储系统约占 35%，网络通信设备约占 15%。

空调系统仍然是数据中心提高能源效率的重点环节，它所产生的功耗约占数据中心总功耗的 40%。电源系统和照明系统分别占数据中心总耗电量的 10% 和 5%。其中，电源系统约 7% 的能耗来源于 UPS 供电系统，3% 左右来源于 UPS 输入供电系统。

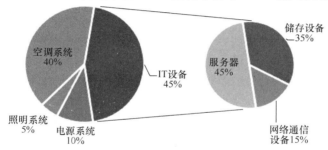

图 1.2-1　2016 年数据中心能耗构成

2015 年，我国数据中心技术节能潜力的分析结果表明：IT 设备系统的综合技术节能潜力在 11%～39% 之间，平均为 29%；空调系统的技术节能潜力在 4%～69% 之间，平均为 36%；而配电系统的综合技术节能潜力在 8%～27% 之间，平均为 18%。如果数据中心在这三个部分均采用一定的节能措施，则可能实现的综合技术节能潜力在 13%～57% 之间，平均为 35%。

关于数据中心能效，IT 行业的专家们提出了多个评价指标，其中影响力较广的是绿色网格组织（Green Grid）提出的 2 个能效指标：一是电能利用效率 PUE（Power Usage Effectiveness）；二是数据中心基础设施效率 DCiE（数据中心能耗构成 Data Center Infrastructure Effectiveness）。PUE 的计算公式如式（1.2-1）所示，当提供相同的服务、IT 设备的能耗也相同时，总能耗越低的数据中心 PUE 越低，说明其能源效率越高。DCiE 为 PUE 的倒数，其值越高说明能源效率越高，反之亦然。

$$PUE = \frac{数据中心总能耗}{IT \, 设备总能耗}$$

$$= \frac{IT \, 设备总能耗 + 空调系统总能耗 + 配电系统总能耗}{IT \, 设备总能耗}$$

$$= 1 + \frac{空调系统总能耗 + 配电系统总能耗}{IT \, 设备总能耗} \qquad (1.2\text{-}1)$$

PUE 代表了数据中心的工作效率，它绝不仅仅只是一个数值。它测量数据中心如何有效使用输入电源，将电力消耗转化为实际生产力。我国建设数据中心的目标应当是以 IT 能效高、PUE 低为标准。降低 PUE，付出的成本应靠提高生产能力来平衡，换句话说，数据中心高产，降低 PUE 是值得的。

目前，我国早期建设的数据中心的 PUE 基本在 2.0～2.5 之间，还有部分 PUE 高于 3 的数据中心。就大型数据中心而言，PUE 在 1.8～2.0 之间，一些数据中心服务商的机房 PUE 可达 1.6 以下，而我国政务类的数据中心 PUE 则普遍高于 2.5。随着技术水平的提高，目前新建的数据中心的 PUE 可达 1.5 以下。

这就意味着 IT 设备每消耗 1 度电，就有多达 1.2 度的电被非 IT 设备消耗掉了。少数采用先进节能技术措施的数据中心 PUE 可降至 1.6～1.8，表明我国数据中心还有巨大的节能空间。

绿色网格组织（Green Grid）采用碳使用效率（Carbon Usage Efficiency，CUE）给出了评价数据中心碳强度的标准方法。CUE 表示每千瓦时用电产生的碳排放密集程度。CUE 的计算方法如式（1.2-2）所示。

$$CUE = \frac{数据中心二氧化碳总排放}{IT \, 设备总能耗} \qquad (1.2\text{-}2)$$

如图 1.2-2 所示，从能耗评价的不同侧重点可以将数据中心分成系统层级、子系统层级和设备层级。将上述评价指标分别用于各个层级，会得到不同的结论。为数据中心的能耗评价提供多层次的评价意见，可以更加细化评价标准、完善评价细节，并进一步指示优化方案。

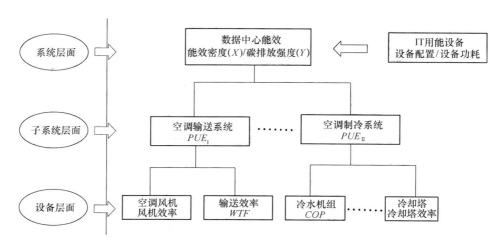

图 1.2-2 数据中心多层次评价体系

1.2.2 我国数据中心用能情况分析

我国的数据中心目前还处于粗放式发展期，新建数据中心较多，数据中心规模不断扩大，服务器散热密度日益增大，加之数据中心要求全年无间断供冷，其制冷负荷达到了普通办公室建筑冷负荷的 10 倍左右（李丹等，2014）。如果不采用一些监管优化措施，那么数据中心的冷却能耗将成为建筑能耗的沉重负担。

对于数据中心来说，高耗能不仅仅意味着耗电量的增多，同时还需要更多性能更好的冷却设备、散热通风设备以及供电基础设施提供支持。随着计算机组件密度的增加，单位面积产生的热量不断提高，制冷的需求量也增多。与此同时，由于计算组件密度的增加，缺少空间位置来摆放制冷设备也是一个亟待解决的问题。即使制冷空间问题可以解决，输电设备和地理环境也会面临极大的制约和挑战。

大型数据中心往往更注重节能，采用高效的设备，运用节能技术，并配以较完善的管理、维护措施，通常能效水平较高。而小型数据中心，特别是规模很小的服务器设备间和机房，在设备、管理、运维、节能技术水平方面往往比较落后，能效水平通常较低。

1. 某数据中心空调系统能耗分析案例一

以南方某数据中心为例，说明小型数据中心的能耗。该数据中心 2007 年建成，IT 机房总面积为 530m²，220 个机柜。4 台 120kVA UPS，3 用 1 备，每个机柜的平均功率为 1.3kW。采用风冷式精密空调制冷，配置 10 台 80kW 显冷量空调，8 用 2 备。经多年运行，目前该机房负荷已接近满载。该机房在厂房的基础上改建而成，几乎没有采用任何节能措施，仅在改建过程中对楼板、墙壁、门窗等进行加固、封闭及保温处理。该机房的年 PUE 值为 2.68。每天的用电量约为 1.3 万 kWh。

该机房原配置 8 台精密空调，6 用 2 备。机房建成后出现局部热点，经分析后，确定由 3 个因素所致：其一，因机房层高较低，机房架空地板仅为 350mm，扣除地板下的强度电缆线槽，有效静压箱高度很低，不利于气流流动。其二，该机房存在空调死角，气流无法有效流动。其三，空调室外机与室内机的高度较大，超过 20m，对额定制冷量有折减。为解决上述三个问题，只能通过增加空调数量来解决。因此该机房的 PUE 较高。

在这类机房中，机房风冷式精密空调的能耗是影响该数据中心能耗的关键指标，因其房间结构所限，造成精密空调的效率较低，也影响到数据中心的整体能耗较高。

2. 某数据中心空调系统能耗分析案例二

该数据中心总面积约为 3000 多平方米，2009 年初开始正式投入运行。以该数据中心 7～12 月的耗能情况为例（见表 1.2-1），8 月份 IT 设备的负荷比 7 月份有所增加，因此 8 月份 PUE 值比 7 月份略为有所降低。9、10 月份平均气温低，此时冷却水温度较低，冷水机组效率得以提高，因此 9、10 月份的 PUE 值比 7、8 月份 PUE 值明显偏低。因当年 11、12 月份的气温较低，冷水机组压缩机已停止工作不再耗电，所以 PUE 值降低很多。

这就说明制冷系统能耗在数据中心能耗中所占据的比重不可忽视，如果提高制冷效率，采用 Free-cooling 等节能方式，那么一定会大幅降低 PUE。

某数据中心 7～12 月能耗情况　　　　　　　　　　　表 1.2-1

时间	天数	总用电量（度）	平均用电（度/天）	办公用电、空调、UPS 损耗及照明用电（度/天）	UPS 用电/天（度/天）	PUE 值
7 月	31	408300	13171	4881	7487	1.76
8 月	31	482400	15561	6052	9509	1.64
9 月	30	492240	16408	5957	10451	1.57
10 月	31	545580	17599	6844	11304	1.56
11 月	30	555180	18506	4829	13677	1.35
12 月	31	650040	20969	5186	15783	1.33

降低 PUE 必定要增加成本，且并非线性关系。很少有企业能够拥有无限的投资资金。企业必须认真考虑，将每一分钱都要用在刀刃上。在标准计算的基础上有一个定量分析。在考虑数据中心投资建设和运营过程中，能源利用效率的变化必须设定一个基准。在此基准之上，降低 PUE，即降低运行成本，计算其需要付出的初投资。当 IT 设备功率一定时，降低 PUE 所采用的措施成本是可以计算的，其投资回收期也是可以被预估的。长期以来，计算机系统设计的主要着眼点就是追求高性能。在这一目标的趋势下，尽管计算机单位能量能够提供的性能持续上升，但是计算机系统的实际能耗却也呈上升趋势（赵锋等，2011），如表 1.2-2 中所示。

三种服务器的能耗变化　　　　　　　　　　　表 1.2-2

服务器类型	Volume	Mid-range	High-end
2000	186	424	5534
2001	193	457	5832
2002	200	491	6130
2003	207	524	6428
2004	213	574	6973
2005	219	625	7651
2006	255	675	8163

我国数据中心存在的问题主要表现为在设备制造方面创新能力不足，建设运营方面绿

化认识不足，监管方面缺乏统一的绿色数据中心技术标准、科学合理的能效指标体系及评估方法、行之有效的监管机制，造成节能产品市场混乱，运营商和制造商各自为战、各行其是，这些问题的存在制约了节能新技术的研发及推广应用。

分析结果表明：目前我国数据中心的能效水平相对较低，其能耗已占到全国电力消耗的 5%，且随着网络化、信息化的发展，未来呈现持续增长的趋势。这说明，在建筑节能领域数据中心具有很大的提升空间，是我国未来节能减排的重要侧重方向之一。

我国 70% 的服务器都放置在设备间和小机房级别的数据中心中。应该尽量减少分散的小机房，形成一定量大规模的数据中心。以形成一定的规模效应，进一步降低能耗。

目前全国数据中心的整体布局尚不理想，重建轻用的现象频频出现。大部分的数据中心设计 PUE 值没有达到 1.5 及以下的规划要求，特别是中小型数据中心在绿色节能方面差距较大，同时数量庞大的老旧数据中心改造任务也颇为艰巨（尹晓竹等，2015）。数据中心的标准体系仍不完善，标准工作尚不能满足产业界对数据中心绿色节能、服务质量、评估测评、数据安全等方面的需求。

现在数据中心用电量、制冷能力和空间都已达到极限，数据中心对环境的影响日益引起社会广泛关注，降低数据中心能耗，一方面需要从设备方面入手，提高 IT 设备的工作效率，建立典型节能案例。从空调制冷设备角度来说，还要利用自然冷源的节能技术，空调形式节能，节能空调设备，气流组织优化，智能控制技术等优化升级的措施。另一方面，完善数据中心能源统计、计量、监测制度，加快公共机构能耗统计工作，认真贯彻落实《公共机构能耗资源消耗统计制度》的要求，加强能源监管。

1.2.3 我国数据中心能耗发展趋势

近年来，学术界和工业界一直通过各种方法改善数据中心能效，如利用更好的能耗均增（Energy Proportional）计算技术（包括虚拟化、动态开关服务器、负载整合、IT 设备的深度休眠及功耗模式），更高效的电力输配系统及冷却系统。但是，改善能效并不就意味着实现了绿色计算，因为数据中心消耗的仍然是传统的高碳排放量的能源。为了减少能耗开销和碳排放以实现环保需求，充分利用新能源才是根本途径。与传统数据中心相比，新一代数据中心对传统数据中心的基础设施资产、信息数据资产、应用资产进行整合，形成共享的、虚拟化的、面向服务的整体数据中心结构。虚拟化和云计算有助于提高数据中心效率，并减少实体数据中心规模，淘汰小型数据中心，把应用程序转移到大型数据中心，促进数据中心业务的一体化、标准化发展。

基于云计算平台的数据中心在整体构建思路上，会趋向于通过整合数据、计算、存储三张异构网络，实现数据中心网络一体化；通过计算、存储和网络的虚拟化，实现数据中心虚拟化；同时做好数据中心能耗规划和基础设施规划实现绿色数据中心，达到最大节能减排的目标。此外，可以利用统一管理平台通过弹性分配资源来提高服务器的资源利用效率，减少能源消耗。

1. 数据中心制冷系统节能

数据中心制冷系统的节能增效是一项综合性工程，需要根据工程实际做不同的优化与配置。空调系统是数据中心节能的关键节点，区域选择、系统选择、节能措施选择等对空调系统耗电及成本均有一定的影响。国家标准规定的参数是较高标准的要求，在实际使用中完全可以在满足设备安全运行的前提下，尽量提高机房设计温度参数以降低系统能耗。采取以下措施将给制冷系统的效率提升带来实质性的帮助：

（1）减少耗电设备的耗能量；

（2）减少耗电设备的使用时间；

（3）末端靠近负荷侧；

（4）提高设备使用效率。

减少数据中心产生的热量、提高电源和制冷效率是有效改善数据中心制冷效果的措施之一。应采用高效设备，提升数据中心资源利用率。数据中心制冷空调系统与一般的舒适性空调既有共性，也有其独特的一些性质。所以其节能措施可以采用同样适用于舒适性空调的措施，如采用变频冷水机组、磁悬浮冷水机组等高效率设备的方法。此外，也应该有针对数据中心特点而采用的特定的节能措施，因地制宜地进行节能改造。

采用更高效的冷却措施是数据中心系统节能的重要发展方向，但是在整个系统中只有各个环节都考虑了节能措施，才能整体上最大限度地降低能耗。

2. 数据中心互联网管理

国内数据中心逐步重视标准化、模块化建设。采用结构化、层次化、模块化的规划设计方法，实现数据中心的功能分区设计，标准化数据中心架构，实现数据中心高可靠、高性能、易管理、易扩展的目标。

在中共中央政治局第三十六次集体学习时，明确提出"建设全国一体化的国家大数据中心"，从根本上解决信息孤岛的问题，推动政府信息共享互通，使中国成为全球最大的数据中心市场和最富竞争力的"数据大国"。

经研究证明，在资源同一层面上，跨数据中心一体化协同分布式管理平台实现储存设备、网络、数据库、中间件和应用软件等多种计算资源的一体化管理、标准化供给和自动化操作，为电网企业信息建设的标准化建设、精益化管理提供有力支撑。实践证明，扩数据一体化协同分布式云管理平台可增强信息资源的可伸缩性、扩展性和灵活性，提高业务响应能力和服务模式水平。

数据中心整合/融合系统技术：所谓超融合集成系统就是一种共享计算和存储资源的平台。许多公司现在都拥有自己的数据中心机房，未来减少数据中心的占地面积，并尝试使用融合系统作为数据中心未来建设的首选技术（见图 1.2-3）。在 2017 年云计算、整合系统、制冷系统以及动力系统方面都会有明显的变化。

图 1.2-3　某企业数据中心整合

3. 绿色数据中心

绿色数据中心是数据中心发展的必然。绿色数据中心指的是在数据中心的全生命周期内，最大限度地节约资源（节能、节地、节水、节材），保护环境并减少污染，为人们提供可靠、安全、高效、适用、与自然和谐共生的信息系统使用环境。

鉴于全球气候变暖，能源日益紧张，能源成本不断上升，数据中心正面临着降低能耗、提高资源利用率的严峻挑战，构建节能型的数据中心受到广泛关注，数据中心主要关注三个方面：首先是能耗和效率，其次是使用的有害材料，最后则是有害物质的设备和材料的循环使用和合理处理。

据 ICTresearch 调研报告显示，IT 行业每年的二氧化碳排放量约为 3500 万 t，占全球总排放量的 2％，数据中心成碳排放大户。"节能"可以说是"绿色数据中心"建设的第一要务。而从机房用电分配看，服务器设备占电能总能耗的 52％，而制冷系统和电源系统分别占 38％ 和 9％，照明系统仅占 1％。无疑，构建绿色数据中心是企业实现绿色增长的起点与突破口，数据中心的变革降低了企业构建、维护或扩容的成本。同时，企业可以通过借助节能服务器与存储解决方案、电源与冷却技术和关键设施服务减少碳排放量。

绿色数据中心的具体体现是在整体的设计规划以及机房空调、UPS、服务器等 IT 设备、管理软件的应用上，要具备节能环保、高可靠可用性和合理性。大批研究者从直流供电系统的运行控制、服务器节能机制、热管理方法、新能源的利用等对绿色数据中心做出了研究。

2016 年 4 月开展的"国家绿色数据中心试点工作推进会暨京津冀绿色数据中心协同发展论坛"进一步讨论了数据中心的发展方向。

总的来说，我们可以从建筑节能、运营管理、能源效率等方面来衡量一个数据中心是否为"绿色"。绿色数据中心的"绿色"具体体现在整体的设计规划以及机房空调、UPS、服务器等 IT 设备、管理软件应用上，要具备节能环保、高可靠可用性和合理性（陈亮等，2011）。绿色数据中心的建设，为能源节约和利用做出贡献，但同时也需要建设方付出高昂成本。

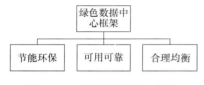

图 1.2-4　绿色数据中心框架

为实现绿色数据中心，需要考虑三个因素（见图 1.2-4）：

（1）节能环保

1）环保材料的选择；

2）节能设备的应用；

3）IT 运维系统优化；

4）避免过度的规划。

（2）可用可靠

1）基础装饰装修；

2）供配电系统的规划；

3）制冷与气流组织；

4）消防及弱电系统等。

（3）合理均衡

1）系统的可用性；

2）各个系统之间的均衡性；

3）结构体系标准化智能化管理。

绿色数据中心的建设不是一劳永逸的项目，而是一个不断推进的过程。从降低成本，到提高可持续发展的能力，再到为企业树立更好的公众形象，整个绿色数据中心的建设过程实际是一个逐渐演进的过程（邓维等，2013）。

公共机构绿色数据中心的等级划分主要如表 1.2-3 和表 1.2-4 所示。针对不同的数据中心均提出了 PUE 等要求。

大型绿色数据中心等级项数要求　　　　　　　　　　　　表 1.2-3

| 等级 | PUE 值 | 一般项数（共 15 项） | | | 优选项数（共 7 项） |
		能源效率和计量（共 4 项）	节能技术（共 8 项）	绿色管理（共 3 项）	
★	不高于 1.5 的	2	3	2	2
	其他	2	3	2	2
★★	不高于 1.5 的	3	4	3	2
	其他	4	8	3	4
★★★	不高于 1.5 的	4	8	3	5
	其他	4	8	3	6

小型绿色数据中心等级项数要求　　　　　　　　　　　　表 1.2-4

| 等级 | PUE 值 | 一般项数（共 15 项） | | | 优选项数（共 7 项） |
		能源效率和计量（共 4 项）	节能技术（共 8 项）	绿色管理（共 3 项）	
★	不高于 1.5 的	2	1	1	1
	其他	2	3	2	1
★★	不高于 1.5 的	3	4	3	2
	其他	4	7	3	2
★★★	不高于 1.5 的	4	8	3	4
	其他	4	8	3	5

4. 绿色能源的应用

新一代数据中心应充分利用太阳能、风能、生物质能、海洋能、地热能等绿色能源，实现一定程度上的能源资源自给自足，结合各地的自然条件及资源情况，因地制宜地开发和使用绿色能源。

数据中心采用创新技术和新能源技术可以提高单位电耗计算能力。随着技术的演进和创新，IT 设备能效不断提高，采用新型设备更换原有设备能够显著降低数据中心的总能耗和制冷需求，节省宝贵的地面空间，带来较好的投资收益率。

绿色能源应用于数据中心供能系统中，不仅有利于改善数据中心能耗巨大的现状，而且有利用提高蓄能设备的使用寿命，降低数据中心系统的运行成本。新能源不仅能够显著减少高碳电厂的温室气体排放，而且具有光明的经济前景，是减缓电价上涨趋势的一种新途径。

如图 1.2-5 所示，数据中心采用新能源的途径多种多样，不同的方式带来的开销、复杂程度、资助直接性和公共关系价值也是不尽相同的。但新能源所带来的环境友好和资源节约的收益是其他化石能源所不可替代的。

图 1.2-5　采用新能源的途径

本 章 参 考 文 献

[1]　王建平，毋丹，邵勇等．数据中心发展及现状分析[J]．计算机光盘软件与应用，2014(2)：107-107.

[2]　王亚辉，朱琳．当代企业数据中心建设现状分析[J]．数字通信世界，2016(8)：130.

[3]　Greenberg A，Hamilton J，Maltz D A，et al. The cost of a cloud：research problems in data center networks[J]. Acm Sigcomm Computer Communication Review，2008，39(1)：68-73.

[4]　Barroso L A，Hölzle U，Kaxiras S，et al. The Datacenter as a Computer[R]，2013.

[5]　J Hamilton. Cloud Computing Is Driving Infrastructure Innovation[R]，2011.

[6]　李宁．数据中心能耗数据采集方法研究与实现[D]．北京：北京邮电大学，2013.

[7]　佚名．2017 年中国数据中心市场规模将达 190 亿[J]．网络电信，2013(5)：28-28.

[8]　秦婷等．数据中心节能减排措施探讨[J]．西安邮电大学学报，2013，18(4)：95-99.

[9]　张高记等．通信基站全生命周期节能减排措施探讨[J]．西安邮电大学学报，2011，16(2)：71-75.

[10]　吕天文．2013 年数据中心能效现状深度分析[J]．电源世界，2013(6)：7-8.

[11]　徐玉．全球数据中心发展趋势和特点[J]．电信科学，2011，27(12)：62-66.

[12]　千家网、我国数据中心现状及未来发展趋势[R]，2016.

[13]　林强，罗欢．跨数据中心一体化协同分布式云管理平台建设[J]．广东电力，2012，21(8)：28-30.

[14]　Mclaughlin P. Putting a number on data center energy efficiency：Established by The Green Grid，Power Usage Effectiveness is a calculable measurement used by many[J]. Cabling Installation ＆Maintenance，2010.

[15]　ASHRAE TC 9.9．数据通信设备中心液体冷却指南[M]．杨国荣等译．中国建筑工业出版社，2010.

[16]　李丹，陈贵海，任丰原等．数据中心网络的研究进展与趋势[J]．计算机学报，2014，37(2)：259-274.

[17]　江亿．我国建筑耗能状况及有效的节能途径[J]．暖通空调，2005，35(5)：64-64.

[18]　赵锋．数据中心节能减排技术介绍[J]．电信网技术，2011(1)：5-9.

[19]　尹晓竹．大型数据中心空调系统节能分析及方法研究[J]．邮电设计技术，2015(1)：16-21.

[20]　李刚，刘继春，赵岩等．能源互联网环境下数据中心能耗优化管理技术研究[J]．电测与仪表，2016，53(10).

[21]　陈亮．绿色数据中心[J]．智能建筑与城市信息，2011(5)：30-39.

[22]　邓维，刘方明，金海等．云计算数据中心的新能源应用：研究现状与趋势[J]．计算机学报，2013，36(3)：582-598.

[23]　 Cloud Computing，Innovation Infrastructures for the Outsourcing of Applications and Services[R]，2009.

[24]　伍康文．绿色能源数据中心系统：CN203205964U[P]，2013.

[25]　谷立静，周伏秋，孟辉．我国数据中心能耗及能效水平研究[J]．中国能源，2010，32(11)：42-45.

第 2 章 数据中心冷却理念与思辨

数据中心的热环境不仅影响数据中心的能效，而且影响数据中心的可靠运营。因此数据中心对温湿度要求很高，现有研究一方面关注如何降低数据中心产热，另一方面关注如何优化冷却系统、增强围护结构散热能力，将热量及时排出，从而保证数据中心安全可靠运行。

2.1 数据中心热量传递过程

数据中心热量传递过程如图 2.1-1 所示，数据中心热源主要有：机房内 IT 设备的散热；建筑围护结构的传热；太阳辐射热；维护工作人员的散热；照明等其他电子辅助设备的散热；维持房间正压的新风负荷及伴随各种散湿过程产生的潜热。

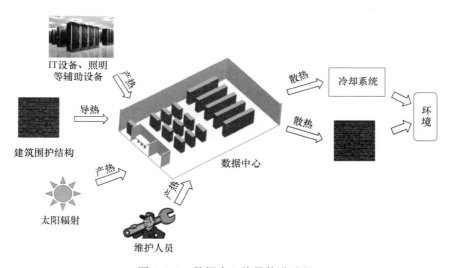

图 2.1-1 数据中心热量传递过程

1. 机房内 IT 设备的散热

IT 设备散热量占数据中心热量主要部分（70%～80%）。随着信息行业的迅速发展，数据容量和处理速度的不断扩大，IT 设备的性能越来越高。伴随着高性能处理设备刀片式服务器的普及，IT 设备的散热密度急剧上升。根据 ASHRAE 预测，未来装满高性能服务器的机架功耗达到 35kW，相对应地，部分电能转化为热量释放，IT 设备单位面积散热量达到 $8\sim15kW/m^2$。IT 设备工作的稳定性和老化速度与环境温度有很大关系，随着工作环境温度的升高，电子元器件的失效率将明显升高。因此，使 IT 设备运行于恒温恒湿的环境下，是数据中心安全可靠运行的需求。

2. 建筑围护结构的传热

围护结构是指建筑物各面的围挡物，如墙体、屋面、地面和门窗等，由非透光围护结构（墙体、屋面、地面）与透光围护结构（玻璃门窗、玻璃幕墙）组成（黄锴，2008）。中小型数据中心中围护结构带来的空调负荷占空调总负荷的 10% 左右（向华，2016），占比较大，因此不能忽略。

3. 太阳辐射热

太阳辐射产热使数据中心机房内环境温度升高，不利于机房散热。因此，数据中心机房一般采用无窗密闭结构，减少通过外窗进入的太阳辐射热。

4. 维护工作人员的散热

IT 设备机房内仅在检修时有人员进入，人体散热与性别、年龄、衣着、劳动强度以及环境温湿度等多种因素有关，一般机房中轻度劳动的成年男子散热量为 150W 左右（赵荣义等，2008）。

5. 照明等其他电子辅助设备的散热

照明设备散热量属于稳定得热，一般得热量不随时间变化，由对流和辐射两种成分组成。

6. 维持房间正压的新风负荷及伴随各种散湿过程产生的潜热

在数据中心的散热量中，显热比在 0.85～0.95 以上（肖剑春，2008），数据中心的潜热主要来自维护人员和维持房间正压的新风。维护人员基本只在设备需要维护的时候进入；且机房一般会避免设置外窗，围护结构密封较好，新风也是经过温湿度预处理后进入机房，由于新风系统洁净度差，维护费用高，数据中心机房一般不建议使用新风。因此数据中心这部分热量较小。

上述数据中心热量主要由空调冷却系统冷却后排至外界环境，另外一部分则通过建筑围护结构的导热传递到环境中。因此应该一方面降低数据中心产热，一方面优化冷却系统、增强围护结构散热能力将热量及时排出，从而保证数据中心安全可靠运行。

2.2　围护结构和通风

2.2.1　围护结构

围护结构的设置直接影响着数据中心室内的温湿环境，采用空调系统来调节室内环境会消耗大量的电能，因此数据中心的围护结构与数据中心的能耗紧密相关。通常，表征建筑物围护结构的热工性能指标如下（黄锴，2008）：

1. 传热系数（K）

在稳态条件下，围护结构两侧空气温度差为 1℃，单位时间内通过 1m^2 面积传递的热量［单位：W/（m^2·K）］。它是表征围护结构传递热量能力的指标。K 值越小，围护结构的传热能力越低，其保温隔热性能越好。

2. 热惰性指标（D）

表征围护结构对温度波衰减快慢程度的无量纲指标。D 值越大，温度波在其中的衰减越快，围护结构的热稳定性越好，越有利于节能。

3. 遮阳系数（SC）

实际透过窗玻璃的太阳辐射得热与透过 3 mm 透明玻璃的太阳辐射得热之比值。它是表征窗户透光系统遮阳性能的无量纲指标，其值在 0～1 范围内变化。SC 越小，通过窗户透光系统的太阳辐射得热量越小，其遮阳性能越好。

4. 窗墙面积比

窗户洞口面积与其所在外立面面积的比值。一般，窗墙面积比越大，建筑物的能耗也越大。

目前，在《数据中心设计规范》GB 50174—2017 中对围护结构的要求为"围护结构的材料应满足保温、隔热、防火、防潮、少产尘等要求"。而在《通信建筑工程设计规范》YD/T 5003—2014 等现行规范中没有对数据中心围护结构作明确规定。《节能建筑评价标准》GB/T 50668—2011 中关于围护结构的控制项中则指出严寒、寒冷地区及夏热冬冷、夏热冬暖地区建筑围护结构的热工指标限值、外窗（包括透明幕墙）的窗墙面积比、遮阳系数等指标应符合现行国家标准《公共建筑节能设计标准》GB/T 50189 的有关规定。

从上述相关标准规范可以看出，通信行业类规范均未对围护结构传热系数做明确规定。因此，建筑设计人员在数据中心建筑设计过程中，都将数据中心建筑归类为公共建筑，围护结构大多以《公共建筑节能设计标准》GB/T 50189 为依据进行设计，并参照公共建筑相关标准进行围护结构的保温设计。严格遵循与执行《公共建筑节能设计标准》GB/T 50189 等国家有关标准规范是确保数据中心建设实现节能要求的基本途径与措施，但是有些规定却不一定适用于数据中心围护结构。普通公共建筑为了给人类提供舒适的环境，一般要求夏季制冷，冬季供暖，围护结构按照具备"隔热保温"的功能而设计。但是数据中心作为高发热密度机房，为了业务与信息的处理要求，IT 设备通常需要进行 24×7 运行，会消耗大量的电能、产生大量的热量，其运行能耗远远高于普通公共建筑。因此，数据中心这种特殊的热环境特点要求其围护结构在全年大部分时间具备"散热"功能。

围护结构的选择和数据中心的地理位置息息相关，应该根据数据中心的规模、业务类型以及所处气候区有所区分。在寒冷地区，围护结构保温的设置阻碍了数据中心利用自然冷源，使空调系统负荷增加。在炎热地区，夏季室外温度高于数据中心环境温度时，围护结构保温性的加强可以减少太阳辐射量和室外传至室内的热量，从而有效降低空调负荷和空调耗电量；但在过渡季和冬季，当室外温度低于数据中心环境温度时，围护结构的保温措施会阻止室内热量散至室外，反而增加空调负荷和空调耗电量。例如一个位于夏热冬冷地区，面积为 $351 m^2$，数据设备功率为 $1.5 kW/m^2$ 的数据中心，《公共建筑节能设计标准》GB/T 50189 规定外墙传热系数 $K \leqslant 0.60$ W/$(m^2 \cdot K)$。当外墙传热系数 K 值由原来的 $2.095 W/(m^2 \cdot K)$ 减小到 $0.591 W/(m^2 \cdot K)$ 时，相应数据中心空调系统耗电量指标却由 4371.89 kWh/$(m^2 \cdot a)$ 上升到 4388.03 kWh/$(m^2 \cdot a)$，增加了 20.15kWh/$(m^2 \cdot a)$（何熙，2015）。

另外，在数据中心设计中还应使围护结构热阻值满足防结露要求，即围护结构内表面温度 θ_i 大于室内空气露点温度 t_d，保证围护结构内表面不结露，表 2.2-1 为数据中心机房露点温度范围。

围护结构内表面温度 θ_i 的计算公式为：

ASHRAE TC 9.9 数据中心机房建设标准参数 表 2.2-1

等级	设备运行				设备停止			
	干球温度（℃）		湿度范围（无结露）		最大露点温度（℃）	干球温度（℃）	湿度范围（%）	最大露点温度（℃）
	允许值	推荐值	允许值	推荐值				
A1	15～32	18～27	20～80	5.5℃ 露 点 温 度 — 60RH 和 15℃露点温度	17	5～45	8～80	27
A2	10～35	18～27	20～80	5.5℃ 露 点 温 度 — 60RH 和 15℃露点温度	21	5～45	8～80	27
A3	5～35	无	无	无	28	5～45	8～80	29
A4	5～40	无	无	无	28	5～45	8～80	29

$$\theta_i = t_i - \frac{t_i - t_e}{R_0} \cdot R_i \qquad (2.2\text{-}1)$$

式中　　t_i ——室内计算温度，℃；

　　　　t_e ——室外计算温度，℃；

　　　　R_0 ——围护结构导热热阻，$m^2 \cdot K/W$；

　　　　R_i ——围护结构对流传热热阻，$m^2 \cdot K/W$。

　　窗户作为围护结构的一部分，同时也是机房隔热最薄弱的地方，应尽量采用无窗密闭围护，可有效避免和减少进入室内的太阳辐射以及窗或透明幕墙的温差传热，防止机房温度随外界温度的变化而波动。如果无法实现无窗围护（例如，需要考虑建筑的整体外观），应尽量采用双层玻璃的节能门窗，或者多安装一层窗户。双层窗户能在室内外温差较大的时候，利用夹层空气的热阻特性，收到较好的保温隔热效果，也可在室外温度较低时，利用单层窗的低热阻性辅助机房降温。此外，为减少太阳辐射量，应采用低辐射、贴隔热膜的玻璃并辅助遮阳设施（如窗帘等）。

2.2.2　通风

　　为了适应数据中心全天候供冷的需求及相关标准对其热环境的严格要求，数据中心空调系统与传统建筑空调系统相比具有以下特点（吕继祥，2016）：

　　1. 宽温区、长时间运行

　　由于 IT 设备热流密度大，且需要全天候运行，即使外界环境温度较低时，数据中心仅依靠围护结构和自然冷却也难以满足设备运行的冷却需求，这就对数据中心空调全年宽温区、长时间供冷提出了要求。

　　2. 送风洁净度高

　　电子设备对于室内环境的洁净度有很高的要求，灰尘、腐蚀气体、水分等会导致元器件出现腐蚀与短路，对于直接引入室外空气的空调系统，新风必须进行严格的过滤，以防止损害设备的成分进入数据中心内。

　　3. 高显热潜热比

　　大部分的数据中心内无人长期值守，室内没有产湿源，仅在人员进出或透过围护结构有新风渗入，因此数据中心空调的冷负荷主要是室内设备散热，除湿负荷很小。

4. 送风参数相对稳定

IT 设备散热量较大，通过围护结构散热量相对较少，数据中心全年冷负荷变化不大，同时 IT 设备冷却空气入口参数范围较为固定，因此数据中心、空调送风参数比较稳定。

5. 大风量小温差

数据中心热流密度很高，采取集中送回风的冷却方式。为避免送风温差过低导致不必要的除湿，以及保证最不利机柜位置的冷却风量，通常会减小送回风温差，使空调系统在大风量小温差的模式下运行。

6. 大耗能

数据中心空调全年不间断供冷，风量大，且送风参数相对固定，冷负荷较高。因此空调耗能很大，约占整个数据中心运行能耗的 40% 以上，大大提高了数据中心的运行成本。

针对数据中心这类非常特殊的空调环境，不能简单地照搬现有公共建筑标准。公共建筑要求供暖通风，并提倡使用新风冷却技术。在《电子信息系统机房设计规范》中有关新风的要求为："设有新风系统的主机房，应进行风量平衡计算，以保证室内外的差压要求，当差压过大时，应设置排风口，避免造成新风无法正常进入主房的情况。"新风冷却系统虽然结构原理简单、冷却功耗低、全年自然冷却时间长（徐龙云，2015），但是引入新风系统直接将过滤后的室外空气送入室内面临许多问题。一方面，空气过滤器需要定期更换，维护成本较高；另一方面，国内电厂多采用火力发电，煤炭中的硫经燃烧后进入大气，导致室外空气中硫含量较高，大气中腐蚀气体随空气进入室内，会腐蚀服务器硬件，缩短设备寿命。

目前，部分机房空调系统按照空调循环风量的固定比例（例如 10% 的新风比例）引入室外新风，这是完全不需要且不合理的。之所以引入新风，是考虑机房内进行设备检修和维护的工作人员需要，但人员在机房内的活动时间有限，全天 24h 保持机房新风供应并不合理。因此，应当取消机房空调的新风，仅在人员集中活动区域（值班室等）设置独立的带有湿度控制的小型新风机，根据室内二氧化碳状况实行启停控制，以满足人员需求。

另外，由于数据中心对室内洁净度的要求，机房多使用无窗密闭，采用声控灯等照明设备，不需要窗户提供通风照明。这是数据中心与公共建筑的又一个区别。

综上所述，在数据中心建筑设计过程中，不能简单地采用公共建筑的相关设计标准，不能一味地追求围护结构的高保温性。否则因为围护结构保温的设置或新风冷却系统的使用，使得数据中心全年耗电量增加，既浪费了前期的设备投资，又浪费了后期的空调运行费用，在节能效果上起到适得其反的作用。因此，在现有公共建筑标准上针对围护结构和通风问题提出以下几点建议：

（1）围护结构的选择和数据中心的地理位置息息相关，应该根据数据中心的规模、业务类型以及所处气候区、数据中心所在建筑物内的区域位置内外部环境有所区分，对 IT 关键设备区域用房加强措施，合理计算保温隔热等热工参数，并根据各种影响因素对参数进行修正，选择适宜的围护结构与材料（冯升波等，2015）。

（2）对于墙体，选用较大传热系数的保温材料，降低围护结构的传热热阻，有助于机房内的热量向室外传递，更有利于降低空调系统能耗，达到节能目的。对于吊顶和地板，选用的保温材料传热系数越小，围护结构的传热能力越低，保温性能越好，越有利于节能。吊顶和地板不仅可在高度方向压缩空调的制冷空间，其与楼板形成的空气间层也有利于节能。特别是当机房位于建筑物顶层时，屋顶与吊顶之间的空气层更有明显的保温隔热效果（张扬等，2011）。

（3）数据中心设计中还应使围护结构热阻值满足防结露要求，即围护结构内表面温度大于室内空气露点温度，保证围护结构内表面不结露。应对防结露最小热阻值进行合理计算并对这一指标建立有关规范。

（4）采用无窗密闭围护，可有效避免和减少进入室内的太阳辐射以及窗或透明幕墙的温差传热，防止机房温度随外界温度的变化而波动，保持室内环境洁净。此外，采用低辐射、贴隔热膜玻璃并辅助遮阳设施（如窗帘等）来减少太阳辐射量，也可以起到很好的保温隔热效果。

（5）避免使用新风冷却系统，降低维护成本，防止空气中腐蚀气体损坏电子设备。

2.3 数据中心服务器芯片冷却新技术

数据中心机房所采用的冷却设备包括系统的设计，无论采用何种形式，其最终目的都是为了降低服务器 CPU 芯片的温度，使其工作在允许的温度范围之内。人们追寻的节能策略就是在保障服务器安全运行的前提下，如何使冷却能耗降至最低。不同的服务器或者说不同的服务对象其 CPU 芯片上限的热流密度有所不同，导致芯片与服务器环境的温度差也不一样。当然冷却介质的温度越低其冷却效果越显著，然而冷却介质温度与芯片的温度差越大，能耗也越大。因此，在维持 CPU 芯片温度处于正常工作的基础上，尽可能提高冷却介质的温度，减小芯片与环境的温度差。进风温度提升，冷机的 COP 就可以相对提高，所以这是数据中心冷却节能技术研究主要的发展方向。为此，对高性能服务器 CPU 冷却器件的散热性能提出了更高的要求。

2.3.1 服务器芯片空气冷却

目前数据中心服务器冷却大都采用风冷的形式对 CPU 芯片进行冷却，风冷的优点是散热器与基板（CPU）的装配具有标准化的特征，虽然散热器的种类形式各异，但是组装方法基本上可以做到标准化或规范化，有利于大规模生产。

一般风冷式芯片散热器的结构是，在铝质或铜质的散热器底板上镶有翅片，底板与芯片固定。考虑到 CPU 芯片与底板间的面积差过大，有的在芯片与散热器之间增设一块热扩散板（又称为均温板）。为了减小导热热阻，在 CPU 与散热器底板之间设有良好的导热材料，然后将芯片与散热器固定为一体。在机柜服务器以及基板上装有风扇，芯片的热量依靠受迫对流的空气通过翅片散掉，以此对芯片进行冷却。

目前风冷式芯片散热器散热性能低下表现出三个问题：（1）翅片效率（或者说利用率）比较低；（2）CPU 芯片与散热器底板的面积比悬殊；（3）散热器底板的温度梯度太大，即底板温度的均匀性较差。造成上述问题的根源在于：芯片向散热器底板导热的扩散热阻较大！因为极高热流密度的 CPU 芯片位于散热器底板的中心，即使在芯片与散热器底板之间增设一块均温板，以减小扩散热阻，并且优化设计热扩散板与底板的面积比例（诸凯等，2010），但是底板温度的均匀性问题仍然得不到解决。实验研究发现，如果芯片热流密度超过 50W/cm² 时，即使增大风扇的转速，对芯片的冷却作用已不明显（诸凯等，2014）。为此必须采用新的热控制方法来减小扩散热阻，提高空冷散热器的效率，以保障 CPU 正常工作。

为了减小芯片散热器的扩散热阻，许多散热器的底板采用铜质，翅片采用铝质。这样带来的问题是铜质底板散热器质量较大，造价也高。如每个服务器机柜要装 80～90 个芯片散热器，一个数据中心至少具有 10 个机柜，则服务器机架的承重也非常大。如果将铜质底板改为铝质，那么铝质的导热系数比铜质要小 1/3 左右，这又使得导热热阻增大。因此如何在保证 CPU 散热需求的前提下，提出一种既可有效减少芯片与散热器底板之间的扩散热阻，又能够弥补铝质导热热阻相对较大缺陷的散热器，自然成为数据中心服务器制造业之所求。

众所周知，热管是具有极高导热效率的传热元件，而且非常适合于小温差的 CPU 芯片散热，与传统的散热方式相比具有很大的优势（MA Yongxi 等，2006）。为了解决高热流密度器件的散热问题，人们首先提出了将热管技术与散热器相结合的设计理念（Kyu-Hyung Do 等，2008）。需要指出的是，在散热器底板排布热管并非直接用于芯片的散热，其主要目的是利用热管极高的导热能力，将 CPU 的热量快速分散至散热器整个底板，使其底板的温度梯度减小，然后通过底板上的翅片将热量以对流的方式散出。因为散热器底板温度越均匀，翅片强化散热的效果越明显（田金颖等，2007）。热管散热器有着很多优势：首先，热管是依靠内部工质的相变过程来传热，传热效率高；其次，携带大量汽化潜热的饱和蒸汽由（热管的）蒸发段流动到冷凝段的过程是在绝热状态下完成的，沿途的热量损失几乎为零，可视为零热阻传输。

针对热管均匀分散热量问题，本书提出了几种不同热管排布形式的散热器，并对其进行了分析研究，以寻求提高热管散热器散热性能的技术与方法。

1. 芯片散热器强化散热的技术途径

提出了 6 种不同形式的芯片散热器（诸凯等，2016），如图 2.3-1～图 2.3-6 所示。其中 5 种是在铝质散热器底板内嵌入热管，另外一种是铜质散热器底板但没有嵌入热管，五种散热器的风冷翅片均为铝质。

根据底板内（嵌入）热管不同的排布形式来区分，这五种散热器分别是：（1）热管对称 U 形排布；（2）热管非对称 U 形排布；（3）热管工字形排布；（4）热管冷凝段带有翅片的强化散热器；（5）蒸发段镶嵌在底板，凝结段穿入翅片的重力式热管散热器。

表 2.3-1 给出了 6 种风冷散热器的结构参数。

图 2.3-1　对称 U 形
热管排布　　　　　　图 2.3-2　非对称 U 形
热管排布　　　　　　图 2.3-3　工字形
热管排布

图 2.3-4　热管冷凝段强化式　　　图 2.3-5　重力热管式　　　图 2.3-6　铜质底板无热管嵌入

散热器结构参数　　　　　　　　　　　　表 2.3-1

序号	散热器类型	尺寸 (mm)	肋片高度 (mm)	肋片厚度 (mm)	肋间距 (mm)	底板材质	翅片材质
1	对称 U 形	130×100×44	36	0.5	1.85	铝	铝
2	非对称 U 形	同上	同上	同上	同上	同上	同上
3	工字形	同上	同上	同上	1.98	同上	同上
4	冷凝段带有翅片	85×100×44	同上	同上	1.85	铜	同上
5	重力式	105×65×98	90	同上	1.20	铝	同上
6	纯铜	200×100×44	同上	同上	同上	铜	同上

　　图 2.3-1～图 2.3-3 的结构是散热器的底板和翅片均为铝质，并且在散热器的底板上嵌入不同排布方式的热管。该种散热器的传热过程为：CPU 芯片置于散热器底板的中心，芯片（或通过热扩散板）与热管直接接触的管段作为热管的蒸发段，热管的两个端头作为冷凝段。在蒸发段，部分热管内的工质由于吸热而产生相变，将工质的潜热迅速传递至热管末端进行凝结发热。所以热管可以将 CPU 产生的高热流密度沿途分散至整个底板，有效提高了底板的温度均匀性，然后通过底板上部的翅片将热量以对流的方式散出。

　　图 2.3-4 所示的散热器结构是：底板共镶有 5 根热管，其中 3 根直圆柱形热管的中段镶嵌在（底板）中间部分，两端嵌入翅片中；另外 2 根圆柱形热管折弯成 U 形，其中的一段（约占总长 1/3）镶嵌在底板中间部分，其余 2/3 全部嵌入翅片中，热管的折弯处置于散热器外部。

　　该散热器的传热过程为：CPU 的热量通过热扩散板导热至镶嵌在散热器底板内的 5 根热管上，通过 CPU 产生的高热流密度迅速扩散至散热器底板。由于 3 根直形热管的两端（冷凝段）置于翅片中，另外 2 根折弯成 U 形热管的冷凝段也嵌入翅片中，所以热管的冷凝换热均得到强化，最终 CPU 的热量均通过翅片被空气带走。

　　需要指出的是，该散热器的底板为铜质，但是其面积与前述（图 2.3-1～图 2.3-3）散热器相比减小了 1/2（表 2.3-1）。散热器底板面积越小，则扩散热阻越小，有利于提高散热效率。在此基础上该底板又埋入 5 根热管来减小其扩散热阻，并且热管的冷凝段又得到强化换热，所以该散热器具有相当高的散热效率。但是可以看出，其结构与前述散热器相比，加工工艺较为复杂，而且成本也远高于普通嵌入热管式芯片散热器。

图 2.3-5 所示的散热器结构是：3 根圆柱形热管加工成 U 形弯，3 个 U 形弯在散热器的底面连接组合成一个均温板，6 根竖直热管镶嵌在多层（平面）的翅片中，形成重力式的热管。CPU 芯片的热量通过均温板将热管内的工质相变成为蒸汽，在翅片中凝结成液体并通过重力返回底部。热管内工质的相变潜热均分到翅片中，然后通过风机将热量带走。重力式热管的优点是工质流体利用重力回流，因此其工质的流动阻力相对较小。对于这种散热器而言，其底板面积与平卧式热管（图 2.3-1～图 2.3-3）相比，相对减小了 1/2（表 2.3-1）。芯片向四周导热，热扩散越小其扩散热阻自然也小，所以这种散热器的底板均温性较好。在生产加工方面可以看出其结构简单，缺陷是翅片的高度与平卧式热管相比增大了一倍，因此在选用时必须考虑服务器装配空间的高度。

图 2.3-6 所示的散热器结构是一种铜质底板、铝质翅片，但底板没有热管嵌入的散热器。该散热器的底板面积相对较大，与平卧式嵌入热管散热器相比增大了近 1/2（表 2.3-1）。这种结构除了消耗更多的有色金属外，占地空间大而且散热效率也相对较低。如图 2.3-7 所示，在同样的风速（3m/s）下，平板热管散热器的热阻为 0.175℃/W；铝底板嵌入热管式为 0.186℃/W；而铜质底板散热器为 0.22℃/W。

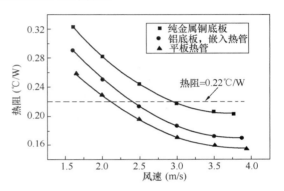

图 2.3-7　三种散热器热阻随风速的变化曲线

2. 芯片散热器散热性能分析

图 2.3-7 给出了纯铜质、嵌入热管式以及全铜质的平面热管散热器的性能比较示意图。可以清楚地看出，嵌入热管式散热器的散热性能较好。

图 2.3-8 给出了上述三种散热器冷却能力和重量的比较。可以看出在同样空间尺度和风力条件下，热管嵌入式散热器与铜质底板散热器比较，可提高冷却能力 15%，同时减轻散热器重量 30%。

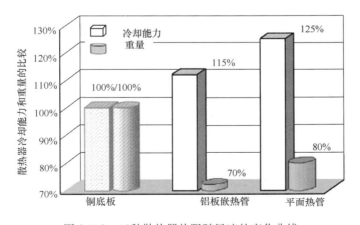

图 2.3-8　三种散热器热阻随风速的变化曲线

在高热流密度器件的冷却元件设备中，平板式（亦称平面式）热管散热器的性能最为优良。这种散热器的底板本身就是一个平面式热管，即底板是一个空腔，空腔的四壁是多孔壁面，热管内工质蒸发与冷却都在空腔内完成。因为该热管的底面是一个平面，热管内工质的相变在平面上完成，所以作为散热器就具有很好的温度均匀性。虽然平板式热管散热器的传热效率较高，但作为服务器芯片冷却大规模的应用并不多，主要原因是散热器质量较大，而且投资成本较高。但是作为芯片冷却散热器性能的鉴定，一般都与平板式热管散热器进行对比。

当然作为数据中心服务器 CPU 冷却用的散热器有很多种类，本书主要想说明提高风冷式芯片散热器散热效率的技术途径。至于如何选择散热器的种类和结构，应该综合考虑数据中心服务器所承担的运行负荷、服务器机架结构特征以及工程预算等因素来决定。

2.3.2 服务器芯片液体冷却

目前带有多核 CPU 的服务器性能发生了阶跃式的提高，功率密度也巨幅攀升。今后风冷技术已经无法满足芯片的冷却要求。更低的冷却温度和服务器机架更小的空间结构，对芯片散热技术提出了新的挑战—液冷技术。

液冷技术主要分为：机柜冷却和基板冷却。

机柜冷却分为两大部分：开放式机柜加液冷背板；封闭式液冷机柜。

开放式机柜加液冷背板方式，是在目前服务器机柜上将原有的风冷门更换为水冷门，通过在地面下铺设的水冷管道连接到室外的热交换器，然后通过水泵注入水冷门，由机柜背部的水冷门带走机柜后面热风带来的热量。统计表明，水冷门可以带走机房 50% 的热量，其余 50% 的热量还是采用传统风冷带走。据计算，同样输入 1kW 电量，风冷空调可以带走 2.6kW 热量，水的热容量比空气大，水冷空调可以带走 5.0kW 的热量。由于水冷的效率高于风冷，可以在达到更好制冷效果的同时，节省更多能源。

封闭式液冷机柜方式，是空气在机柜内部循环，服务器等 IT 设备排出的热空气通过机柜内置换热器，由冷却水制冷，冷却后的冷空气重新送入服务器等 IT 设备，单机柜内散热功率可达 12~35kW。机柜底部内置一套高效的热交换盘管，实现机房冷却水和机柜内空气的隔离热交换。机柜内 IT 设备位于机柜中、上部，因而实现了机柜内 IT 设备和水冷循环系统的空间隔离，防止漏水、冷凝水异常情况危害 IT 设备的可靠运行。机柜内空气循环系统采用正面送风、背面排风的形式。每台机柜独立控制和调节，机柜内风扇系统 N+1 冗余，保障机柜系统的高可靠性、高制冷能力。液冷密闭式系统机柜使制冷末端前置，贴近空调负载机架，减少送风所需能耗，与远距离送风相比可使风机能耗降低65%（赵文江等，2009）。

机柜冷却技术目前已经基本被机柜生产厂家及研究机构所掌握，在此不再赘述。本章主要介绍基板的液体冷却技术。

1. 服务器基板及 CPU 芯片液体冷却

目前用于服务器及芯片冷却的液体仍然以水为主，此方面的技术研究主要体现在以下几个方面：

（1）依据基板高热流密度器件（不仅是 CPU 芯片）的面积，设计不同导（涡）流结构的水冷散热器。

（2）针对不同类型的水冷散热器，研究不同热流密度、冷却水流速下，芯片中心温度变化，这是最终提供水冷散热器的技术基础。

（3）对不同类型的水冷散热器进行流动阻力的计算与比较，与传统流道形式进行对比。

2. 几种不同结构形式的水冷散热器举例

图 2.3-9～图 2.3-12 列举了四种不同形式的单体式水冷散热器结构，图中所示的"底托"直接与 CPU 芯片接触。每种散热器均配有封盖，冷却水的流向可以选择上进、上出；上进、侧出；或者侧进、侧出。每种散热器很少单体使用，基本都是采用并联（亦可串联）多个固定在服务器基板上对芯片进行冷却。

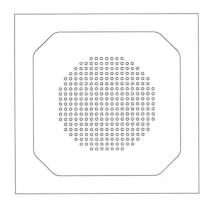

图 2.3-9　翅柱呈圆柱形

图 2.3-10　翅柱同心圆分布式

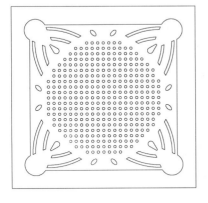

图 2.3-11　翅柱呈绕流通道式

图 2.3-12　槽道翅片式

图 2.3-9 所示的结构为：翅柱是圆柱形，使用时冷却水从顶部中心喷射。该水冷散热器的底板厚度为 1.5 mm，翅柱高度为 3.7mm，翅柱（当量）直径为 0.7mm，翅柱间距为 0.8mm。这种散热器的特点是结构简单易加工，但是流动阻力相对较大，所以要求冷却水的流速相对较高。

图 2.3-10 所示的结构为：翅柱呈同心圆分布，冷却水从顶部中心喷射，喷孔直径为 4mm。散热器底板面积尺寸为 5cm×5cm，厚度为 2mm，喷射腔高度为 4mm，长度和宽度

均为 4cm。该散热器的翅柱为水滴形，即一端为尖头；另一端为椭圆形。翅柱高度为 3.72mm，间距为 0.8mm，有效换热面积为 36cm²。冷却水入口位于翅柱阵列中心，与翅柱换热后向四周辐射流出，冷却流流程较短可使得散热器各部位换热均匀。

图 2.3-11 所示的结构是在翅柱外围的四角设有导流通道，这样可减小流动阻力并且具有良好的换热性能。由图可以看出，冷却水向中心射入，从散热器的四个角流出，所以该散热器的封盖分为两层。在第二层顶盖的四角各设置一个出口，进水口在第二层顶盖中心，冷却水流经翅柱后在第二层顶盖空腔中汇合，然后从第一层顶盖的出口流出。该结构由于换热相对充分，所以可适用于小流速或小流量的供水条件。

3. 三种翅柱结构的水冷散热器性能分析

本节旨在通过介绍对水冷散热器结构的优化设计，使芯片散热效率得到进一步提高。通过对以上三种涡流散热器进行对比实验研究（王彬等，2017），提出以下参考结论：

（1）从冷却性能方面考虑，翅柱外围的四角设有导流通道的散热器（图 2.3-11）＞翅柱呈同心圆分布的散热器（图 2.3-10）＞翅柱是圆柱形散热器（图 2.3-9）。其中设有导流通道的散热器比翅柱呈同心圆分布的散热器冷却效率提高 4％。在冷却水流量为 60mL/s、芯片热流密度为 70W/cm² 的工况下，翅柱是圆柱形的散热器对应的芯片温度为 90.8℃；翅柱呈同心圆分布的散热器对应的芯片温度为 46.1℃；设有导流通道的散热器对应的芯片温度为 43.5℃。

在热流密度为 50W/cm² 时，三种散热器的热阻分别为 0.33K/W、0.095K/W、0.11K/W。

（2）从流动性能方面考虑，三种涡流水冷散热器在流量较小时压降相差较小，但是随着流量的增大，设有导流通道的与同心圆分布的散热器，其流动阻力明显小于圆柱形散热器。例如在流量为 60mL/s 时，与圆柱形散热器相比，同心圆分布散热器的压降降低 39.6％，设有导流通道的散热器压降降低 44.6％。

（3）在冷却和流动综合性能方面，设有导流通道的与同心圆分布的散热器均优于圆柱形散热器；设有导流通道的散热器在冷却性能方面优于同心圆分布，但流动性能比同心圆分布稍差。但是如果设有导流通道的散热器采用单层顶盖时，流动性能虽然略优于同心圆分布的散热器，但其散热性能会下降 10.6％。

综合来看，设有导流通道的与同心圆分布的散热器均具有良好的性能，哪一种更适合要视具体情况而定。在相同的外形体积条件下，设有导流通道的散热器工艺难度以及加工成本比同心圆分布的散热器要高，所以采用哪种类型要根据用户的侧重点来选择。

4. 直槽道结构的水冷散热器

图 2.3-12 所示的结构为直槽道散热片，散热器的底板厚度为 4.7mm，底板散热面积为 100mm×59mm，槽片的高度为 3mm，槽道区域的面积为 72.5mm×58mm，槽宽为 0.4mm。采用铜质的金属盖封住散热器，金属盖高度为 6mm。在金属盖左上方设置直径为 6mm 的圆孔进水，右下方设置同样的圆孔出水，水从孔内流进后，经过无板翅区域，使水流流动充分发展之后方可进入流道，预防无水流动的区域的存在，有效地避免了换热不均匀的问题，最后扰动的水流从右下方圆孔处流出。

在散热效果方面：在热流密度为 50W/cm² 下，通过芯片温度最高为 37℃，热阻为 0.046W/℃。在流动阻力方面：流量为 23mL/s 时，其压力损失为 5kPa。

这种散热器目前应用比较广泛，因为底面散热面积相对较大，除了 CPU 芯片以外还可以同时对其他高热流密度器件进行冷却。经实验证实，该散热器的流动阻力相对其他水冷散热器要小，而且易于加工。

槽道式水冷散热器应用于基板芯片冷却举例如图 2.3-13 所示。

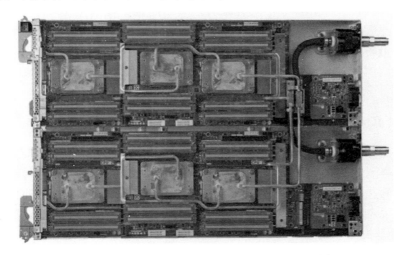

图 2.3-13　采用并联式槽道水冷散热器的基板冷却

前已述及，与风冷散热不同，各类型水冷散热器很少单体使用，基本都是采用多个并联固定在多核 CPU 服务器基板的芯片冷却，图 2.3-13 显示出 6 个槽道式水冷散热器设置在基板上。值得关注的是：为了实现对基板多个高热流密度器件的冷却，对服务器基板的组成结构进行了专一化设计。即将具有高发热量的部件与 CPU 芯片组合在一起，统一由该水冷散热器进行冷却，所以这种槽道式水冷散热器为长方形，每个散热器分列翅片 50 片（49 个槽道），面积（73.5mm×44.5mm），远大于其他单体式水冷器。

表 2.3-2 给出了计算机服务器风冷与水冷两种方式能效对比的结果。以目前 Inter 服务器和自建（水冷）实验系统给出的 5 项参数指标进行比较，可以看出水冷与风冷的差别。CPU 功率后者比前者高出 2.5 倍；基板封装密度高出 3 倍；标准基板功率、标准机柜总功率以及冷却能力 3 项指标高出 8 倍。

数据中心服务器风冷与水冷能效对比　　　　　　　　　　　　　　　　表 2.3-2

	CPU 功率	标准基板功率	标准机柜总功率	基板封装密度	计算中心冷却能力
Inter 高端服务器	85～100W	250W	10.5kW	CPU×2	19.4kW/m^2
水冷系统（实验台）	250W	2000W	84.0kW	CPU×6	155kW/m^2

5. 数据中心服务器基板水冷所面临的问题

常规的风冷散热技术相对比较成熟，但是服务器基板高热流密度器件风冷散热所带来的风机耗能剧增以及噪声问题，严重阻碍了计算机性能的提高，而且引起了业内人士的高度关注。研究表明（B. P. Whelan 等，2012），换热系数与风速的关系为 $h \propto u^{0.8}$，压力损失与风速的关系为 $\Delta P \propto u^2$，产生的噪声与风速的关系为 $U \propto u^5$。尤其是目前 CPU 的热流密度已经高于 $60 \sim 90 W/cm^2$，芯片局部热点的热流密度已达到 $200 W/cm^2$（Chander

Shekhar Sharma 等，2015)。

众所周知，液冷散热方式包括液浸技术具有很高的散热性能，但是作为成熟的技术应用于数据中心基板的冷却尚有一段距离。液冷泄露的弊端，按照目前的技术水平已经不是主要的问题，关键的问题是液冷技术方案必须针对基板器件的组成结构进行专一化设计，或者说与风冷技术相比它不具有统一性，不能做到规范化设计，所以多种形式的液冷技术目前主要应用在超级计算机服务器的冷却方案上。对于一些器件结构相对复杂的服务器基板液冷方案的设计异常复杂，其中有技术问题，也有设计理念的创新问题，而且后者更难以解决。鉴于此，行业人士期待着水冷技术日臻完善，能够成熟应用于数据中心的冷却。

2.3.3　超级计算机服务器冷板式液体冷却

超级或大型计算机由于其性能强大，服务对象计算复杂，服务器 CPU 芯片具有超高热流密度和超高温的特征，所以液冷技术最先被应用于超算芯片的冷却中，但是真正进入商业应用的时间并不长。近年来中科曙光公司在计算机服务器液冷技术方面取得了长远发展。就类别来说，液冷散热主要分为冷板式和浸没式两大类。

1. 服务器基板冷板式液体冷却

冷板式液冷比较常见，包括"中科曙光"在内的许多厂商推出的也有类似产品，而且在应用层面也比较成熟，比如著名的六连冠"天河二号"就是采用液冷散热。

最近几年，受限于功耗的提升和散热成本的增加，越来越多的超级计算机都在采用液冷的散热方式。许多服务器厂商都有冷板式液体冷却的产品出现。

图 2.3-14 所示的是 BULL 展示的（3 节点 1U）全冷板的液冷刀片服务器，图中下方所示管道的下面就是处理器。BULL 的冷板液冷面积更大，散热效果也更让人期待。

图 2.3-14　全冷板的液冷刀片服务器

图 2.3-15 所示的基板来自于 Astek。许多服务器厂商都采用它的技术或者解决方案。

该产品成本低廉，除了一进一出两个导管之外，刀片服务器与普通的产品一般无二。这种单个刀片的成本在 2500 元左右。

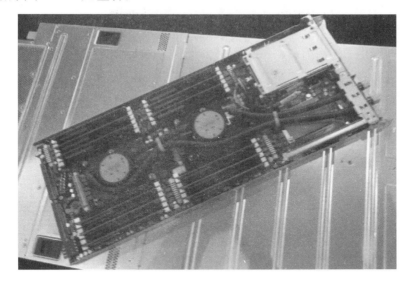

图 2.3-15　基板

图 2.3-16 所示是一款型号为 TC4600E-LP 中国曙光的产品，该产品是曙光液冷的主力，早在 2014 年前就发布过。在第 30 届世界超级计算机大会（2017 美国丹佛）上曙光展示了 TC4600E-LP 的第三代升级产品 G3，在体积上缩小了许多，但是性能变得更加强大。

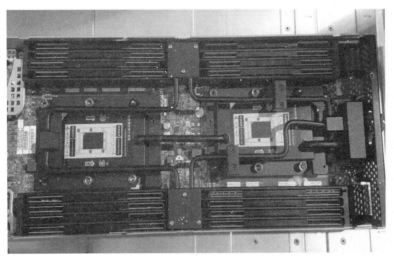

图 2.3-16　TC4600E-LP

图 2.3-17 展示了新款的 TC4600E-LP G3 产品，其内部增加了更多的散热冷板，特别是对于内存条也提供了散热的支持，在液冷介质的接口上采用了无滴漏快速接头，应用更安全。

无论是欧洲、日本、美国还是中国，冷板式液冷作为服务器散热已经成为一项相对成

图 2.3-17　TC4600E-LP G3

熟的技术。但无论是对研究开发或是厂商来说，散热效率更高的是全浸式液体冷却，因为相对于冷板式散热，浸没式液冷技术更具有发展前景。

2. 服务器基板全浸没式液体冷却

浸没式冷却虽然目前应用的范围还很小，却是未来发展的重要趋势。目前国内以曙光和阿里巴巴为代表的企业已经在制造全浸没式液冷，并且有成熟的产品面世，液冷服务器已经投入商用。

与冷板式不同，目前全浸没式液冷基本处于试制阶段，也是各大企业研发的主要方向。相比冷板式来说全浸没具有体积小、密度高的特性，而且没有冷板式巨大的散热机柜。全浸没的难点在于如何控制冷却介质的相变，或者如何保证空间压力，所以截至目前全浸没式液冷产品在世界范围内为数不多。

图 2.3-18 所示的是"技嘉"的全浸没设备，主板和显卡都泡在冷却液里面。照片中显示出冷却液一直是在冒泡的，这就是相变的全浸没应用。

图 2.3-19 展示的是日本富士通研发的高端全浸没非相变液冷散热器。在该设备中，计算、存储、网络等多种模块泡在一起，服务器的外壳像是婴儿澡盆，尤其是左上角漂浮的那个小鸭子。据介绍，这种冷却液的蒸发速度相当慢，一年的损耗

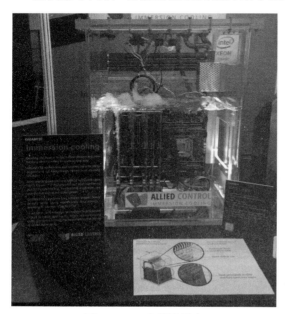

图 2.3-18　全浸没设备

只有千分之五左右。

图 2.3-19　高端全浸没非相变液冷散热器

日本 ExaScaler 公司展示了一种型号为 ZettaScaler-2.4 标准的产品，它的日本名字称为"晓光"（Gyoukou），如图 2.3-20 所示。

在第 30 届世界超级计算机大会公布的 Green 500 榜单中，这款部署在日本横滨海洋研究所的设备击败美国橡树岭实验室的泰坦位居第四名，至此 TOP 5 榜单中有四台设备都来自于日本，可见日本对于节能的重视程度。

Gyoukou 的设计比较精细，而且空间利用率更高，密密麻麻的板卡插在里面，但是整齐有序，并不混乱。因为涉及大规模的浸没应用，应该注重空间密度的应用，单纯地把机器泡进去显得并不可取。

日本在全浸没的技术上如此领先，中国的设备如何呢？早在 2017 年 9 月，中科曙光就展示了一款名为 I620-M20 的全浸没式液冷服务器，并且已经交付华中科技大学进行大数据相关的研究应用，如图 2.3-21 所示。

图 2.3-20　ZettaScaler-2.4

这是中国首家交付商用的系统，除了中科曙光之外，包括阿里巴巴在内的许多企业也在研发类似的全浸没设备。中科曙光实现了第一家商业交付，相比于实验室的产品来说这的确是了不起的成就。

通过欧洲、日本和中国一系列液冷散热设备的介绍，特别是全浸没的液冷给数据中心

图 2.3-21　I620-M20 全浸没式液冷服务器

冷却技术带来了全新的设计理念。未来，随着系统能耗的不断提升，将有越来越多的用户采用液冷的散热方式，这从目前天河二号、神威太湖之光的应用上就可以看出来。超算系统服务器如果不采用液冷技术，除了能耗巨大以外，高热流密度导致的芯片高温问题将难以逾越。

　　需要说明的是，虽然浸没液冷方式将服务器的冷却技术提高到了一个新阶段，并且也是未来的主要发展方向。但是对超级计算机的科学评判要以多个参数指标为依据，即不仅仅是计算负载、计算速度、冷却效率、能耗等，关键还在于要考虑到投资与效能的产出比例。目前全浸没液冷服务器推出应用的主要问题之一，就是专用冷却液的投资成本非常高，其费用远高于冷却电耗成本支出。

2.3.4　服务器 CPU 节能的新举措

　　数据中心冷却系统的能耗可以通过气流管理的方法来减小，但在目前的控制策略中通常假设所有服务器的工作状态相同、数据中心内部不同区域温度相同，忽略了不同服务器间 IT 负荷差异对冷却系统的影响。虽然该控制方法保证了服务器热点区域的正常工作温度，但也会使其他区域过度冷却，使系统的无效冷量增加。为了减小冷却系统的无效冷量，需要将 IT 负荷变化纳入到考虑的范围内，考虑通过如何合理分配 IT 负荷（IT 负荷迁移）来提高冷却系统效率（诸凯等，2017）。

目前数据中心基本通过控制出口热风温度的方式来调节冷量，并没有对 IT 负荷的变化与系统供冷负荷的关联加以考虑。具体来说，数据中心 24 小时运行中，不同类型的任务由不同的 CPU 芯片负责，CPU 会根据用户任务的不同来变换工作状态，因此芯片的运行规律各不相同。

中央处理器（CPU）由运算器、控制器、寄存器组和内部总线等构成，对于 CPU 而言，其工作状态分为两种，即空载和满载。满载状态：表示芯片正在处理来自于服务对象的任务，此时发热量最高；空载状态：表示芯片处于低功率状态，此时其发热量远低于满载状态。"空载"被称为"系统空闲进程"（System Idle Process），并不是指芯片不工作。空闲进程的值越高，代表 CPU 的工作量越小。比如阻止 CPU 消耗太多电量的一种方法是内置更长的时钟周期（tick periods）。通过这种方式，CPU 在唤醒之前需要度过更长的空闲时间，然后执行基本任务，所以芯片空载下芯片发热量并不为零。

夜间 CPU 直接用于"用户指定任务"的工作量会大幅减少，芯片发热量（因"工作强度"变化）将产生较大的差异，而目前 CPU 不同时段发热量与冷却能耗脱节。

对某小型数据中心 4000 个以上的服务器芯片工作状态进行 2800h 的监测，得到芯片平均利用率随时间的变化规律。选择了其中 1 个芯片作为研究样本，在每个小时内，假设芯片具有恒定的工作频率，并取芯片在此小时内的平均利用率作为芯片的恒定工作频率，其在测量时间内的利用率的变化如图 2.3-22 所示。

芯片为 Intel 系列的 IA-64 Itanium，其主频速率为 1.4GHz，具有 8GB 记忆存储空间，在 48h 内，芯片利用率变化规律如图 2.3-23 所示。

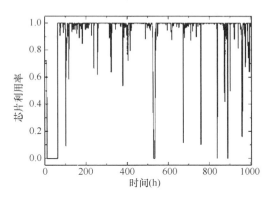
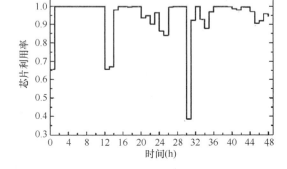

图 2.3-22　1000h 内芯片平均利用率随时间变化　　　图 2.3-23　48h 内芯片平均利用率随时间变化

以上述计算得出的 CPU 发热量作为散热需求，供冷系统可以据此调节，在较低的负荷下满足芯片的散热要求。经实验计算证实，CPU 工作时段不同，其发热量对系统负荷有着明显的影响，当 CPU 发热量下降时，系统的冷却负荷明显下降。

以水冷方式为例，泵供消耗与冷却水流速呈立方关系，CPU 工作负荷降低，冷却水流量以及泵功消耗可相对减少，使得收益因子明显上升。所以在实际运行的冷却系统中，根据 CPU 不同时段的实际发热量，调节供冷负荷可以实现散热量的精确控制，并由此显著提升节能效果，对系统节能性的提高具有实际意义。

2.4 排热需求冷源温度和除湿问题

2.4.1 数据中心环控需求及自然冷源状况

1. 数据机房温度要求

服务器上的芯片在运行过程中所消耗的电功率全部转化为热，能否有效地释放这些热量从而不使芯片温度过高，是服务器安全可靠运行的保障。随着集成度、微尺寸程度的提高，芯片内部热流密度越发增加，导致服务器的冷却成为进一步提高电路密度、提高性能的关键。芯片过热会诱发"电子迁移"现象，该过程可对芯片造成永久性损害，且损害会逐渐累积，最终造成芯片内部导线的短路和断路（Tan C M，2014）。

温度与平均无故障运行时间的关系：由于现代电子设备所用的电子元器件的密度越来越高，使元器件之间通过传导、辐射和对流产生热耦合。芯片温度已经成为影响电子元器件时效的一个重要因素。对于某些电路来说，可靠性几乎完全取决于热环境。相关研究表明，单个电子元件的工作温度如果升高 10K，元器件寿命降低 30%～50%，其可靠性则会减小约 50%，这就是著名的"10 度法则"。表 2.4-1 给出了电子元器件失效率随温度的变化关系（黄璐，2008），可见随着电子元器件表面温度的升高，其失效率迅速升高。

部分元器件高低温失效率比值   表 2.4-1

元器件名称	基本失效率		ΔT（K）	高低温失效率比值
	高温	低温		
晶体管	160℃时 0.0064	40℃时 0.0008	120	8∶1
玻璃和陶瓷电容	125℃时 0.0029	40℃时 0.0009	85	32∶1
变压器和线圈	85℃时 0.00267	40℃时 0.0002	45	27∶1
电阻	90℃时 0.0063	40℃时 0.0002	50	31∶1
集成电路芯片	90℃时 0.52	40℃时 0.0058	50	7.5∶1

芯片需要在一个合理的温度范围内工作，其工作温度会影响到芯片的寿命和可靠性，有些芯片会自我保护，温度过高时自动降频，降低工作速度。设计数据中心空调，首先需要明确的就是温度控制的目标以及温度控制点的位置。

数据中心的温控目标及温度控制点位置的选择在数据中心发展的历史上不断地演变。我国在 2008 年版《电子信息系统机房设计规范》GB 50174—2008 附录 A 中要求 A 级和 B 级机房内的温度为 23±1℃（开机时），C 级别的数据中心 IT 设备的工作温度范围为 18～28℃（开机时）。但是机房内温度分布是极不均匀的，不同位置机柜的进风温度差异较大，且机柜的进风和排风一般有 10℃以上的温差。那么 2008 年版的《电子信息系统机房设计规范》中机房内温度是指什么位置的温度呢？应该对其有严格定义。2017 年版《数据中心设计规范》GB 50174—2017 明确提出了温控目标为封闭的冷通道内温度或机柜进风温度，其推荐的温度范围为 18～27℃，当 IT 设备对环境温度和相对湿度可以放宽要求时，机房冷通道或机柜进风区域的温度允许扩大到 15～32℃。ASHRAE 设计手册同样规定的是数据机房 IT 设备推荐的进风温度、湿度范围（见图 2.4-1）。因为考虑到机房冷通道内温度分布不均匀导致不同位置机柜进风温度差异大的问题，现有国家标准推荐的机柜进风温度不再是一个确定的点而是一个范围，机柜最高进风温度要求小于 27℃，机柜最低进风温度要求大于 18℃。

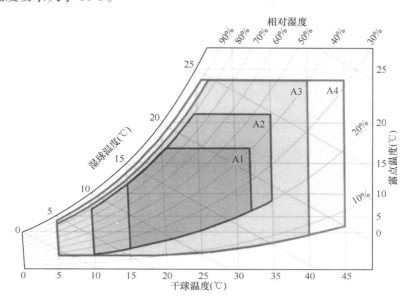

图 2.4-1　ASHRAE 设计手册推荐机柜进风温度、湿度范围

现有国家标准是从满足芯片散热需求的角度出发，对机柜进风温度提出了要求，但仍然无法确保散热最不利的芯片其温度水平适宜。其实，最接近且最能反映芯片温度水平的是各机柜的排风温度，机柜排风温度最高的位置对应机房内 IT 设备散热最不利之处，该处芯片温度水平也最高。机房精密空调应根据机柜最高的排风温度来调节，从而保证所有芯片工作在合适的温度水平。

数据中心作为一种特殊功能的建筑类型，其室内显热负荷密度高（热量来源于机柜服务器设备产热），几乎无湿负荷，空调排热系统需全年 8760h 不间断运行。数据中心空调系统的基本任务是将室内热量排出，从而维持所有服务器芯片所处温度在其允许的工作范围内。

2. 自然冷源状况

数据中心热环境营造过程的本质是把恒定热量从热源（芯片）排到室外，该过程可视为在一定的驱动温差下，将热量从室内搬运到室外的过程。若数据中心内热源（服务器芯片）的工作温度为 T_{chip}，选取的室外热汇温度为 T_0，则此时相应的排热过程驱动热量 Q 传递的总温差 $\Delta T_d = T_{chip} - T_0$，此温差 ΔT_d 表征了热量排除过程全部可用的传热驱动力。根据选取的室外热汇方式，T_0 可有不同的取值：若使用室外空气直接排除热量，T_0 代表室外空气干球温度；若采用冷却塔直接蒸发冷却方式排除热量，T_0 代表室外空气湿球温度；若使用间接蒸发冷却方式来排除热量，T_0 代表室外空气露点温度，如采用深层湖水、海水冷却，则 T_0 为冷却水温度。

图 2.4-2 给出了从服务器到室外热汇（湿球温度）的典型排热过程在 T-Q 图的表征，在该过程中，包含从服务器芯片→机柜送排风→机房空调送回风→冷水→室外热汇的多个

热量采集、传递环节。对于给定的排热量 Q，在热量传递的各个环节（如室内采集、中间传输等），由于各种不可逆因素（如有限传递能力、不匹配导致的换热损失、不同温度流体混合导致的掺混损失等）的存在，随着热量的传递都会消耗掉一部分温差，各环节消耗的总温差为 ΔT_{total}。热量传递过程的温差损失可以通过㶲耗散 ΔE_{n} 来表征：

$$\Delta E_{\text{n}} = \int \Delta T \mathrm{d}Q \qquad (2.4\text{-}1)$$

对于从服务器芯片（热源）到室外热汇之间的热量采集过程，该过程的总㶲耗散和各环节消耗的总温差分别为：

$$\Delta E_{\text{n,total}} = \Delta E_{\text{n,送风—芯片}} + \Delta E_{\text{n,掺混}} + \Delta E_{\text{n,表冷器}} + \Delta E_{\text{n,冷却塔}} \qquad (2.4\text{-}2)$$

$$\Delta T_{\text{total}} = \frac{\Delta E_{\text{n,total}}}{Q} \qquad (2.4\text{-}3)$$

数据中心的室内掺混损失主要是由热通道内热空气回流及冷通道内冷空气旁通造成的。从图 2.4-2 可见，数据中心室内掺混使得各机柜进风温度不均匀，各芯片温度不一致，不同服务器芯片的排风温度也存在差异。为确保所有芯片工作在适宜的温度水平，对机柜的最高排风温度有上限要求。而由于室内掺混消耗的温差以及空气—冷水换热温差的存在，限制了空调供水温度的提高。

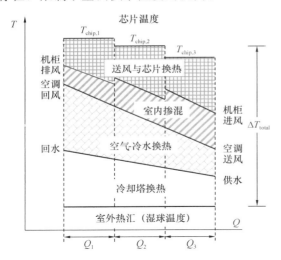

图 2.4-2　机房热环境营造过程的 $T\text{-}Q$ 图表征
（利用室外自然冷源）

根据室内外驱动温差 ΔT_{d} 与实际排热过程中消耗的温差 ΔT_{total} 之间的关系，数据中心热环境营造过程可分为如下两种情况：若机房热量排除过程中实际消耗的温差 ΔT_{total} 小于可用温差 ΔT_{d}，说明现有的传热驱动力足以克服所有传热环节的阻力完成热量的搬运，即机房需求冷源温度高于自然冷源温度，可利用自然冷源满足芯片的散热需求；当所有传热环节消耗的总温差 ΔT_{total} 大于可用温差 ΔT_{d} 时，说明现有传热温差不足以满足热量排除过程中传热动力的消耗，即机房需求的冷源温度低于自然冷源温度，这时就必须通过某种方式补充一定的驱动温差。通常情况下可利用制冷循环来补充提供驱动热量传递的传

热温差，帮助系统完成热量 Q 的传递。

满足排热要求的驱动温差 ΔT_{d} 随系统形式和运行模式不同，一般在 20～30℃。如果要求芯片温度不超过 40℃，则要求的冷源温度为 10～20℃。这一范围很接近可以免费获取的自然冷源温度。以采用冷却塔制取冷水的自然冷源供冷为例，室外湿球温度为冷却水温度的下限，可用当地湿球温度反映可利用的自然冷源的温度水平。表 2.4-2 给出了国内不同地区部分城市室外湿球温度分别低于 10℃、15℃和 20℃时的小时数，从中可以看到，随着冷源需求温度的降低，可利用自然冷源的小时数显著减少。如果要求的冷源温度为 10℃，则全国各地的数据机房都离不开机械制冷，而如果要求的冷源温度是 20℃时，则对我国北方的哈尔滨、兰州等城市，全年自然冷源可以利用的时间超过 90%。因此，提高冷源需求温度是充分利用自然冷源、降低数据中心能耗的关键。

部分城市可利用自然冷源小时数　　　　　　　　　　　　表 2.4-2

典型城市 ＼ 湿球温度	$t_w < 10℃$ 小时数	$t_w < 15℃$ 小时数	$t_w < 20℃$ 小时数
哈尔滨	5673	6831	8114
北京	4762	5758	7232
兰州	4947	6467	8432
太原	4932	6274	7831
上海	3228	4516	5967
合肥	3338	4423	5952
广州	986	2523	3988

机房需求的冷源温度主要由排热的驱动温差 ΔT_d 决定。当芯片采用风冷方式时，芯片与空气之间的换热㶲耗散很难进一步减小，这时，最有可能降低驱动温差的是减少机房内冷热空气之间的掺混损失，在目前典型的机房冷却系统中，这一掺混损失可高达 $5 \sim 15℃$。如果将其降低到 5℃ 以下，就有可能使 ΔT_d 降低到 20℃ 以下，从而使得在我国大多数地区利用自然冷源冷却的时间达到全年的一半以上。同时，即使需要热泵来补充驱动温差的不足，所需要热泵提升的温差也很小，从而使热泵具有很高的能效比。因此，降低机房冷却系统能耗的关键是通过合理的空调系统和气流组织设计，有效减小热量排出过程中的温差消耗 ΔT_d。其核心是减小室内掺混损失、提高机柜进风温度均匀性，从而提高需求冷源温度。

2.4.2　数据中心现有空调方式

1. 热空气回流

以目前普遍采用的地板集中送风、封闭冷通道的数据中心空调方式为例，图 2.4-3 是某机房内的气流组织示意图以及该机房实测的各点空气温度。机房空调送出 16℃ 左右的冷风，通过地板静压箱由地板上的送风口送至封闭的冷通道，机柜内的 IT 设备依靠自带的服务器风机从冷通道一侧吸入冷空气，带走芯片产生的热量后将热空气排至热通道，热通道内热空气回到精密空调被冷却。

该典型数据中心内温度分布的现场测试结果表明，即使数据机房采用了封闭的冷通道，其冷热通道内沿高度方向依然存在明显的温升。如图 2.4-3 所示，地板送风口送出 16℃ 的冷空气，冷通道底部的空气温度接近送风温度为 16℃，而冷通道顶部的空气温度达到了 25℃，机柜进风温度分布极不均匀。根据《数据中心设计规范》GB 50174—2017 推荐的 $18 \sim 27℃$ 的设备进风温度要求，此时机柜各处的进风温度都符合要求。但机柜上下之间的进风温度相差 9℃，如果能够消除机柜的纵向温差，则可以把送风温度从目前的 16℃ 提高到 25℃，从而可有效利用自然冷源。

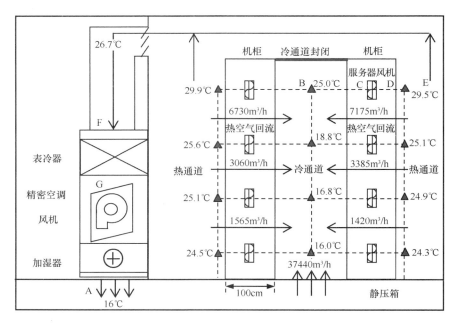

图 2.4-3 "小风量、大温差"地板集中送风空调气流组织示意图

　　冷通道内温度分布不均匀并非由于空气上升过程被周边机柜加热所致，可以计算出即使两侧机柜温度表面都是40℃，空气在冷通道自下而上流动到机柜上部的温升也不会超过1.5℃。空气温度纵向上升的成因是热空气回流，即被服务器芯片加热后的热空气通过服务器内部缝隙又返回到冷通道，冷热空气掺混形成了冷通道内的纵向空气温度分布。实测该冷通道送风量为37440m³/h，根据冷、热通道不同高度位置上的空气温度以及各服务器的发热量，通过热平衡分析得到机柜不同位置的热空气回流量，如图2.4-3所示，左侧机自下而上三个位置的热空气回流量分别是1565m³/h、3060m³/h和6730m³/h，右侧机柜自下而上的热空气回流量分别为1420m³/h、3385m³/h和7175m³/h。从实测结果可以看出，冷通道顶部温升明显大于底部，机柜顶部的热空气回流量也大于底部。

　　图2.4-4展示了该数据机房空调系统风压分布图，系统中各点位置（A～G点）在图2.4-3中标明。由于冷通道封闭，风系统的定压点在机房的热通道，根据《数据中心设计规范》GB 50174—2017要求维持热通道内的微正压。空调送风经芯片加热并经过服务器自身风机增压后排入热通道，导致热通道内的压力高于冷通道，致使热空气通过机柜主板

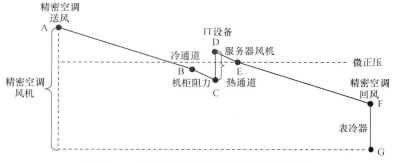

图 2.4-4 现有数据机房空调系统风压示意图

间空隙回流到冷通道，造成冷通道内局部温度的升高。服务器位置越高，其进风温度越高，该处服务器监测到机柜进风温度升高时，控制服务器自身风机增大转速，增大风量，导致排风压力升高，促使更多热空气回流到冷通道。而且随着位置的升高，冷通道内冷空气的风量逐渐减小，加剧了机柜进风温度的不均匀程度。

冷通道内温度分布的不均匀，造成机柜顶部的芯片散热不利，机柜顶部排风温度过高，为保证机柜最高排风温度不超标，只能通过降低送风温度的方式把冷通道内的空气温度整体降下来。这种做法虽然满足了机柜顶部芯片的散热需求，但无益于冷通道内温度均匀性的改善，同时造成了机柜底部芯片的过冷却，使得需求冷源温度降低，可利用自然冷源的时间大幅缩短，最终导致了空调系统能耗的增加。而消除热空气回流可避免冷通道内的冷、热空气掺混，提升冷通道内在高度方向上的温度均匀性，使得机柜不同位置上设备的进风温度均匀。此时，在满足所有设备排风温度要求的前提下，可提高精密空调的送风温度，从而大幅提高冷源的需求温度。因此，数据中心空调系统设计的关键点是要杜绝热空气回流问题。

2. 空调送风量与服务器内部风机风量

热空气回流的问题表面上看是由于服务器自带风机加压造成的，其实质是精密空调送风量和芯片散热的实际需求风量不匹配造成的。机柜内具有散热需求的服务器均有自带的风机，依靠风机的抽吸作用提供自身散热所需的风量，机房内实际需求的风量即为所有服务器风机风量之和。数据机房空调系统的现状是精密空调的送风量小于实际需求风量，热通道内的空气回流补充了精密空调送风量和需求风量的缺口。

如果对实际需求风量认识不清楚，则会出现精密空调送风量偏低的现象。在这种情况下，即使采取了一些隔离冷、热通道的措施，依然存在比较严重的热空气回流问题。目前在数据中心中，考虑到精密空调的风机能耗，空调送风量往往偏小。数据中心的现场测试结果表明，尽管空气经过机柜的温升一般仅为 5~8℃，但机柜的进出风温差不均匀，部分机柜不同位置的进风和出风不均匀程度超过了 10℃（Zhang T，2014）。数据中心现场测试结果显示，在冷风向热通道渗入掺混以及机柜不同温度的排风掺混的情况下，实测的机房空调的送回风温差大多在 10℃左右，且空调箱的回风温度往往低于机柜最高的出风温度。比较机柜的进出风温差和机房空调的送回风温差，已看出目前数据中心的空调系统运行在"小风量、大温差"的空调模式。"小风量、大温差"的模式，虽然降低了风机能耗，但是热空气回流造成了机柜进风温度的不均匀，为了满足最不利芯片的散热需求，只能降低送风温度，造成冷源需求温度的降低。而冷源需求温度的降低就减少了利用自然冷源的时间并降低了机械制冷系统的能效比，最终导致了空调系统能耗的增大。

2.4.3　降低驱动温差的途径

1. "大风量、小温差"空调方式

降低驱动温差的核心是提高冷通道送风温度的均匀性，技术关键点是消除通过服务器的热空气回流。目前数据机房出于控制风机能耗的考虑，其精密空调的送风量往往低于实际需求风量（服务器自带风机风量），导致了热空气回流，造成冷通道内温度分布不均。解决热空气回流问题的唯一途径就是保证精密空调循环风量大于机柜内服务器自带风机的风量之和。从数据中心的实测结果来看，目前空调箱的循环风量偏小而送回风温差偏大，可通过适当增大空调送风量，使送风量超过服务器内部风机风量，实现"大风量、小温差"的空调运行方式，消除热空气回流问题，提高机柜进风温度均匀性。增大机房空调的送风量，使得各服务器进风量充足，减弱了服务器自带风机的作用，如此也就消除了因为服务器风机增压而造成的热空气经由机柜主板间空隙回流到冷通道的问题。

2. 封闭热通道，形成热通道负压

数据中心的现有空调系统通常采用封闭冷通道，维持热通道内微正压的方式，来自冷通道的空气经过服务器内部风机加压后，使得热通道的压力高于冷通道，造成热通道内的热空气回流。因此，改变机房内气流组织形式，封闭热通道、开放冷通道，以冷通道为室内定压点，维持冷通道内微正压，而使热通道为负压，保证热通道压力低于冷通道，可有效避免热通道热空气回流到冷通道的现象，如图 2.4-5 所示。

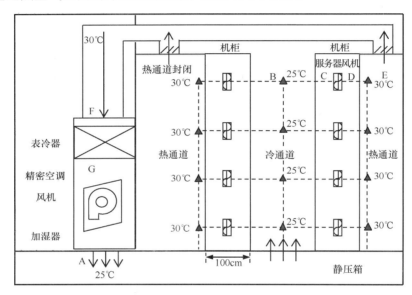

图 2.4-5　封闭热通道而以冷通道定压的空调方式

图 2.4-6 给出了这种封闭热通道而以冷通道定压的空调系统的风压图，系统中各点位置（A～G 点）在图 2.4-4 中标明。独立的小型新风机向冷通道内送入新风，按照《数据

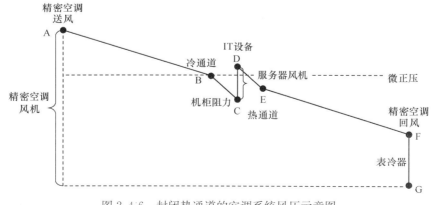

图 2.4-6　封闭热通道的空调系统风压示意图

中心设计规范》GB 50174—2017 的要求维持冷通道内微正压。冷空气从冷通道进入机柜经服务器自身风机增压后排入热通道。空气经过机柜内服务器存在阻力损失，若服务器的阻力损失超过了其自带风机的增压作用，则可实现热通道内压力低于冷通道压力。机房空调循环风量的增大，客观上增大了机柜的阻力损失，使得服务器风机的增压作用不显著，从而维持热通道内负压，消除热空气回流的问题，从而减少甚至消除热通道内热空气回流。

数据中心空调按照"大风量、小温差"的运行方式，保证空调循环风量大于服务器自身风机风量之和，同时封闭热通道，维持热通道负压，可达到消除热空气的回流，实现冷通道内温度均匀一致的效果。这样，空调的送风温度可提升至 25℃，没有了热空气回流的影响，机柜内不同位置的设备进风温度均为 25℃。由于热通道封闭，机房内人员的主要活动范围在冷通道内，冷通道内 25℃的空气温度也正好满足人员的舒适性要求。

2.4.4　实现"大风量、小温差"的途径

提高需求冷源温度的核心点在于增强机柜送风均匀性，关键技术手段是"大风量、小温差"的空调运行方式。由于增大了空调的风量，其风机能耗有所增加，为控制风机能耗，可从降低风机压头的角度来进行机房室内送风系统的改进，比如，缩短送风路径，就近送风，增大迎风面积，减小送风阻力等。下文简述几种在不增大风机能耗的前提下实现"大风量、小温差"的途径。

1. 列间空调

列间空调是一种针对集中式送回风冷却系统的空调末端形式，如图 2.4-7 所示。它是一种将空调末端直接安装在 IT 设备机柜列间的冷却方式，机柜依然按冷、热通道的方式进行布置，并且封闭热通道。相比地板集中送风空调方式，列间空调在降低风机能耗方面具有较大优势。一方面，列间空调更加靠近机房热源，送风路径较短，相比地板集中送风空调来说，减少了地板静压箱的阻力损失；另一方面，每个冷通道的散热量由多台列间空调共同承担，每台列间空调的送风量较小，而其送风口面积又相对较大，如此一来，列间空调的风速较低，阻力较小，其风机压头大大降低。一般来说，地板集中送风的精密空调

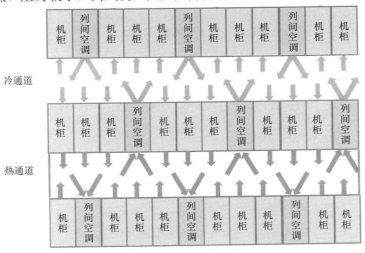

图 2.4-7　列间空调气流组织适宜图

风机扬程为 200～400Pa，而列间空调的风机扬程只有 100Pa 左右，风机压头降低后，即使加大循环风量，风机能耗也不会增加。

2. 机柜级冷却

机柜级冷却技术直接对服务器机柜进行冷却，通过将冷媒（制冷剂、水等）通入机柜，实现在机柜内部完成对 IT 设备产热的采集和传递。其实，机柜级冷却技术同样遵循了"大风量、小温差"的空调方式，从而避免了热空气回流造成机柜进风不均的问题。

（1）机柜背板冷却装置

机柜背板冷却装置安装在各个机柜的后背板上，室内空气进入机柜，带走 IT 设备的发热量，热空气再被制冷盘管降温，最终以接近室温的温度排入室内环境中。如图 2.4-8（a）给出了机柜背板冷却装置的俯视图，冷却装置的冷媒可以是制冷剂、冷水等。

机柜背板冷却装置上往往装有风机，而且这些风机的压头和风量要大于 IT 设备自带的风机，也就是说，流经 IT 设备的风量大小主要取决于背板冷却装置上的风机，受服务器自带风机的影响较小。此时经过 IT 设备的风量与空调送风量相等，机柜进风在 25℃ 的情况下，采用背板冷却的设备排风温度只有 30℃（即空调回风温度）。相比与数据中心现有空调方式普遍 10℃ 的送回风温差，背板冷却系统仅 5℃ 的送回风温差，运行的是"大风量、小温差"的空调方式，几乎可以完全消除热空气回流造成机柜进风温度不均的问题。此外，相比列间空调来说，背板冷却装置的迎风面积进一步增大，风速进一步降低，风机扬程也进一步减小（约几十帕），从而大幅降低了风机能耗。

（2）机柜侧板冷却装置

机柜侧板冷却装置的系统原理与机柜背板冷却装置基本相同，也是运行在"大风量、小温差"下的空调方式，两者之间的区别主要在于换热器的安装位置不同，机柜背板冷却装置是将换热器安装在机柜的后背板上，而机柜侧板冷却装置是将换热器安装在每两个相邻的机柜之间。图 2.4-8（b）为机柜侧板冷却装置的俯视图。这类侧板冷却装置，每个机柜的风量均高于常规地板送风的精密空调系统，也运行在"大风量、小温差"的空调方式。机柜侧板上也装有风机，由于机柜的侧板面积大于其背板面积，迎风面积的增大使得迎面风速降低，风机压头较机柜背板冷却装置进一步降低。

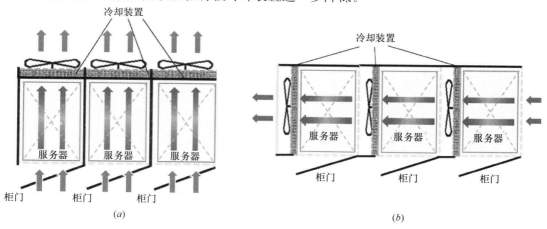

（a）   （b）

图 2.4-8　机柜级冷却装置示意图（俯视图）

（a）机柜背板冷却；（b）机柜侧板冷却

2.4.5　数据中心的湿度控制

出于空气洁净度的考虑，数据中心通常要求较高的气密性，这样，即使室外环境空气湿度较大，湿空气也不会直接进入数据中心，且数据中心几乎不存在产湿源，因此，正常情况下数据中心没有除湿和加湿需求。为保证 IT 设备的正常运行，数据中心内各点的相对湿度要求在 30%～70% 的范围内。因此，对精密空调送风温度及机柜最高排风温度存在约束。

为了保证机柜排风的相对湿度不低于 30%，有一个最低露点温度的要求。而机柜进风的相对湿度不高于 70%，对空气露点温度又有一个上限要求。如此，对机柜最高排风温度和空调机组送风温度的差值存在约束。图 2.4-9 给出了在满足数据中心各点相对湿度在 30%～70% 范围内的前提下，机柜最高排风温度对应的精密空调送风温度的最低值。例如，当机柜最高排风温度为 30℃，对应该处相对湿度不低于 30% 的要求，则露点温度最低为 10.5℃，

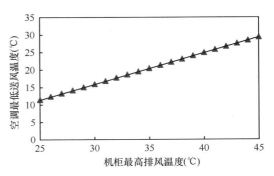

图 2.4-9　机柜最高排风温度与空调最低
送风温度的约束关系

而为满足送风的相对湿度不高于 70% 的要求，则送风温度不得低于 16℃。现有数据中心空调系统通常运行"小风量、大温差"的空调方式，导致空调循环风量低于服务器内部风机的风量，致使热空气回流，机柜进风温度极不均匀，要满足机柜最高排风温度不超标，只能通过降低空调送风温度来满足机柜顶端芯片的散热需求。而在数据中心内相对湿度要求的约束下，送风温度可降低的幅度非常有限。现有"小风量、大温差"的空调方式造成了机柜进风温度不均匀的问题，为满足机柜最高排风温度的要求，只能降低空调送风温度。但降低送风温度又易导致数据中心内相对湿度不达标的后果，最终致使室内温度和相对湿度的调控无法同时满足要求。

矛盾的症结在于数据中心内机柜进风温度的不均匀和循环风量不足。当采取"大风量、小温差"的空调方式之后，可显著改善机柜进风温度的均匀性，因而可大幅提高空调的送风温度。满足相对湿度调控要求的同时，冷源温度也得到提高。而机房的回风在冷却的过程中不会发生冷凝，表冷器工作在干工况区，便不存在表冷器除湿，同时又要安装加湿器以防止湿度过低的现象了。因此，机房的空调系统中不需要加湿的环节。

综上所述，数据中心热环境营造过程可视为在一定的驱动温差下，将芯片散热量从室内搬运到室外的过程，并维持芯片表面温度在其许可的工作范围内。对数据中心的实测数据发现，数据中心现有空调系统因其空调送风量低于服务器自身风机的风量，造成热空气回流，导致机柜进风温度的最高值与最低值之差可高达 10K，增加了排热过程的温差驱动力消耗，降低了需求的冷源温度，限制了自然冷源的可利用时间。

而采用"大风量、小温差"的空调运行方式，保障空调送风量大于机柜内服务器自身风机的风量之和，同时封闭热通道，以冷通道为定压点，维持热通道负压，可杜绝热空气回流，达到机柜进风温度均匀的目的。相比于现有数据中心空调系统，大风量的空调方式

降低了冷源到芯片表面温度的排热驱动温差，提高了空调送风温度和需求冷源温度，延长了自然冷源的可利用时间，从而大幅降低机房精密空调系统的运行能耗。而且，由于大风量空调方式提高了送风温度，满足了数据中心环境相对湿度的控制要求，且表冷器不发生冷凝除湿，避免了现有精密空调对数据中心回风除湿和再加湿的问题。此外，针对数据中心内的新风需求，应当取消空调循环风中的固定新风比例，采用独立小型新风机组来满足人员需求。

2.5　数据中心的热量输配系统

2.5.1　输配系统能耗

冷源设备能耗与风机、水泵等输送能耗共同构成数据中心主动式空调系统的运行能耗。其中输送环节的任务则是借助动力将服务器芯片的热量排到外界环境中。输配系统是数据中心冷却系统的重要组成部分，对典型数据中心的实测数据表明，输配系统能耗约占数据中心空调能耗的 30%～60%。如何将冷源能耗与输送能耗统筹考虑、综合分析是本节所要阐述的。

2.5.2　输配能耗与冷源能耗的综合分析

1. 风系统

数据中心热环境营造过程的本质是把恒定热量从芯片排到室外，保证芯片温度不超过限定值。芯片表面温度和需求冷源温度的温差就消耗在从服务器芯片→机柜送排风→机房空调送回风→冷冻水供回水→室外冷源的多个热量采集、传递环节中。以目前普遍采用的地板送风，分隔冷热通道的数据机房空调系统为例，图 2.5-1 给出了从芯片至冷源各传热环节的 T-Q 图，每一个换热环节均存在着温差损失。机柜内的 IT 设备均配备服务器风机，从冷通道一侧吸入冷空气，带走芯片产生的热量后将热空气排至热通道侧。服务器风机根据芯片的散热状况调控风量，额定风量通常按照送回风温差为 10～15℃ 进行设计。当空调系统循环风量小于服务器自带风机风量时，热通道内的热空气回流到冷通道，会造成机柜进风温度不均匀，部分机柜的进风温度大幅高于空调送风温度。而《数据中心设计规范》GB 50174—2017 对机柜的进风温度存在最高值的限制，对于热空气回流的这种情形，只能通过降低送风温度以满足最不利芯片的散热需求，如此减小了可利用自然冷源散热的时间。针对这一问题，适宜采用"大风量、小温差"的空调运行方式，保证空调送风量大于机柜服务器风机的风量之和，可有效杜绝热空气回流，使得各机柜进风温度尽可能接近空调送风温度。因此，图 2.5-1 中空调风曲线的斜率应小于服务器风曲线的斜率，数据中心空调的送回风温差小于服务器风机的送回风温差。

理想情况下，各服务器的进风温度均匀，且与空调送风温度相同，而该送风温度决定了冷冻水可能的最高温度。服务器自带风机的排风温度是根据相关标准规范设定的。增大精密空调风量可以避免热通道空气通过服务器向冷通道的短路，从而尽可能减小服务器进风与空调送风的温差。而服务器排风与空调回风的温差则是由于空调送风量超过服务器风机风量，从而诱发冷通道内冷空气未经芯片散热即旁通到热通道中。当能够保证空调送风

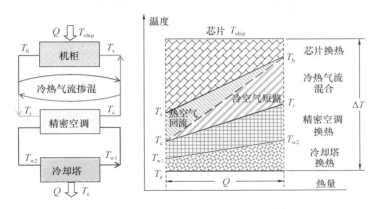

图 2.5-1　数据中心实际排热过程分析

温度与服务器进风温度基本一致时，再继续增大空调风量对于提高冷水温度几乎无作用，反而会增大冷空气旁通量，造成温差损失。因此，无论是从减小热量传递过程的温差损失出发，还是从风机的能耗考虑，空调风量并不是越大越好。

因为数据中心内空气流动复杂，不同地点的情况不一样，当冷热通道隔离不好时，部分地方热风进入冷通道，部分地方冷风进入热通道。此外，服务器风量无法获得，也就无法从风量角度对精密空调循环风量提要求，事实上准确获知并调节精密空调风量在工程上也不具有可操作性。但是，实际系统中每个环节的温差水平是可以获得的，精密空调循环风量和服务器自带风机风量的匹配可以通过服务器内部风机进出风温差与精密空调送回风温差匹配来实现。因此，实际运行中，数据中心空调风量的调节应根据实际情况进行设定，其原则是：(1) 测量若干远离送风口的机柜进风温度，若其温度与空调箱送风温度相差过大，则增大空调箱风量；(2) 测量空调箱回风温度与热通道最高温度，若回风温度比热通道最高温度低过多，则减小空调循环风量。最佳的空调箱风量是在同时满足上述两条原则的范围内。

服务器自带风机的风量通常按照服务器进出口风温差 $10\sim15℃$ 设计，空调箱送回风温差为 $10℃$ 左右，即可基本实现空调箱风量与服务器风机风量的匹配，在消除热空气回流的同时不至于造成过多的冷空气旁通。相比于现有精密空调系统，本书提出的"大风量、小温差"的运行形式增加了精密空调的风量，其风机能耗可能有所增加。风机能耗为风量、空气循环阻力和风机效率三者的乘积。控制风机能耗的关键就在于降低空气循环阻力，比如缩短送风路径、就近送风、增大迎风面积等。列间空调是一种将空调末端直接安装在 IT 设备机柜列间的空调系统形式。相比于地板集中送风系统，列间空调靠近机房热源，送风路径较短，此外也减少了地板静压箱损失。而背板冷却系统则是对服务器机柜进行冷却，通过将冷媒通入机柜，实现在机柜内部完成对 IT 设备产热的采集和传递。背板冷却装置的迎风面积比列间空调大，风速降低，因此风机扬程进一步减少。根据实际情况，对于不同类型的空气末端，其风机扬程应满足如下范围：地板送风，扬程＜400Pa；列间空调，扬程＜150Pa；背板冷却装置，扬程＜80Pa。

2. 水系统

空调冷冻水流量的选取不仅关乎输配能耗，更影响供回水温度。当水侧热容流量超过风侧热容流量时，供水温度和送风温度接近，送风温度低。而当水侧热容流量小于风侧热容流量时，回水温度和回风温度接近，回水温度高。

对于单冷源系统，如图 2.5-2（a）所示，冷冻水供水温度直接决定了需求冷源温度。由于空气、水二者介质的密度、比热容等物性参数的差异，以水为输送媒介的水泵电耗仅为以空气为输送媒介的风机电耗的 1/5～1/10。输送冷量相同时，风系统能耗远高于水系统能耗。因此可通过增大冷冻水流量，使得水的热容流量超过风侧热容流量，可缩减供水温度和送风温度的温差，有利于提高需求冷源温度，延长自然冷源使用时间，提高冷源能效。由上文分析可知，风系统合理的送回风温差为 10℃，因此建议供回水温差在 7～8℃，可兼顾冷源能效和输配能耗。供水温度等于送风温度减去风—水换热温差。通过逆流换热和风—水换热的匹配可最大限度利用换热面积，减小不匹配造成的温差损失，可提高供水温度。

目前空调器生产厂家为了追求水侧的低阻力，往往采用水路的并联方式，从而造成水和风之间是叉流而非逆流，加大了供水温度与送风温度之间的温差。事实上，表冷器串联的形式下，风—水换热过程更接近于逆流过程，风—水换热的匹配性更优，温差损失小，有利于提高需求的冷源温度，以延长自然冷源使用时间。而空调器以牺牲换热效果而换来的水侧阻力的下降在整个水系统阻力中的占比很小。这是由于空调器产品性能只强调了水侧阻力，而没有约束换热效果。原则上不能以牺牲换热性能为代价来减小管网阻力，以换取输配能耗降低的效果。如果引入换热效能来约束风—水换热器的性能，要求换热效能在 0.8 以上，厂家则会主动选择逆流的方式。

换热效能 ＝（空气进口温度 － 空气出口温度）/（空气进口温度 － 冷冻水进口温度）

对于水系统管网，尽可能减小阀门个数，选择合理的过滤器，减小局部阻力，并加大管径，降低流速，从而实现循环阻力的减小，降低输配能耗。实现冷冻水循环泵扬程控制在 25mH$_2$O，而冷却水循环泵扬程在 25mH$_2$O 以内的限制值。

对于采用多级制冷的冷源系统，如图 2.5-2（b）所示，空调回水可先采用自然冷源进行预冷，而后经机械冷源冷却。通过适当降低空调冷冻水流量，使得水侧热容流量低于风侧热容流量，可提高冷冻水的回水温度，增大利用自然冷源的散热量。多级制冷的冷源系统在运行过程中，需选择最优的冷冻水流量，以达到最大限度利用自然冷源散热的效果。

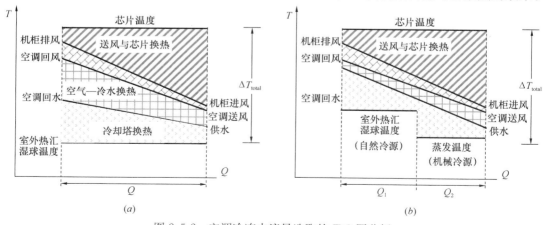

图 2.5-2　空调冷冻水流量选取的 T-Q 图分析

此外，目前数据中心的水系统出于安全因素考虑多采用双路由系统，水泵是以单回路的情形进行的选型设计，而数据中心实际运行中出于减小管网阻力的目的均是采用双回路运行，仅在事故工况下运行单回路方式。如此，即使采用变频调节，水泵也不会工作在最佳效率点。水泵的选型设计应当以实际运行情况为准，使得水泵在实际运行中处于效率最高点，同时保证事故工况单回路运行时保证水流量。事故时，可通提高水泵频率以增大水流量，来满足散热需求。水泵的选型应当基于长期运行保证效率、事故工况保障安全的原则。

综上所述，输配系统空调风量和冷冻水流量的选取应当首先服务于提高需求冷源温度，延长自然冷源的使用时间，而通过减小风循环以及管网阻力的方式来降低输配能耗。对于风系统，应当缩小机柜进风温度和空调送风温度的差值，同时缩小热通道最高温度与空调回风的差值。对于水系统，应当选取适宜的水流量，达到最大限度利用自然冷源的目的。

2.6　数据中心空调系统可靠性

数据中心作为当前信息化时代的基础设施，其重要性不言而喻。其中，空调系统作为数据中心最重要的系统之一，其可靠性是建设方案中必须重点考虑的要素。如图 2.6-1 所示，根据美国第三方调研机构 Ponemon Institute 的调研结果，数据中心宕机故障中，约有 15% 是由于热管理系统引起的，另外约有 24% 是由于人为失误引起的，其中包含了 IT 系统、电力系统、空调系统等的操作失误。由此可见，数据中心空调系统故障率远超一般的认知，数据中心空调系统的可靠性是一个非常重要的课题。

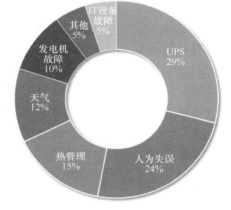

图 2.6-1　数据中心宕机原因分析

根据不同的功能，数据中心对可靠性的需求等级是有所不同的。对此，国内外很多研究机构和组织对数据中心的可靠性等级均有划分，其中 Uptime 对数据中心可用性规定了明确的划分标准，如表 2.6-1 所示。

Uptime 定义的数据中心分级

表 2.6-1

	Tier 1	Tier 2	Tier 3	Tier 4
支持 IT 负载的活动容量组件	N	N+1	N+1	N 任何故障后
分配路径	1	1	1 个活动和 1 个备用	2 个同时活动
可并行维护的	否	否	是	是
容错性	否	否	否	是
分区	否	否	否	是
连续冷却	否	否	否	是

在此标准中可以看到，对 T3 等级的数据中心可并行维护、有活动和备份分配路径做

出了明确的整体要求。但该标准对于空调系统的可靠性并未做出明确的划分和评价标准，并且未考虑设备本身的可靠性及运维水平带来的可靠性问题。目前绝大多数数据中心空调系统都是处于 T3 等级和 T3-T4 等级之间。针对此情况，有必要建立一套较为明确的数据中心空调系统可靠性评价体系。

2.6.1 数据中心空调系统故障实例

数据中心空调系统是一个错综复杂的系统，非常容易发生各种故障，因此客户对于维护响应速度、是否原厂维护都提出了越来越高的要求。由于技术的普及，往往常规的故障运维人员都可以较好的注意和避免，但是有一些故障的发生，却是由很多的意外偶然事件组成。

1. 运维操作不慎导致空调系统故障

在传统的风冷精密空调系统中，常规性的故障如压缩机损坏、风机损坏等，都可以通过日常的巡检维护提前发现隐患，如检查运转电流是否有异常增大、运转声音是否有异常等。但有一些不易发现的故障，却是由运维操作不当所引起。

事故实例 1：某运营商机房报修风冷精密空调故障，现场检查发现系统低压偏低，系统冷媒缺失非常严重，判断冷媒系统有漏点。经过多轮的检修和查找，采用肥皂泡逐寸检查整个室内外机及连接铜管，均未发现漏点。最终运维人员透露，之前他们进行例行维护时，想检查系统冷媒压力是否正常，由于老式机组没有自主压力检测功能，因此运维人员自行接压力表到精密空调高低压口查看压力。但由于不得要领，在取下压力管时，冷媒发生喷射，低温的冷媒气化时温度极低，人手无法在此温度下坚持超过 3s，因此系统冷媒几乎喷射一空，最终造成系统因缺乏冷媒而停机。

事故实例 2：某大型冷冻水数据中心，精密空调系统整体停机 1h，导致 IT 系统大面积宕机。一开始客户认定是精密空调产品质量问题，导致空调无来电自启动功能。但经过事故调查发现，事情真实的情况是由于运维人员误操作引起的。发生事情的经过如下：市电断电，柴油发电机自动启动之后，运维人员根据原培训计划规定操作了精密空调远程启动，这是由于此冷冻水系统为二通阀系统，无旁通，此时需要开启精密空调以保证系统流通。但其实在发电机正常供电之后，精密空调已经自动启动。远程开关机功能只是非智能口操作，所以无法简单判断此时机组是否开启。通过调查精密空调机组动作日志及不同运维人员对细节的描述，最终确认了这一事故是由于运维人员误判断、误操作引起的停机事故。

通过以上实例可以发现，运维操作导致的偶发性故障难以预防，是数据中心故障的主要原因之一。

2. 其他设备运行导致的故障

事故实例 3：某客户厂区数据中心安装了一台精密空调，已良好运行了 3 年，夏季突然开始高压报警。厂家维护人员检修了三四次，每次到现场时各项参数均正常。后经检查事故发生时间，发现均为每天晚上六点左右开始高压告警。经过检查室外机安装环境发现，精密空调室外机附近 1.5m 处安装了一台家用空调的室外机，每当下午六点左右员工下班之后，员工宿舍的这台室外机就开启，导致该家用空调的散热热风直接进入精密空调室外机进风口，从而导致精密空调高压报警，最终停机。

该实例说明：数据中心设备设计需要统筹安排，设计不合理也会导致发生各种事故。

3. 意想不到的连锁反应导致系统停机

事故实例 4：某大型冷冻水数据中心，总计 4 台 1000RT 的冷水主机，采用高可靠设计方案，每台冷机配套一台独立的冷却塔，系统为 3+1 设计，满足 N+1 的安全设计规范。该数据中心于 2012 年启用，至今已有 5 年，部分设备需要开始大修。在近期发生了一连串的事故导致该系统停机长达 4~5h。事故的起因是，由于运行时间长，室外开式冷却塔脏堵严重，需要进行更换填料大修。在第一台冷却塔更换时，由于该系统架构原因导致这一路的冷机无法工作。因此开启备用冷机，结果发现该备用冷机由于之前维护不当，冷媒充注不足，从而机组无法正常工作。在两台冷机无法正常工作的前提下，运维人员压力已经非常大，忙中出错，由于电动阀门切换误操作，导致阀门故障锁死，因此第三台冷机也无法正常启动。至此，整个系统 4 台冷机已有 3 台无法正常工作，系统仅能维持原设计的 33% 的制冷输出，而且由于冷冻水主管是分散到所有机房，因此末端得到冷量均严重不足，从而整个 IT 系统宕机。

该实例说明：看起来貌似可靠的系统，也会有可能由于各种意想不到的意外连锁而产生非常严重的故障。

从以上的几个实例来看，数据中心空调系统的可靠性面临着非常多的复杂因素挑战，要将某些不可控因素转变为可控因素，因此必须将可靠性作为数据中心空调系统设计的最重要因素之一来考虑。

2.6.2　数据中心空调系统全生命周期可靠性

在数据计算发展较早的银行业及电信业，依然有很多 20 世纪 90 年代的风冷精密空调在正常工作，也就是说，其数据中心使用时间已高达 30 年之久。这充分说明，数据中心的使用周期高达 30 年甚至更久，而数据中心空调系统的正常使用周期大概为 8~10 年。因此，在数据中心全生命周期过程中，空调系统可能面临 1~2 次、甚至更多次的全面更换、改造；IT 系统大概每 3~5 年就需要更新换代一次；UPS 等供配电系统也需要按时更换关键器件；电池系统每 5 年左右就需要更换全新的电池组，否则漏液、起火的风险会增大很多。可以看到，数据中心全生命周期中需要多次更换各个系统的部件，犹如人体新陈代谢一样，需要不断淘汰老旧设备，保持健康、持续稳定运行。

目前大部分的计算方法中，全生命周期运行成本 TCO（Total Cost of Ownership）的概念仅仅考虑了初期投入成本和运行维护成本，而没有考虑数据中心系统更换、升级、再运维的成本。因此修正数据中心 TCO 为 LTCO（Life-cycle Total Cost of Ownership）。

$$LTCO = CAPEX + OPEX + R\,RPEX_1 + ROPEX_1 + \cdots\cdots RPEX_n + ROPEX_n$$

(2.6-1)

式中　　CAPEX——初期资本投入（Capital Expense），万元；

　　　　OPEX——运营成本（Operating Expense），万元；

　　　　$RPEX_n$——第 n 次更新成本（Replacement Expense），万元；

　　　　$ROPEX_n$——n 次更新后运营成本（Re Operating Expense），万元。

目前按照数据中心生命周期 30~50 年计算，n 可能会达到 1~5 不等。值得注意的是，由于技术的不断进步、空调方案及产品的升级，在更新设备后，空调系统的再运维成本可能是下降的。因此在选择方案时，不但要考虑第一阶段周期内的运行费用，还需要考虑后期运行时的方案可升级性、可优化性、可替代性、可在线更换性等长期要素。

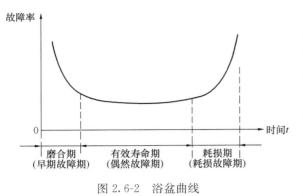

图 2.6-2　浴盆曲线

实践证明，大多数设备的故障率是时间的函数，典型故障曲线称之为浴盆曲线（Bathtub curve，失效率曲线），如图 2.6-2 所示，曲线的形状呈两头高、中间低，具有明显的阶段性，形似浴盆。可划分为三个阶段：早期故障期、偶然故障期和严重故障期。浴盆曲线是指产品从投入到报废为止的整个寿命周期内，其可靠性的变化呈现的一定规律。如果取产品的失效率作为产品的可靠性特征值，它是以使用时间为横坐标，以失效率为纵坐标的一条曲线。

排除人为误操作因素，在产品投入运行的早期，通过检测、调试可及时发现系统的问题，从而使得系统故障率大幅下降；在之后设备进入第二阶段，性能较为稳定，只有偶发性的故障；在第三阶段，设备运行一定时间后，由于磨损、老化和损耗，造成设备故障率大幅上升，该阶段设备的维护成本也会大幅上升。因此，设备到达一定的使用年限后必须要考虑更换。

我国数据中心行业起步大概在 2000 年，真正进入大规模建设和高速发展是在 2008 年左右，因此目前第一批中大规模的数据中心已达到 10 年的运行周期，空调系统能耗增大、故障率增高非常明显，已无法满足正常的运行需求，因此各个老的数据中心逐渐开始更换空调系统。由于起步较早，当时大型的冷冻水系统设计、制造经验不成熟，这批运行 8~10 年左右的数据中心空调系统基本都为风冷直膨式精密空调，因此可通过"蚂蚁搬家"式的一台一台更换，实现数据中心不停机的在线式更新。目前已有多个国内大型金融和电信的数据中心进行过类似的成功的在线扩容改造。而冷冻水系统，大概是在 2012 年后开始逐渐兴起，运行时间尚短，由于其显热比可做到 100%、系统可实现变冷量输出、可利用自然冷源、冷机效率较高、室外占地面积小等优势，逐渐被行业所青睐，但是其系统过于庞大，如何在线有效更换、升级空调系统，至今无实际的案例，后续升级复杂、成本高、难度大，该方案后期可升级性较差。

由此可以看到，数据中心全生命周期可靠性问题制约着数据中心的运行成本。有效减少故障发生的频率，将设备运行控制在"浴盆曲线"不到达故障极易发生的第三阶段，也是提升 LTCO 的重点。

2.6.3　数据中心空调系统可靠性提升方向

如何提升数据中心精密空调系统的可靠性，是非常重要的研究课题。那么，如何有效地解决此问题呢？从数据中心建设流程来看，方案设计、选择产品、工程施工、后期运维是其中有关提升可靠性的四个最重要的环节。

1. 方案设计可靠性

系统方案选择环节处于建设的最上游，选择哪种空调方案至关重要。当前数据中心最常用的空调系统形式有冷冻水、冷却水和风冷形式，其他还有少量应用如蒸发冷却等形式。冷冻水系统是目前大型数据中心应用最多的形式，其最大难点在于冷机、水泵、冷却塔、主管等核心单点问题，水阻力平衡问题，水源断水隐患问题等。在 GB 50174—2017 中，对于各个级别的冷冻水系统的核心单点备份、冷却用水储存，都做了明确的、较高的要求。

如前文介绍的事故实例 4 所示，由于其颗粒度较大，可靠性必然较低，而实际建设时，又受制于经济要求，不能无限制地进行扩容和备份。因此，颗粒度大的系统可靠性必然会受到影响。从架构上，风冷系统颗粒度小，每个单元压缩机最大 50kW。一个大型的数据中心会有几十甚至上百个压缩机系统，每个压缩机系统互不影响，这样备份冗余度就会很高，即使某个机房的设备出现多台宕机，也不会影响到系统中其他的机房。因此，从系统方案来看，选用颗粒度小的系统能够更好地提高可靠性。

2. 产品设备可靠性

电子产品本身都会出故障，这是无法避免的。平均无故障率时间 MTBF（Mean Time Between Failure，单位为小时），是衡量一个产品可靠性的重要指标。它反映了产品的时间质量，是体现产品在规定时间内保持功能的一种能力。具体来说，是指相邻两次故障之间的平均工作时间，也称为平均故障间隔。概括地说，产品故障少的就是可靠性高，产品的故障总数与寿命单位总数之比叫"故障率"（Failure rate）。它适用于可维修产品。同时也规定产品在总的使用阶段累计工作时间与故障次数的比值为 MTBF。数据中心精密空调产品 MTBF 一般不能低于 50000h，一流的产品可达到 15 万 h 以上。因此，提高 MTBF 也是提高设备可靠性的重要指标。

从产品设计和制造角度，更高的体系标准、更严的技术要求、更高的制造工艺水准都可以加强产品的质量。比较相近的行业如汽车制造行业，国际大品牌产品如德系的宝马、奔驰、奥迪占据了很大的市场份额，就是源于其较高的各项标准带来的可靠性被大众所认可的结果。在工业领域，如精密空调行业也存在相似的情况。因此，在产品层面，应该选择各项体系更加完备、制造标准更加严格的厂家的优质产品，从而保证设备在长期使用中的可靠性。

3. 工程安装的可靠性

空调行业有一句俗话，"三分看产品，七分看安装"，讲的就是工程安装在实际应用中的重要地位。在精密空调系统中，工程安装的地位同样非常重要。

风冷系统中，冷媒管道直径选择是否合理、冷媒充注量是否合理、室外机安装散热距离是否足够等因素都会直接影响系统运行效率，甚至会影响系统运行安全。例如工程中将室外机安装在朝阳面和背阴面，对于空调的功耗都有直接的影响；冷媒、润滑油充注不足或过多，会造成压缩机系统长期在高压或低压下工作，压缩机耗电量增大，并且会引起压缩机磨损而发生不可逆的故障。

在水系统工程中，管道焊接的质量、部件的防锈、设备的承重问题、打压测试等工程细节，都会对系统质量带来非常大的挑战。在某数据中心水系统施工中，由于采用的螺钉不是防锈螺钉，导致施工后大量锈蚀，全部返工，造成经济损失及工期的耽误。目前现行机房验收标准仅要求测试压力不低于运行压力，即正常只需 5kg 压力，这个标准严重偏低。某机房打压测试运行提高压力至 10kg，就出现大面积漏水，机房被水淹没，这说明目前行业标准下运行的水系统存在极大的安全隐患。某机房楼板承重仅为 $200kg/m^2$, 现场需在楼顶安装闭式冷却塔, 实施中需要扒开整个楼顶, 在下层中的主立柱上增加钢梁, 再在楼顶之上增加大面积散列架来满足承重的需求。某数据中心总包方使用的阀门、温度计非常劣质, 完全失效, 导致后期系统运行时完全无法确定系统状态, 更无法保证其正常运行。某数据中心总包方在施工中未注意进行氮气冲出焊渣的工序, 从而造成系统末端中进入大量焊渣, 精密空调表冷器被完全堵死, 最终只能更换末端的表冷器。

多种故障都表明, 合理的工程安装可以保证产品的最终可靠性表现。目前, 很多精密空调厂家的风冷空调都要求由培训认证的工程合作伙伴进行安装、由原厂服务工程师进行开机, 从而可以对工程质量进行验收, 对其进行把控; 而冷冻水系统往往由多个工程队合作完成, 施工人员素质难以保障, 整体质量难以把控。在实际的项目中, 应加强工程质量方面的投入和监管。

4. 维护可靠性

及时更换疲劳、磨损、老化的部件, 可以有效延缓设备进入"浴盆曲线第三阶段", 因此运行维护是提高可靠性极其重要一环。数据中心运行能耗非常大, 以目前的情况来看, 大概 4 年的运行费用就相当于数据中心的建设成本。因此新时代的精密空调运维, 除了保障机组正常更换易损、易老化件, 维持正常运行外, 还需要采用一切新的技术和方法, 在运行中不断提高系统运行效率, 实现一边运行一边升级, 一边升级一边优化的目的。

CFD 仿真是目前较为流行的一种气流仿真方法。在运维方面, 可以对数据中心内所有设备进行一比一建模, 然后通过在模型中调节封闭通道、出风口位置、增加空调等办法来改善模型的气流组织, 最终通过模型中验证的改造方案去优化实际的数据中心气流组织, 以达到降低运行能耗以及解决局部热点问题的目的。

空调设备的群控升级改造也是后期提升效率的重点方向。在数据中心实际运行中, 大型房间内因为 IT 设备分布不均、立柱等的影响, 必然会出现温度和湿度的不均衡, 因此如何让空调设备可以根据需要调节输出, 在满足服务器正常工作的前提下, 让精密空调运行在最佳能效点上, 避免额外的能量浪费, 就成为系统群控的最大难题。

及时更换系统中效率降低的部件, 从而使得系统可以继续在较高的状态下运行, 也是非常合算的方法。如风冷冷凝器使用较长时间之后, 由于室外空气中的硫化物和一氧化氮、空气水汽中的钙镁铝离子等的腐蚀作用, 换热效率下降明显, 从而造成压缩机功耗变大。在这种情况下, 更换新的、效率更高的冷凝器就成为一种经济的方法。此外, 如冷却塔的填料、风化的保温棉等, 都应根据实际情况及时更换。

5. 可靠性链路

从整个建设周期来看, 以上四个环节组成了一个完整的可靠性链路, 任一个上游环节出问题, 都将极大影响下游的环节并增加其成本。某托管型数据中心, 初期方案追求最低成本化, 忽视方案可靠性, 在最后的运维环节需要组建上百人的运维团队来维持其系统的运行。因此, 应尽可能从每一环节提高系统的可靠性, 实现高可靠性链路。

2.6.4 数据中心空调系统可靠性评级体系

数据中心空调系统可靠性的重要性毋庸置疑。那么, 如何界定就成为非常重要的问题。根据数据中心空调全生命周期可靠性链路来看，必须在系统架构、设备选型、工程安装、运维服务四个方面都具有良好的保障，才能达到很高的可靠性。

按照理论及实际的问题来看，数据中心空调系统可靠性可按照以表 2.6-2 划分为 A、B、C 三级。

数据中心空调系统可靠性评价标准　　　　　表 2.6-2

环节	项目	A 级	B 级	C 级
系统架构	备份	任何一个设备都有备份	主要设备均有备份	关键设备有备份
	电源	来自两路变压器自动切换	来自两路变压器自动切换	双路市电
	水源	持续稳定的水源	有安全后备的水源	有储存水设备
	系统颗粒度	颗粒度小	颗粒度较小	颗粒度较大
	设备相关度	任一设备宕机不会影响整个系统	任一设备宕机不会影响整个系统	任一设备宕机对整个系统影响较小
	老旧更换可能性	容易更换	较易更换	可更换
	架构安全扩展性	可在线运行扩展	可部分停机扩展	可部分停机扩展
设备	MTBF 时间	不低于 100000h	不低于 80000h	不低于 50000h
	认证体系	国际顶级认证体系	国际顶级认证体系	一般认证体系
	制造体系	国际一流生产工艺	国际一流生产工艺	一流生产工艺
	设计水平	全独立研发体系设计	全独立研发体系设计	部分独立研发体系设计
	供应链体系	完整强大的供应链	较强的供应链	有供应链体系
工程	安装质量可控性	安装质量容易控制	安装质量较容易控制	安装质量可控
	安装适应性	普遍场合可安装	大部分场合可安装	大部分场合可安装
	承重	较容易适应建筑承重要求	通过改造可适应建筑承重要求	通过改造可适应建筑承重要求
	开机验收	原厂验收、原厂开机调试	原厂认证合作方验收、开机	原厂认证合作方验收、开机
运维	维护质量	原厂维护	原厂认证合作方维护	原厂认证合作方维护
	维护速度	重大故障 2h 内响应	重大故障 4h 内响应	重大故障 8h 内响应
	远程值守	所有设备均有原厂 400 呼叫中心，全年 365 天 24 小时无休服务	所有设备均有认证合作 400 呼叫中心，全年 365 天 24 小时无休服务	所有设备均有工程师服务热线，全年 365 天 24 小时无休服务
	备品备件	原厂备品备件本地库存充足	原厂备品备件厂家库存充足	原厂备品备件厂家库存充足
	发现隐患	可使用 CFD 等软件发现设备隐患并可实施优化建议	可使用 CFD 等软件发现设备隐患并提出优化建议	可使用 CFD 等软件发现设备隐患并提出优化建议

由此可见，数据中心空调系统可靠性是可以根据科学的方法和体系来保障和提高的。

提高其可靠性，保障关键业务的连续在线，将为客户带来更大的价值，为万物互联的时代带来保障。本评价方法将极大地促进数据中心行业客户对于自己的数据中心空调系统设计可靠性的认识，从而在各个环节都可以加强控制和监管，保证自身关键业务的连续进行。该评价办法在数据中心全生命周期可靠性管理中具有极强的指导意义。

本 章 参 考 文 献

[1] 黄锴. 建筑节能在数据中心建设中的探讨 [J]. 建筑节能，2008，36（1）：66-69.

[2] 向华. 中小型既有数据中心能耗分析及节能措施研究 [D]. 广州：广州大学，2016.

[3] 赵荣义等. 空气调节. 第 4 版 [M]. 北京：中国建筑工业出版社，2008.

[4] 肖剑春. 通讯机房空调气流组织模拟及参数调节 [D]. 哈尔滨：哈尔滨工业大学，2008.

[5] 黄锴. 数据中心节能——基于《公共建筑节能设计标准》的探讨 [J]. 智能建筑与城市信息，2008（4）：35-40.

[6] GB 50174－2008 电子信息系统机房设计规范 [S]. 北京：计划出版社，2008.

[7] GBT 50668－2011 节能建筑评价标准 [S]. 北京：中国建筑工业出版社，2011.

[8] GB 50189－2015 公共建筑节能设计标准 [S]. 北京：中国建筑工业出版社，2015.

[9] 何熙. 关于数据中心围护结构热适应性的研究 [J]. 经营管理者，2015（07）：12-13.

[10] 吕继祥. 基于自然冷源的数据中心空调系统节能与经济性研究 [D]. 合肥：合肥工业大学，2016.

[11] 徐龙云. 新风自然冷却在数据中心的应用分析 [J]. 智能建筑，2015（12）：52-59.

[12] 张扬，姚谨英，张剑峰，等. 夏热冬冷地区数据中心机房节能对策研究 [J]. 四川建筑科学研究，2011，37（5）：295-297.

[13] 冯升波，高麟鹏，周伏秋. 我国数据中心节能现状和面临的挑战分析 [J]. 中国能源，2015（11）：23-26.

[14] 诸凯，王雅博，魏杰. 高性能热管散热器的实验研究与数值模拟. 工程热物理学报 [J]. 2010，31（11）：1945-1947.

[15] Zhu Kai，Yang Yang，Wang Yabo，Wei Jie. Heat Dissipation Performance Analysis of High Heat Flux Radiator [C]. Tianjin：9th International Conference Green power，2014.

[16] MA Yongxi，Zhang Hong. Analysis of heat transfer performance of oscillating heat pipes based on a central composite design [J]. Chinese journal of chemical engineering，2006，14：223-228.

[17] F. Song，D. Ewing，C. Y. Ching heat transfer in the evaporator section of moderate-speed rotating heat pipes [J]. International journal of heat and mass transfer．2008，51：1542-1550.

[18] KyuHyung Do，Sung Jin Kim A mathematical model for analyzing the thermal characteristics of a flat micro heat pipe with grooved wick [J]. International journal of heat and mass transfer. 2008，51：4637-4650.

[19] 田金颖，诸凯，刘建林. 冷却电子芯片的平板热管散热器传热性能研究 [J]. 制冷学报，2007，28（6）：18-22.

[20] 诸凯，田金颖，刘建林，等. 高热流密度器件热控制实验研究 [J]. 工程热物理学报，2009，30（10）：1707-1709.

[21] 崔卓，诸凯，刘圣春，等. 高热流密度器件水冷散热器结构性能的实验研究 [J]. 化工进展，2016，35（5）：1338-1343.

[22] 张莹，诸凯，梁雨迎，用于大型服务器 CPU 冷却的散热器性能研究 [J]. 流体机械，2012，40（12）：62-65.

［23］　赵文江，李崇辉，关志伟. 数据中心机房高负载密度机柜制冷技术探讨［J］. 中国金融电脑，2009，9：80-85.

［24］　王彬，诸凯，王雅博，等. 翅柱式水冷 CPU 芯片散热器冷却与流动性能实验［J］. 化工进展，2017，38（3）：1338-1343.

［25］　B. P. Whelan，R. Kempers，A. J. Robinson. A liquid-based system for CPU cooling implementing a jet array impingement waterblock and a tube array remote heat exchanger［J］. Applied Thermal Engineering，2012，39：86-94.

［26］　Chander Shekhar Sharma，Manish K. Tiwari，Severin Zimmermann，et al. Energy efficient hots-pot-targeted embedded liquid cooling of electronics［J］. Applied Energy，2015，138（C）：414-422.

［27］　http：//www. sohu. com/a/204793699 _ 642860.

［28］　Kai Zhu，Zhuo Cui，Yabo Wang，et al. Estimating the maximum energy-saving potential based on IT load and IT load shifting［J］. Energy，2017（38）：902-909.

［29］　Tan C M，Zhang G. Overcoming intrinsic weakness of ULSI metallization electromigration perform-ances［J］. Thin Solid Films，2004，462：263-268.

［30］　电子工业部标准化研究所. 可靠性工程师热设计指南［R］. 1985.

［31］　黄璐. 芯片及密封机柜散热装置的性能实验研究［D］. 南京：南京理工大学，2008.

［32］　GB 50174—2017 数据中心设计规范［S］. 北京：计划出版社，2017.

［33］　Handbook A F. American society of heating，refrigerating and air-conditioning engineers［J］. Inc. ：Atlanta，GA，USA，2013.

［34］　Zhang T，Liu X H，Li Z，et al. On-site measurement and performance optimization of the air-condi-tioning system for a datacenter in Beijing［J］. Energy and Buildings，2014，71：104-114.

［35］　Ponemon Institute. Cost of Data Center Outages January，2016.

第3章 数据中心冷却系统形式

随着数据中心的建筑规模和单机柜功耗的增加，大型数据中心越来越多，因空调系统的能耗在数据中心能耗占比大，越来越引起关注。提高空调系统全年整体效率，有效降低能耗是数据中心空调专业设计建设重点考虑和研究的课题。近几年空调系统冷却方式发展变化较快，在保证机房安全正常工作的前提下，提高冷冻水供回水温度、优化气流组织、室外自然冷源合理利用等冷却方式已被广泛接受，并在工程中实践。本章就技术成熟、使用效果好的部分冷却方式从基本理论、使用方法、效率、使用注意事项等方面进行总结叙述，提出相关冷却技术的观点和建议，供数据中心空调专业的设计、建设、运维人员技术交流与学习参考。

3.1 供回水温度

目前广泛采用的集中式空调系统的冷冻水系统，其供回水温度作为关键指标，对整个空调系统的能耗、投资均有着至关重要的影响。冷冻水供回水温度直接影响空调冷源侧及空调末端侧的换热温差，进而影响冷源侧、末端侧水与空气的换热效率；对于利用自然冷源的系统，也影响空调冷源侧自然冷源的利用时间。

3.1.1 冷冻水温度对空调系统的影响

提高冷冻水供回水温度的有利影响如下：

（1）较高的冷冻水水温能够提高冷水机组的制冷效率。按照主流电动压缩式冷水机组厂家的经验参数，冷冻水温度每提升1℃，冷机能效可提高2%～3%。

（2）提高冷冻水温度，可提高空调显热比；提高到一定数值后，可实现干工况运行，减少除湿功耗。

（3）对于利用自然冷源的冷冻水系统，提高冷冻水温度，可增加自然冷源的利用时间。

提高冷冻水供回水温度的不利影响如下：

（1）相同空调末端配置条件下，冷冻水供回水温度的升高会使末端服务器设备的进出风温度升高。

（2）相同热通道回风温度条件下，冷冻水供回水温度的升高会使空调末端空气—水的换热温差减小，制冷量衰减，需配置数量更多（或单台制冷量更大）的空调末端设备，造成空调末端能耗或造价升高。

3.1.2 数据中心冷冻水温数据调研

1. 样本采集

本节调研了20个采用冷冻水系统的数据中心。采集的20个数据中心样本设计时间为

60

2009～2015 年；机房建设标准均为国 B 或 T3（含）以上；项目所在地涵盖严寒、寒冷、夏热冬冷、夏热冬暖气候区。电动压缩式冷水机组形式如下：17 个数据中心采用水冷离心式冷水机组，2 个数据中心采用风冷螺杆式冷水机组，1 个数据中心采用水冷离心式冷水机组和风冷螺杆式冷水机组结合的形式。

2. 冷冻水温度分布

冷冻水供回水温度分布如图 3.1-1 所示。可见，采用冷冻水供水温度为 7℃的数据中心为 2 个（占 10%），采用冷冻水供水温度为 9℃的数据中心为 3 个（占 15%），采用冷冻水供水温度为 10℃的数据中心为 7 个（占 35%），采用冷冻水供水温度为 12℃的数据中心为 4 个（占 20%），采用冷冻水供水温度为 14℃的数据中心为 3 个（占 15%），采用冷冻水供水温度为 15℃的数据中心为 2 个（占 10%）。

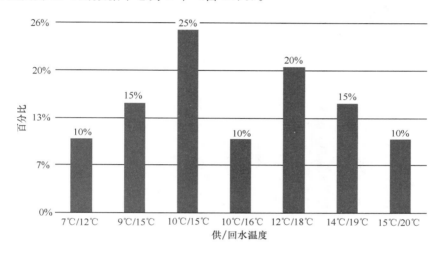

图 3.1-1　冷冻水供回水温度分布图

注：其中 1 个数据中心调研样本中，采用了多个冷冻水制冷系统，且包含了两种冷冻水供回水温度，故上述样本中含 21 组数据。

从行业分布来看，有 1 个政府行业数据中心冷冻水供/回水温度为 10℃/15℃；2 个金融行业数据中心冷冻水供/回水温度为 12℃/18℃；2 个互联网行业数据中心冷冻水供/回水温度为 15℃/20℃；其余 15 个均为运营商行业数据中心，冷冻水供/回水温度分别为 7℃/12℃、9℃/15℃、10℃/15℃、10℃/16℃、12℃/18℃、14℃/19℃。可见，互联网行业的数据中心冷冻水供回水温度提升最高，金融行业的数据中心次之，政府行业的数据中心较低；而运营商行业的数据中心分为自用和外租两种模式，且根据不同的需求采用了多种冷冻水供回水温度。

采集的数据中心样本设计时间为 2009～2015 年，其中高冷冻水温的案例（14℃/19℃、15℃/20℃）的数据中心设计时间集中在 2013～2014 年，可见近年对高冷冻水温的设计探索逐渐深入。

3. 冷冻水回水温度与热通道设计温度的关系

20 个数据中心样本中有 13 个搜集到热通道设计上限温度，统计冷冻水回水温度与热通道设计上限温度的相对关系，如图 3.1-2 所示。

可见，除个别样本的温度差值较大外，其余样本的温度差值均在 12～15 之间。形

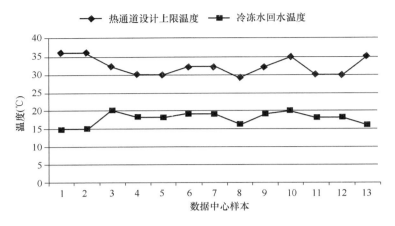

图 3.1-2 冷冻水回水温度与热通道上限温度关系

成该温度差值的因素主要有两个：（1）空调末端的送回风温差；（2）空调末端内表冷器的回水温度与空调送风温度之间的温差。

（1）空调末端的送回风温差。数据中心空调末端与传统民用建筑不同的一个方面是需要大风量小焓差，暂忽略湿度的影响因素，空调末端的送风风量需不小于服务器自身风扇的风量，才能实现正常气流组织，不出现回流；而空调末端风量过大后，会增大风机功耗，不利于节能。标准服务器的自身风扇正常运行温差一般为 10～15℃，空调末端送回风温差应与服务器匹配。

（2）空调末端内表冷器的回水温度与空调送风温度之间的温差。为提高空调末端的换热效率，空调末端表冷器的盘管建议选取逆流形式，目前主流空调厂家的空调末端送风温度与冷冻水供水温度的差值可做到 6～8℃，冷冻水供回水温差一般为 5～6℃，即空调末端内表冷器的回水温度与空调送风温度之间的温差为 1～2℃。

考虑其他热损失及设计裕量，本次调研样本中的温度差值基本合理。在热通道温度在允许值范围内的前提下，提高冷冻水的供回水温度，同时提高热通道设计上限温度，有利于整个空调系统的节能。

4. 冷冻水温度与空调末端形式的关系

20 个数据中心样本中的空调末端形式如下：有 6 个数据中心部分采用了机架级或列间级的就近制冷空调末端形式，相对应的冷冻水温为 15℃/20℃（1 个）、14℃/19℃（3 个）、10℃/15℃（1 个）、7℃/12℃（1 个），在整体样本中冷冻水温属于较高的水平。初步分析原因如下：相对于房间级机房专用空调来说，机架级或列间级的空调末端形式，采用就近制冷，气流输送距离短，风阻小，风机全压小，能耗低，且对冷冻水温与回风温度之间的换热温差敏感性低，故相同回风温度的情况下，机架级或列间级的空调末端形式更适宜采用高冷冻水温设计。

3.1.3 冷冻水温发展趋势

近几年，在需求、节能、投资等因素的综合驱动下，冷冻水温度有逐步提升的趋势，尤其是近期设计、新建数据中心的冷冻水供水温度基本都提高至 10℃以上，以前供水温度 7℃的数据中心已经退出了历史舞台。

另一方面，冷冻水温度的行业分化明显。互联网公司作为建设和租用数据中心的大户，比较侧重高冷冻水温的选取，尤其是某些大型互联网公司，在定制耐高温服务器的前提下，已将冷冻水的供水温度提至 15～18℃，甚至更高。

3.2　湖　水　冷　却

直接湖水冷却的技术原理：合理取用符合温度、水质条件的湖水，直接为数据中心供冷。在湖水不符合条件使用时，开启常规机械制冷系统供冷。湖水供冷流程图如图 3.2-1 所示。

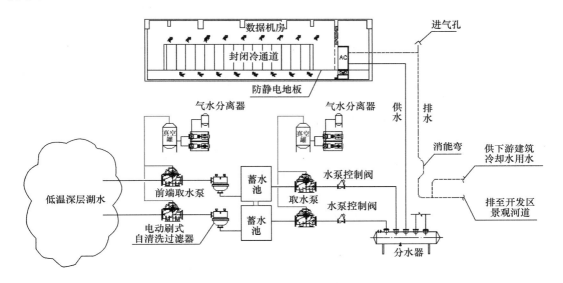

图 3.2-1　湖水供冷流程图

注：图示来源于华信设计，作者牛晓然。

3.2.1　湖水冷却的特点

1. 湖水水资源利用

水资源很珍贵，必须得到保护。必须严格遵守《中华人民共和国水法》的规定；取水用水认真执行各地方出台的《水资源管理条例》。避免对水环境产生热污染、水质污染等问题。水资源必须综合利用才有水可用。

例如：阿里云千岛湖的数据中心采用湖水制冷。湖水通过完全密闭的管道流经数据中心为服务器降温后，再流经 2.5km 的青溪新城中轴溪，作为城市景观呈现，在流程中自然冷却后洁净地流回到千岛湖。

千岛湖即新安江水库，是 1959 年建设的新安江水力发电站拦坝蓄水形成的人工湖，水库坝高 105m，长 462m；水库长约 150km，最宽处达 10 余千米；最深处达 100 余米。在正常水位情况下，面积约 580km²，蓄水量可达 178 亿 m²。位于我国浙江省杭州西郊淳安县境内，是世界上岛屿最多的湖，因湖内拥有 1078 座翠岛而得名，千岛湖水在中国大江大湖中位居优质水之首，国家一级水体，不经任何处理即达饮用水标准。

2. 湖水水资源费用

国家及地方规定直接从江河、湖泊、地下或者水工程拦蓄的水域内取水以及利用水资源发电（含抽水蓄能发电）的取水者，应当缴纳水资源费。

3. 湖水温度变化

2011 年 6 月～2012 年 3 月千岛湖湖水实测温度如图 3.2-2 所示。

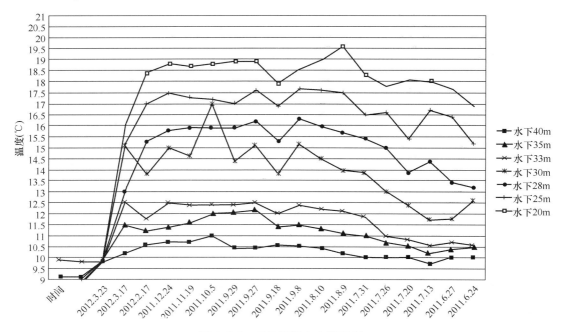

图 3.2-2　千岛湖湖水实测温度

注：图来源于淳安县自来水公司。

根据 2011 年 6 月～2012 年 3 月千岛湖湖水实测温度可知：

（1）湖水水位在 33m 以下时，水温在 10～13℃之间，适合作为数据中心空调水使用。

（2）湖水水温全年会有一定波动，水温在 10 月份左右达到全年最高。

4. 湖水水位变化

千岛湖正常湖区高水位 108m，库容量为 178.4 亿 m³。湖水水位落差很大，最深处达 100m，平均深度 34m。水面到水面以下 10m 处，水温在 10～13℃之间变动，为变温层；水面以下 10～25m 之间为跃温层，水温随深度发生变化；从水深 25m 至湖底为滞温层，水温常年保持稳定，其中上半年滞温层为 25m 以下区域，下半年为 35m 以下区域，水温常年保持在 10℃左右。千岛湖水位监测统计结果如表 3.2-1 所示。

逐年湖水水位统计表 　　　　　　　　　　　　　　　　　　　　表 3.2-1

序号	年份	月平均水位（m）						年平均水位（m）	年最高水位（m）	出现日期		年最低水位（m）	出现日期	
		1	3	5	7	9	11			月	日		月	日
1	1980	88.95	91.23	97.31	101.07	106.51	104.26	98.86	107.16	9	1	88.39	7	19
2	1981	100.66	100.14	100.68	98.61	98.61	100.12	99.69	102.86	4	9	97.83	7	11

续表

序号	年份	月平均水位（m）						年平均水位（m）	年最高水位（m）	出现日期		年最低水位（m）	出现日期	
		1	3	5	7	9	11			月	日		月	日
3	1983	95.32	93.06	100.65	107.04	104.46	103.92	100.97	107.66	6	30	92.44	4	8
4	1985	99.31	102.07	101.38	101.64	98.73	97.38	99.81	102.95	3	29	95.22	12	31
5	1987	89.92	91.39	98.20	101.69	102.00	100.19	97.54	102.56	8	3	89.36	3	6
6	1989	95.25	92.97	96.24	101.91	101.94	99.81	97.94	102.64	7	1	92.50	3	18
7	1991	99.17	100.05	104.45	105.61	102.33	98.98	101.65	106.65	7	9	96.31	1	1
8	1993	94.38	91.93	94.38	105.96	105.68	103.75	99.48	106.76	8	22	91.29	3	25
9	1995	98.01	97.82	103.18	106.70	103.14	100.35	101.55	107.89	7	4	97.42	12	25
10	1997	98.45	96.68	95.52	98.45	100.17	99.80	98.44	101.50	12	31	94.15	6	24
11	1999	98.19	95.87	100.22	106.64	106.45	102.14	101.41	108.41	7	1	95.54	3	9
12	2001	94.93	94.59	95.63	99.65	99.80	98.95	97.27	100.44	8	16	93.58	4	27
13	2003	98.33	99.08	98.79	100.58	97.28	95.45	97.78	101.12	7	9	94.30	12	31
14	2005	98.05	100.21	98.57	98.49	98.16	97.39	98.48	100.83	2	24	97.18	11	7
15	2007	96.35	96.22	98.94	102.43	102.08	100.39	99.11	101.87	7	13	97.58	2	16
16	2009	101.19	101.45	99.31	99.29	101.64	100.58	100.51	102.99	8	18	98.54	6	27
17	2011	100.95	98.19	97.98	105.2	103.17	101.22	101.12	105.96	7	12	97.87	5	20

注：表来源于淳安县自来水公司。

　　由千岛湖逐年水位表可知：千岛湖水位近 20 年内均在 92m 以上，水位较为稳定，适合在 92m 以上进行取水工程。统计中出现枯水期最多的月份为 3 月、4 月，因此取水工程需考虑最不利的月份。

　　5. 湖水水质变化

　　千岛湖区域总体环境优良，先后被评为国家级重点风景名胜区和国家森林公园，2001年又被评为国家 AAAA 级旅游区和国际级生态示范区。湖水作为空调冷却水使用，需满足相关水质要求。由于该项目供回水温度较低，无需考虑防垢问题，因此不考虑增加软化水设施。此外，取水管道锈蚀等问题可以通过采用聚丙烯 PP 管和聚乙烯 PE 管管材得到解决，因此不考虑除氧问题。湖水质如表 3.2-2 所示。

千岛湖 2012 年水质监测统计表　　　　　　　　　表 3.2-2

月份	浑浊度（NTU）	pH 值	总碱度（mg/L）	耗氧量（mg/L）	氨氮（mg/L）	亚硝酸盐（mg/L）	氯化物（mg/L）	铁（mg/L）	锰（mg/L）	菌落总数（CFU/ml）
1 月	0.58	7.73	36.5	1.03	0.02	0.004	5.08	<0.05	<0.05	4
2 月	0.58	7.64	37.9	1.07	<0.02	0.002	5.24	<0.05	<0.05	3
3 月	0.65	7.72	38.3	1.08	<0.02	0.005	5.79	<0.05	<0.05	4
4 月	0.78	7.88	38.4	1.14	<0.02	0.007	5.85	<0.05	<0.05	4
5 月	0.97	7.87	37	1.16	<0.02	0.008	5.94	<0.05	<0.05	4

月份	浑浊度 （NTU）	pH 值	总碱度 （mg/L）	耗氧量 （mg/L）	氨氮 （mg/L）	亚硝酸盐 （mg/L）	氯化物 （mg/L）	铁 （mg/L）	锰 （mg/L）	菌落总数 （CFU/ml）
6 月	0.91	7.88	35.5	1.31	0.02	0.006	5.86	<0.05	<0.05	6
7 月	0.61	7.64	35.4	1.33	0.03	0.005	5.74	<0.05	<0.05	13
8 月	0.56	7.36	35.5	1.21	0.02	<0.001	5.39	<0.05	<0.05	8
9 月	0.43	7.21	36	1.16	<0.02	0.001	5.27	<0.05	<0.05	10
10 月	0.42	7.44	37	1.21	<0.02	0.003	5.08	<0.05	<0.05	10
11 月	0.50	7.62	39	1.21	<0.02	0.003	4.86	<0.05	<0.05	14
12 月	0.42	7.68	40	1.09	<0.02	0.004	4.88	<0.05	<0.05	15
年平均	0.62	7.64	37.2	1.17	<0.02	0.004	5.42	<0.05	<0.05	8

注：表来源于淳安县自来水公司。

由水质监测统计表可知，湖水水质较好，适合直接作为空调冷却水使用。

3.2.2 湖水冷却技术适合条件

1. 水量符合实际使用条件

千岛湖蓄水量近 20 年低水位为 92.63m，高水位为 107.85m，水量可达 178 亿 m^3；千岛湖数据中心需取用水量 3900m^3；冷却机柜后，排水用于城市景观青溪新城中轴溪水量为 1500m^3，用于下游其他建筑水源热泵水量为 2400m^3。

2. 水质、水温、水位符合实际使用条件

由以上水质、水温、水位统计表可以看出，千岛湖水质符合空调冷却水水质要求；水温在特定水位位置适合数据中心空调用水水温；水位基本处于较高位置，但是从数据中心安全、可靠角度考虑，需要另外增加一套常规机械制冷空调系统作为备用。

3.2.3 湖水冷却系统设计的原则

1. 数据中心的空调需求

数据中心的空调全年 365 天，24 小时连续供冷。空调设计人员对 IT 设备的特性应有一个全面、详细的调查和了解，如果不能对 IT 设备完全熟悉，不可能设计出适应的空调系统。

2. 节能要求

自然界全年都有可以使用的再生能源——湖水（冷水温度 9～15℃）用于数据中心的降温，如能加以合理的使用，节能效益明显。

3. 业主的需求

业主的企业建设标准，要理解透彻。充分利用业主能够提供的各种资源，这一条至关重要，关系到项目能否顺利实施。

空调系统受建设地点、建筑、结构形式的限制，需要策划、规划、设计各相关专业的讨论确定。湖水冷却系统涉及的面更广泛，水文、地理等资料的收集需准确、及时。

4. 初期投资和整个使用周期的费用

初投资只反映了第一阶段的投入。生命周期的费用则包括了初投资、运行和维护管理费用、更换费用；可预期的水资源、电量等所有因素。成本分析需要考虑利率贴现率以及预期的通货膨胀率等因素。

5. 可维护性

可维护性这项要求包括各类设备的质量、安装、维护保养是否便利，特别是留足够的空间满足移动设备和更换配件。数据机房使用的空调设备尺寸大、重量重，若空间布局不合理，会导致正常的维护困难。

6. 简便性和可操作性

工程设计施工完成后最终如何正常运行，操作者最关键。宜省略不必要的复杂设计，使操作过程简单明了。

3.2.4　湖水冷却系统的组成

数据中心在湖水冷却不能实现时，必须配置常规机械制冷空调系统。

常规机械制冷空调系统包括冷水机主机、冷水泵、冷水管路系统、不间断供冷、空调末端（双盘管形式）、冷却水泵、冷却水管路、冷却塔；冬季免费供冷的板式换热器及冷却水应急水池。

湖水源空调系统包括取水口、吸水管道、取水泵、输水管道、过滤器、冷水蓄水池、冷水泵、湖水冷水管路、空调末端（双盘管形式）、湖水排水系统。

1. 冷源

用地表水和地下水的水源热泵空调系统较普遍，直接引用湖水的案例很少。下面结合浙江省千岛湖数据中心的空调系统介绍湖水冷却系统。冷源采用湖水直接供冷，通过吸水莲蓬头→吸水管→前端取水泵→计量→输水管→过滤器→蓄水池→取水泵→分水器→空调末端→排水管等工艺流程，完成空调系统的制冷循环。

2. 湖水输送可靠性

湖水取水采用虹吸方式，并通过真空泵进行取水，保证湖水输送的可靠性。为了减少湖水输送过程中的冷量损失，吸水管采用聚丙烯 PP 管，输水管采用聚乙烯 PE 管，管道敷设在钢筋混凝土管沟内，并在四周采用细砂护管兼保温，输水管的钢管部分采用塑套钢聚氨酯保温。

设置两个蓄水池，作为湖水沉淀池和空调系统蓄冷池（蓄冷时间 15min 以上），中间进行联通，互为备份。

空调末端采用双盘管形式机房空调，平时采用湖水侧盘管运行，另一侧为常规机械制冷盘管，两种系统运行互为备份。

3. 湖水使用安全性

为保证湖水水质安全，采用电动刷式自清洗过滤器对湖水进行过滤，湖水从过滤器进水口分别进入各滤筒内部，杂质被拦截在过滤筒内壁，当进出口的压差达到预设值或达到清洗时间或手动预制时，过滤器将进行自清洗。

为防止水泵断电或突然停泵产生水锤，湖水供水系统需安装防水锤作用的水泵控制阀，并增加镇墩，避免或降低水锤对水泵及管道冲击。

4. 湖水综合利用

为回收利用湖水排水的水能，采用装机容量为 90kW 的水轮发电机组进行发电，所发电量就近供设备使用。

湖水源空调利用后的水温约为 18℃，可供下游其他建筑作为水源热泵冷却水使用，达到节能减排的效果。

3.2.5 控制

采用综合管理平台系统的方式，数据中心的运行包含：网络、电力供应各环节、空调系统等；各个系统正常运行对整个数据中心至关重要。

综合管理平台提供了一体的操作平台，集成了动环监控系统、空调群控系统、安防系统等，权限为查看各设备或者系统运行状态和参数，不能进行各系统的参数设置。

（1）动力环境监控系统：实时监测中压系统、低压系统、变压器出线各级配电柜、UPS 输出柜、列头柜、配电屏、发电机、UPS 主机、高压直流 UPS 系统、48V 直流电源及电池等。

采用动力监控系统对各设备的电力供应提供了预警；对空调的运行策略帮助很大。

（2）环境监控系统：实时监测机房区域内的温度和湿度值、精密空调风机、加湿器、除湿器、滤网、回风温度和湿度等的运行状态与参数，漏水漏油监测报警。

（3）空调群控系统。采用集散式直接数字控制系统（DDC 系统）作为空调自动控制系统，制冷机房内的主要设备及蓄冷设备均纳入 DDC 控制系统，系统需满足以下监测及控制功能：

1）前端取水水泵房取水水温、蓄水池入水口水温、分水器水温、排水水温监测。

2）湖水水位、取水水量、蓄水池水位、排水水量监测。

3）制冷机组：蒸发器进出口水温；冷凝器进出口水温；蒸发器、冷凝器的水流状态；供/回水水流状况；供/回水水温；供/回水压差监测；输出冷量监控；供水温度设定。

4）水泵：水泵后供回水温度及回水流量；变流量水泵频率监测及控制（冷冻水压差，冷却水温差）；每台水泵水流压差监测。

5）冷却塔：冷却塔补水耗水量；水位溢流报警；每台冷却塔耗电量；变频风机转速；水位溢流报警。

6）制冷机组、水泵、冷却塔风机、冷却塔泄放装置等设备的工作状态、控制及故障报警。

7）制冷机组、水泵等设备的启停次数、累计运行时间，以及设定定时检修提示。

3.2.6 后评估

数据中心的选址很重要，距离湖面不能太远，也不能太近。如果距离湖面太远的话，输送距离较远，水泵扬程较大，也将带来一定温升；太近的话，不便于设置蓄水池和过滤设施。一般离湖面 1～2km 离较为合适，并且宜布置在湖水的下泄口附近。

取水泵房宜靠近湖水位置，从安全、可靠、经济角度确定水泵房深度，利于取水泵能正常取出低温水。取水泵房宜布局紧凑，满足水泵及其他设备安装要求即可，减少基建投资。

湖水输送需避免水锤对水泵和管道的影响，保证湖水输送及数据中心安全。

虽然水源热泵被誉为是一种高效、节能、环保的绿色空调系统，然而由于周围环境条件的限制，它有可能对环境产生热污染的问题，所以对湖水排水进行综合利用和合理规划非常有必要。

3.3　模块化数据中心

3.3.1　模块化数据中心的定义及发展

1. 按数据中心定义

模块化数据中心是以微模块（Micro Module Data Center）为独立单位进行工厂预制、快速部署的数据中心，由电气、制冷、监控、结构等系统组成的，满足机房内业务设备供电和冷却需要的预制化数据中心基础设施，该模块内各系统组件可在工厂预制和调测，实现快速部署。其中可包含多个不同功能、功率的微模块（Micro Module）配合使用，满足业务需求。

模块化数据中心的特点：模块化数据中心中包含框架支撑组件以及配电、制冷、监控等若干个功能单元，均为工厂预制；IT 机柜分两列放置，服务器交付上架后实现微模块冷通道的封闭，所有设备可灵活放置在现场进行快速安装，灵活支持上下空调接管、排水，强弱电上下走线，且因其采用了水平送风的行级空调进行制冷，因此并不强求铺设架空地板，原则上可以支持在层高最低 2.6m 的房间内实现数据中心部署，降低对机房层高和施工要求。

模块化数据中心可根据客户需求，灵活实现模块级的 N+X、2N 冗余备份，满足不同冗余等级的数据中心要求；因机柜、空调、供配电等基础设施均采用相同尺寸规格和接口，现场可以实现快速安装，一般 7 天内即可完成现场拼装及调试工作，符合当下信息爆炸式增长形势下，企业和运营商要求快速安装、交付满足新业务快速上线的需求，是时下最先进的数据中心建设及设计模式之一。

2. 模块化数据中心发展前景

ICTResearch 调查研究显示，2016 年中国模块化数据中心市场规模达到 40.12 亿元，同比增长 11.6%。国务院印发《"十三五"国家信息化规划》，规划提出 IT 项目投资占全社会固定资产投资总额的比例由 2015 年的 2.2% 提升到 2020 年的 5%。在"十三五"期间，国家在行业信息化建设方面将加大投入力度，对数据中心规划、建设、改造、能耗标准以及重点技术和应用等方面的关注度极高，对模块化数据中心、绿色数据中心的需求会大幅提升，带来整个行业快速发展的新机遇。基于数据中心行业的良好发展趋势，未来模块数据中心基于其快速部署、按需扩容、高效节能等多种优势特性，将继续保持 10%～12% 的年复合增长率，逐渐成为数据中心领域的主流应用。

模块化数据中心技术的创新点：模块化数据中心可以为用户带来四大核心价值：第一，高可用性，即通过工程产品化，实现整体设计和交付，避免系统问题；第二，智能控制，其智能监控、智能管理、智能供电和智能制冷的运营方式，保障了对 IT 环境的智能控制；第三，高度集成化、一体化，可以一站式服务，从而实现快速部署和在线扩容，保障客户业务连续运行；第四，降低 TCO，也就是分期投入，减少建设成本，同时在占地和运维成本上都有 30% 以上的节省。

未来模块化数据中心将在数字化、网络化、智能化的创新之路上继续走下去，如何实现 L0～L4 层的智能全联动、如何实现人工智能自学习体系等热点话题将成为下一轮模块化数据中心创新的关注点。当下部分技术实力较强的厂家已经在智能联动技术、故障自诊断等前沿技术上迈出了一小步，相信未来模块化数据中心领域会出现更多实用型创新技术。

3.3.2 模块化数据中心分类

1. 按数据中心规模

模块化数据中心可分为大型、中小型、小微型三类。

大型模块化数据中心由 1 个以上 40～48 柜位微模块组成，通常制冷形式采用行级空调，用以提升数据中心制冷效率同时降低占地空间，降低运维成本；因考虑电力分配、承重等因素，通常会将供配电及电池单独在模块外集中部署。

中小型模块化数据中心通常由 1 个以上 10～40 柜位微模块组成，总柜位不高于 40 个。制冷形式通常采用行级空调，用以提升数据中心制冷效率，同时减少占地空间，降低运维成本；供配电及电池视空间用度情况可灵活部署于列间或单独隔间部署；如总用电需求小于 120kVA，即可采用供配电＋UPS 一体柜，降低部署难度和现场接线工作。

小微型模块化数据中心通常由 1 个 10 柜位以下微模块组成。通常制冷形式采用行级空调或机柜级插框式空调，用以提升数据中心制冷效率同时减少占地空间，降低运维成本；供配电及电池视空间用度情况可灵活部署于列间或单独隔间部署。因其总功率通常较小，推荐采用供配电＋UPS＋制冷一体柜，降低部署难度和现场接线工作。

2. 按数据中心制冷形式

模块化数据中心可分为冷冻水型和风冷 DX 型两类。

冷冻水型模块化数据中心通常用于大型数据中心，包括运营商的总部级、省级数据中心，大型 colocation 数据中心，大企业总部级数据中心等，考虑室外机安装场地、节能减排等因素，多采用行级冷冻水型空调作为制冷末端，与水冷、冷水机组、冷却塔等设备组成制冷完整制冷系统。

风冷型模块化数据中心通常用于中小型和小微型数据中心，包括运营商的市、区级数据中心，大企业分支数据中心和中小企业核心机房等，考虑运维难度、部署难度、系统复杂度等因素，多采用行级风冷 DX 型空调作为制冷设备，相对冷冻水系统更简单、易安装、易运维，辅以智能化特性可最大限度降低运维压力，降低因缺乏专业的精密空调运维人员所带来的潜在运维难度。

3. 按数据中心功率密度

模块化数据中心可分为全柜行级空调和半柜行级空调两类。

当单柜功率密度处于 4～8kW 时，通常选用 300mm 宽半柜行级空调，半柜行级空调单机制冷量一般在 20～30kW 之间，单台空调可满足其附件 4～8 个 IT 机柜的散热需求；当单柜功率密度处于 8kW 以上时，通常选用 600mm 宽全柜行级空调，全柜行级空调单机制冷量一般在 40～60kW 之间，单机制冷量通常是半柜行级空调的两倍以上，可满足更高功率密度的制冷需求。

3.3.3　模块化数据中心制冷系统设计要点

模块化数据中心制冷系统设计的关注点通常在能效水平、选型工况、温湿度控制、冗余备份等几个方面。

1. 能效水平

数据中心能耗除 IT 设备外，最大的一块就是制冷系统，因此尽量降低制冷系统的能耗水平对数据中心整体低 PUE 要求有非常大的帮助。北方冬季气温较低区域比南方自然冷源可用性高，因此比较容易通过自然冷却的方式实现节能减排；但南方区域冬季短且平均气温普遍高于 0℃，因此利用自然冷却技术性价比低，因此如何基于方案设计来实现数据中心的节能减排更受关注。

模块化数据中心一方面在结构上采用密闭通道的形式，有效阻隔冷热气流组织的无效混合，降低冷量无效损失；另一方面在制冷设备上采用水平送风的行级空调，无需对风机做高出风静压设计，有效降低风机功耗，同时冷气流出空调后仅需很短的送风距离即可进入 IT 机柜冷却服务器设备，输送过程基本无沿程冷量衰减，可最大限度地提升制冷效率；对于采用风冷 DX 制冷的数据中心，直流变频技术将在部分负载时大幅提升行级空调的能效比，智能降低直流变频压缩机和变频风机的转速及功耗，有效降低数据中心能耗水平。根据设计经验，采用行级空调制冷方式相比传统地板送风方式，设计进出水温度普遍高出 5℃ 左右，设计送回风温度普遍高出 5～10℃，部分负载相比满载 EER 可提升 45% 以上，整体 PUE 降低 0.1～0.2，对用中大型数据中心年省电可达百万级甚至千万级之多。

2. 选型工况

针对大型数据中心，为最大限度地发挥制冷系统尤其是冷水机组制冷效率，当下数据中心的制冷系统都倾向于用高进出水温度设计，冷冻水末端进水温度普遍在 10℃ 以上，甚至部分大型数据中心冷冻水进水温度已达 15℃、20℃ 甚至更高。当提升进出水温度时，冷水机组能效会显著提升，通常情况下进出水温度每提升 1℃，冷水机组能效将提升 3% 左右；但进出水温度提升的同时，冷冻水末端的制冷量会衰减，因此高进水温度通常匹配 32～40℃ 高回风温度设计，此时冷冻水末端的出风温度一般会达到 20～24℃，这样既能满足 IT 设备的散热需求，亦可使冷冻水末端的单体制冷量保持在合理范围内，实现节能减排和末端合理配置的效果。如冷机侧使用干冷器或冷却塔＋板换式自然冷却技术，那么每提升 1℃ 进出水温度将延长自然冷却时间 300～500h，对于降低数据中心制冷系统全年能耗有显著的效果。

3. 温湿度控制

如上所述，大型数据中心制冷系统通常采用高送回风温度和高进出水温度设计，冷冻水末端在设计工况下处于全显热比工况，因此需要单独考虑数据中心的除湿系统设计。新建数据中心整体气密性较好，可选择单独配置几套空气处理机组来进行新风换气、加湿、除湿的集中处理，用于控制室内环境的湿度。如改造类机房未预留空气处理机组的安装和部署空间，可在机房内合适位置部署独立的恒温恒湿机：当室内湿度较低时，加湿系统开启对室内环境进行补湿；当室内湿度较高时，除湿系统开启对室内环境进行除湿。加湿系统宜采用等焓加湿（例如湿膜式加湿器），有利于数据中心的节能降耗。

在部分中小型数据中心，特别是改造机房和企业级机房，通常缺乏专业的设计能力和风险应对意识，特别是在机房试运行或运行初期，一般 IT 设备仅在 10％上下，普通定频和变频空调由于负载过低会出现频繁启停的状况，无法实现除湿功能。因此，中小型数据中心宜选用在全负载段内都有强劲除湿能力风冷 DX 行级空调产品，尤其是在 10％负载以下具备轻载除湿能力的风冷 DX 行级空调产品。

4. 冗余备份

目前数据中心用户对于数据中心的可用性要求越来越高，特别是用于租赁和企业自用的核心机房，普遍要求数据中心具备 Tier3 以上的可用性等级，这样就要求数据中心所有子系统具备方案级的在线维护能力和产品级的 N＋X 冗余备份设计。针对制冷系统，越分散、越靠近热源的散热设备更容易实现方案级的冗余备份设计和安全可靠性，整体制冷可靠性更高。例如：假定某数据中心的总冷量需求为 200kW，那么假定采用制冷系统 N＋1 设计，选用 2 台 200kW 的房间级下送风空调做一用一备设计，那么当单台空调故障时，备用机会自动开启运行，满足数据中心制冷需求；但是，此时如果备用机也故障了，那么数据中心将无制冷设备可用，此时只能将 IT 设备下电停业务。假定相同的数据中心冷量需求，如果选用 5＋1 台 40kW 的行级空调，一旦单台空调故障，备用机自动开启后制冷量无影响；即使又多 1 台空调故障，那么整体依然有 4 台空调可以保障 80％制冷量的稳定输出，如机房未满载运行将不会对 IT 设备制冷效果造成影响。因此，选用小颗粒度的精密空调产品能更有效地解决可用性的风险问题。

模块化数据中心制冷系统应用关注点通常在冷量调节范围、易操作度、故障排除难度、可维护性等几个方面。

（1）冷量调节范围：为保证数据中心核心设备的温湿度稳定，要求模块化数据中心的精密空调产品必须具备能够在 10％～100％负载下动态匹配 IT 负载变化来调节制冷量输出的能力。在大型数据中心，冷冻水行级空调需要具备 EC 或 DC 风机进行无级调速，具备流量可调节的二通或三通比例积分流量调节阀，可以通过调节水流量及风机转速的方式实现制冷量输出的精细化管理，达到动态匹配 IT 负载变化的能力。在中小型数据中心，配置的风冷 DX 行级空调需要具备直流变频压缩机、EC 或 DC 风机、变频调速室外机、电子膨胀阀等高精度制冷组件，达到部分负载下准确、快速的冷量输出调节，同时达到最大化的节能减排效果；基于以上核心部件驱动技术的演进，目前部分厂商已可实现更精细化的部分负载能耗管理，部分负载时可基于制冷系统内部寻优运行逻辑通过调节冷凝压力、蒸发温度以实现单机组能效最大化，达到节能减排的效果。

针对大型数据中心，近年来基于部分数据中心设备厂商的智能化研究，其提供的数据中心解决方案已可实现制冷设备和 IT 设备进行联动控制的功能：当 IT 负载变化时，通过智能采集器和智能控制器的联动工作，可以将 IT 负载实时变化度作为指令发送到精密空调和冷水机组侧，使整个制冷系统能够动态调节容量和系统组合工作状态，达到从水机、水泵到冷冻水末端空调的快速协同联动调节，达到资源利用最大化，实现更低的部分负载系统能耗，节能效果可达到 20％以上。针对中小型数据中心，亦有类似的技术，可以实现 IT 负载和风冷 DX 行级空调的智能联动，实现节能减排效果的同时，可以快速识别负载异常上升，提前调大空调负载以避免 IT 设备温升过快导致的局部热点宕机风险。

（2）易操作度：传统数据中心精密空调产品普遍采用单色按键式小控制屏，可读取性差，可操作性差，原地操作和维护难度较大，特别在较暗的机房很容易出现误操作风险。模块化数据中心的制冷产品要求具备彩色大尺寸控制屏，让运维人员可以清晰地查看到每一个操作界面和运行参数指标；功能选取和切换宜采用触屏时操作，可以将操作功能简单化，类似于手机和平板电脑的操作体验，可以有效提升运维效率。控制屏系统内部需要具备更全面的参数显示，包括冷量、风量、风机转速、送回风温湿度，关键器件包括水泵、加湿、加热等可选组件的运行状态和故障告警均可以在控制屏上查看到。对于历史告警和操作记录，亦要求可以在触屏界面上查看到详细信息，包括每条故障的可能原因及对应的排查指引；对于送回风温度的运行状况，要求可以进行历史运行曲线查看，运维人员可以根据历史运行曲线状况清晰明了地掌握一段时间内的运行情况，有利于数据中心整体运行状况评估和故障分析。未来，需要具备将控制屏功能投射到手机 APP 上，这样运维人员可以远程实时查看机组运行状态，一旦出现运行风险可以快速识别，提前进行风险排除，保证数据中心全生命周期的可靠运行。

（3）故障排除难度：精密空调在数据中心架构中的技术原理和 IT、供配电有较大差异，技术能力要求相对较高，因此一旦精密空调出现故障停机，IT 和供配电专业运维管理人员往往无从下手，甚至求助到专业的代维人员、厂家服务工程师亦很难从根本上解决问题，这样一个故障停机可能要等待 1 天以上的时间才能将故障彻底排查清楚。未来模块化数据中心的精密空调产品，需要具备故障智能判断功能，一旦出现故障停机，需要可以自动识别出潜在的故障源在哪里，将无关根因智能地排除掉甚至能够准确定位到问题所在，这样运维人员就可以根据故障定位线索和指引去排查故障，完成维护更换。这样就可以降低等待代维人员、原厂人员到现场排查问题的时间，对于提升数据中心的故障恢复能力和可用性有革命性意义。当下部分主流厂商已可实现一些常规的故障智能定位和诊断功能，未来需要进一步提升故障诊断的覆盖面和精度，实现每一故障均可实现故障根因准确定位，引导运维人员进行"傻瓜式"维护工作，实现智能化运维体验。

（4）可维护性：为保证单机组的高可用性，设计上要求精密空调关键组件具备快速维护，甚至在线维护的可行性。因行级空调是和 IT 机柜并排安装部署，维护需要入列，一旦涉及氟系统部件损坏需要动火维护，将使数据中心维护工作变得非常复杂，甚至需要申请动火证审批，因此对于压缩机、干燥过滤器等氟系统关键易损部件，需要具备免动火维护的设计，一旦发生故障可以原地免动火快速部件更换，快速使系统完成维护重新投入工作。针对室内风机，需要可以进行在线维护，当单风机故障时可以直接进行在线插拔式维护，且不影响其他风机和整个制冷系统运行，提高机组的可用性。当风机供电模块及主控、二次电源模块故障时，可以进行快速插拔式维护，将繁琐的插线、拧螺丝工作简化为直接插拔式维护的弱电模块化设计，将复杂的弱电器件维护工作变为傻瓜式的插拔式维护，未来需要支持弱电全模块化设计和弱电模块全热插拔式设计的精密空调产品，将维护时间进一步缩短，提升系统级的可用性等级。

3.3.4　模块化数据中心案例

1. 项目背景

乌兰察布云数据中心在察哈尔经济技术开发区，规划了占地面积 $13km^2$ 的信息产业园，拓展云计算服务市场，为国内外的企事业客户提供优质云计算服务，助力乌兰察布市云计算产业快速发展。正积极开展市直部门信息化应用系统的云化迁移工作，现已完成34 个业务系统的云化迁移和上线部署工作。

乌兰察布市温和的气候，稳定的地质，较低的能源成本，非常适合投建数据中心。

2. 项目需求

该区域纬度高，施工环境恶劣，在冬季长达 6 个月超低温施工环境，希望尽可能去工程化，减少现场施工时间。

为响应国家号召，用户在方案设计初期提出了打造绿色节能数据中心的要求，要求 $PUE \leqslant 1.5$。

因整体规模较大，如何提高云数据中心的运维效率、降低对运维人员的要求，也是用户关心的问题之一。

3. 方案概述

该数据中心规划为模块化数据中心，主机房总体分为 8kW/柜的高密区和 4kW/柜的低密区，根据不同业务需求合理规划 IT 设备部署。一期的工程建筑总面积超过 24000m²，共部署 1600 个机柜，共计 46 套微模块，100 台冷冻水房间级空调，60 台冷冻水行级空调，30 台 500kVA 模块化 UPS，及 L1 全基础设施智能管理系统；数据中心架构按照 Tier3＋设计，采用冷水机组＋板换方式实现自然冷却，秋冬季可减少压缩机开启时间，达到 $PUE \leqslant 1.35$ 的能耗水平，远优于国家要求的 $PUE \leqslant 1.5$ 的指标。数据中心部署超过 15000 台的 IT 设备，基于这些设备打造一个巨大的云平台资源池，包括 20 万台云主机，100PB 云存储，以及 10 万台桌面。数据中心外观效果见图 3.3-1；平面布局见图 3.3-2 和图 3.3-3。

图 3.3-1　乌兰察布云数据中心效果图

4. 冷源配置特点

（1）冷冻机大小机匹配作业

1）冷水机组采用 N＋2 配置，3 台 3164kW（900RT）的水冷离心式冷水机组和 3 台 1055kW（300RT）的水冷螺杆式冷水机组，"3 大 3 小"设计理念；

2）业务初期低负载运行条件下，开启水冷螺杆机运行，避免水冷离心机低载喘振风险；当负载逐渐升高时，陆续开启水冷离心机，满足机房制冷需求。

（2）闭式冷却塔和不间断冷源

1）设置 7 台（6 用 1 备）$Q=200m^3/h$ 的逆流式闭式冷却塔；

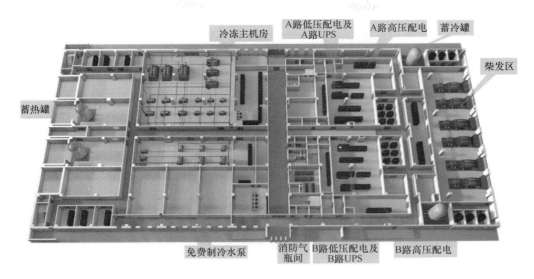

图 3.3-2　首层平面布局

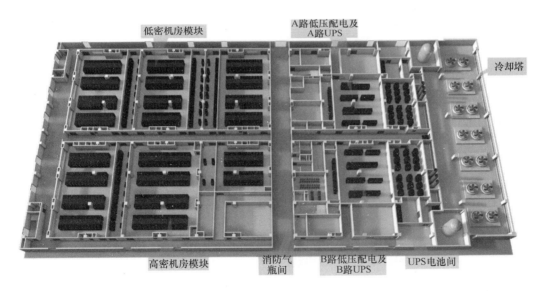

图 3.3-3　标准层布局

2）封闭式管路不受外界环境影响，在北方寒冷地区，一年中可在较长的时间段内作为节水、节电的冷源；

3）采用立式蓄冷罐，当系统冷冻机事故停机时，满足系统 15min 的供冷。

（3）过渡季免费制冷

1）当室外空气湿球温度低于 18℃时，通过调整冷却塔水量，可利用室外空气这一天然冷源通过板式热交换器制备空调用冷冻水；

2）当"免费制冷"系统启用时，可只开启局部冷冻机组或全部利用免费制冷，降低空调能耗。

5. 总结

快速建设：工厂预制模块化数据中心解决方案，基建周期仅 6 个月，较传统建设方式节约 30％工期，按需部署，弹性增长。

绿色节能：高效行级和房间级高温水空调设计，高效水冷离心机和自然冷却技术，匹配高效模块化 UPS 设计，使 PUE 低至 1.35，满足节能减排要求。

高可靠性：采用无线电池监控技术，实时监控电池电压、内阻、温度等关键参数，故障预判，杜绝起火风险。

智能运维：智能简单的 L1 基础设施管理平台，实现运维智能化，提升运维效率 50％。

基于以上独特的客户价值，乌兰察布云数据中心在 2016 年 10 月举行的 2016 云数据中心建设与运营论坛（中国电子学会）上荣获"优秀数据中心奖"，在 2016 年 11 月举行的中国数据中心年度论坛（CDCC）的颁奖晚会上荣获"优秀云数据中心奖"，创新的模块化建设模式及独特价值得到了业内的一致好评。

3.4　蓄　冷

3.4.1　蓄冷罐

在高功率、高热密度数据中心内，电力瞬时中断或断电会引起温度迅速升高。由于冷却系统暂时中断运行，而服务器因使用不间断电源（UPS），仍在产生热量。这会造成数据中心的温度迅速升高，将影响设备的性能，甚至烧毁设备，造成不可预计的损失。

因此需要在空调系统中设置应急蓄冷设备——蓄冷罐，储备备用冷量来解决这一问题。蓄冷罐储存的冷量，保证备用柴油发电机组可以紧急启动提供后备电力及冷水机组完成自检恢复至正常供冷状态所需时间，内数据中心机房的正常运行的所需冷量。考虑各设备重启时间，一般数据中心备用应急蓄冷时间为 10～15min。

1. 蓄冷罐的原理

蓄冷罐由罐体及布水装置组成，利用水在不同温度下密度不同的特点，将冷、温水平稳地引入罐中，依靠密度差而不是惯性力产生一个沿罐底或罐顶水平分布的重力流，形成一个使冷、热水混合作用尽量小的斜温层，密度大的冷水在下层，密度小的温水在上层，通过"活塞式"运动方式蓄冷或释冷。

2. 蓄冷罐布水器设计

在蓄冷罐设计中，布水器特别重要，它对蓄冷罐效率有显著影响。设计好的布水器可以实现较佳的分层效果和稳定的斜温层。布水器设计的重要参数是弗兰德（Fr）准则数和雷诺（Re）准则数。

Fr 准则数是指作用于流体的惯性力与浮升力之比，无量纲。它是确立形成稳定而厚度小的热质交换层的必要条件，为了使取冷时从上部进入的温水和蓄冷时从下部进入的冷水主要依靠密度差而不是依靠惯性力横向流动，设计布水器时应保证 Fr 数约为 1，而绝不大于 2。

布水器的设计还应控制较低的雷诺数 Re 值。保证布水器出口单位长度流量过大而引起冷、温水混合将加剧，形成扰流。为保证蓄冷罐的蓄冷、供冷效率，Re 一般小于 2000。

因此，设计好的布水器可以实现较佳的分层效果和稳定的斜温层，有效利用率可达到 85%～90%；如果没有布水器或者布水器设计不合理，蓄冷罐中不但不能形成稳定的斜温层，同时还易形成水流短路，罐中的冷水不能有效利用。

常见的布水器形式按综合布水形式分有上下自然分层型、左右隔板自然分层型；按布水器形状分有管式布水器和板式布水器；按几何形状分有 H 形布水器、八边形布水器、圆盘辐射型布水器、伞形布水器等；按材质分有钢制布水器、塑料布水器和陶瓷布水器等。

根据项目不同选择不同形式的布水器，为保证布水效果需选择两种及以上进行组合式布水。组合式补水器如图 3.4-1 所示。

图 3.4-1　组合式布水器

在蓄冷罐布水器设计完成后，对应用效果能否达到设计要求，还需要使用数值模拟来验证实际运行效果。网格划分见图 3.4-2，蓄冷模拟见图 3.4-3。

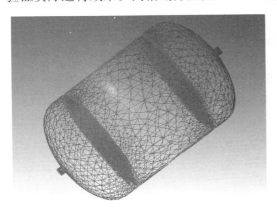
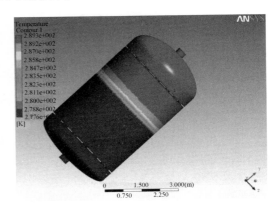

图 3.4-2　网格划分　　　　　　　　　图 3.4-3　蓄冷模拟

3. 蓄冷罐的分类

根据蓄冷罐是否承压分为开式蓄冷罐和闭式蓄冷罐；根据蓄冷罐的材质分为钢制蓄冷罐和混凝土砌筑蓄冷罐；根据摆放的形式分为立式蓄冷罐和卧式蓄冷罐；根据蓄冷罐的形

状分为圆柱形蓄冷罐和方形蓄冷罐。数据中心中常用的分类有如下几种：

开式钢制立式蓄冷罐，内设布水装置，保证设备在平面上充分分配，在垂直面上的水流缓慢，Re 数低于 2000。当建筑物高于开式非承压蓄冷罐液面高度时，需要配置板式换热器。

闭式钢制立式蓄冷罐或闭式钢制卧式蓄冷罐，可承压 4～16kg，可放置于室内、室外或埋于地下，该蓄冷罐无需配置板式换热器，可由蓄冷罐直接向末端供冷。适用于各类建筑。

4. 蓄冷罐自控系统

为提高蓄能设备利用效率，改善系统节能效果，增强设备智能化，方便设备运行维护，需要为蓄冷罐配置一套智能自控系统，并能给空调群控系统提供 RS 485 智能接口，采用 MODBUS 通信协议将检测信号传输至 BA 系统，实现总控室对空调系统的调控与管理。一般控制系统控制界面显示见图 3.4-4 和图 3.4-5。

图 3.4-4　控制界面显示 1　　　　　　　图 3.4-5　控制界面显示 2

（1）提高设备性能。在蓄冷罐内沿着温度梯度方向设置等间距的温度探点，可以实时显示斜温层厚度、有效利用率等应用参数，还可以实时显示 Fr 数、Re 数等核心指标

（2）改善节能效果。准确计算并显示蓄能设备蓄冷、释冷量，为系统调整运行策略提供依据。

（3）方便运行维护。蓄冷、释冷的提示功能，在正反向反流、系统或设备泄漏、系统水压不足、布水器锈蚀堵塞的情况下，提供报警功能。

5. 蓄冷量的确定

蓄冷罐的容积可按照系统需要的蓄冷量来确定，同时考虑蓄冷罐与冷冻水系统连接的管路，该管路中的冷水保有量也可作为一部分蓄冷水量。

系统需要的蓄冷水量为：

$$V_1 = \frac{Q}{c * \rho * \Delta t * \eta} \qquad (3.4-1)$$

式中　V_1——蓄冷水量，m³；

　　　Q——蓄冷量，kWh；

　　　c——水的定压比热容，4.187kJ/(kg·℃)；

　　　ρ——蓄冷水密度，一般取 1000kg/m³；

Δt——蓄冷进水温度与释冷回水温度间温差；

η——蓄冷罐的有效利用率，一般取 85%～90%。

管道系统中保有冷水量为：

$$V_2 = L\pi R^2 \tag{3.4-2}$$

式中　V_2——管道中保有冷水量，m^3；

R——管道的半径，m；

L——供水管道总长度，m。

蓄冷罐容积为：

$$V = V_1 - V_2 \tag{3.4-3}$$

蓄冷罐容积确定后需根据摆放位置、吊装运输通道尺寸、系统的连接形式、承压等级等信息综合考虑后确定使用蓄冷罐的形式及尺寸。

3.4.2　蓄冷罐的常用系统形式

1. 作为应急冷源

北京某数据中心分为两个系统，建筑面积分别为 $11086m^2$ 和 $9286m^2$，冷负荷分别为 4100kW 和 6000kW；冷冻水供/回水温度为 10℃/15℃，蓄冷罐要求在冷机停机条件下，满足机房在 13min 内温升不超过 10℃。

两个系统分别配置了 1 台 $150m^3$ 的蓄冷罐，单台蓄冷量为 872kW，蓄冷罐串联在冷冻水系统中，如图 3.4-6 所示。

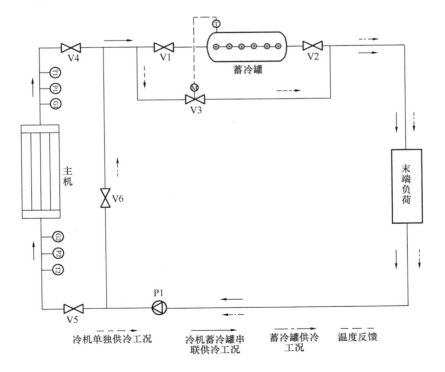

图 3.4-6　闭式罐串联系统

平时模式蓄冷罐关闭，当断电后，冷水机组停止运行，UPS为冷冻水泵供电，蓄冷罐阀门开启，旁通管路关闭，向末端供冷；释冷完毕后调节阀门小流量为蓄冷罐蓄冷，该系统控制简单，运行稳定。

为保证数据中心的连续供冷，当系统断电或故障时，备用发电机启动提供电力，备用的柴油发电机组紧急启动提供电力，从柴油发电机组启动至稳定供电的过程一般需要3min；冷水机组遇到停电故障进入故障保护状态，在电力供应恢复后，冷水机组的压缩机导叶先恢复至正常开机的初始状态，再经过冷水机组控制系统对各循环泵、冷却塔等相关部件进行巡检，确认正常后才能正常启动，冷水机组恢复正常供冷一般需要1～10min不等。因此需要使用蓄冷罐储备10～15min的应急冷量来保证数据中心的连续供冷。

2. 作为调蓄功能

哈尔滨某云计算数据中心，分为3个数据机房，数据中心保持每年365天×24h的全年制冷运行工况，且地处严寒沙尘地区，制冷系统采用高温冷水机组＋板式换热器＋冷却塔组成的冷冻水系统；在冬季冷却塔通过板式换热器直接将冷冻水降温，不开启制冷主机。按15min蓄冷要求，其中2个机房楼的室外各设置一座有效容积为550m³的开式蓄冷罐，另外1个机楼在室外设置一座有效容积为400m³的开式蓄冷罐。

对其中一个数据中心分析，数据机房建筑面积约为23000m²，工艺冷负荷为12800kW；供/回水温度12℃/17℃，1台550m³的蓄冷罐蓄冷量为3198kW，系统配置了3台2000RT的离心式热泵机组。

本数据中心初建时期，机柜入住率较低，冷负荷较小，末端负荷约为单台机组的10％（700kW）。考虑蓄冷罐按照满负荷配置，冷水机组在50％～70％的负荷情况下可以较好地运行。系统示意见图3.4-7。

因此蓄冷罐采用并联形式，并配置释冷泵，初期开启机组在60％左右的负荷下运行，

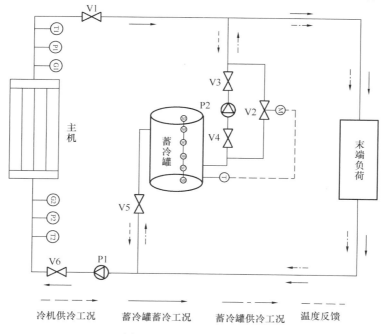

图3.4-7 一次泵并联系统

机组处于边供边蓄工况，1h 左右蓄满蓄冷罐。预留 15min 的应急负荷 200kWh，在不开启冷机的情况下，满足 4h 的末端供冷需求，调蓄效果显著。

随着"云计算大数据"时代的来临，蓄冷技术在数据中心作为应急冷源使用已经是标配，但是很多数据中心在投入使用初期，机柜入住率较低，系统会出现低负荷的情况，造成机组大部分时段不能满负荷运行，降低了机组的运行效率，利用蓄冷罐的调蓄功能，保证机组可以正常启动，不会频繁启停，使机组一直处在高效负荷运行的状态，将多余的冷量储存起来，在负荷高峰时段由机组和蓄冷罐联合供冷，不仅可以使机组安全高效运行，也可以降低数据中心的运行费用。

3. 作为削峰填谷

蓄冷技术削峰填谷功能将会在未来的数据中心冷却系统中占据主流，随着数据中心空调能耗的日趋增长以及很多数据中心项目配置 2N 系统，利用备用机组在电价低谷时段蓄冷，白天电价高峰时段释冷是平衡电网负荷、降低数据中心运行费用的新举措。

上海某数据中心冷负荷为 21500kW，系统采用 6 台 1600RT 的离心式冷水机组（N＋2），采用开式非承压水蓄能钢罐，直径 14m，总高 35.1m，液位高度 33m，体积 5154m³，供/回水温度 14℃/21℃，蓄冷量 41959kWh。

该项目蓄冷罐采用二次泵并联方式连接，系统示意图见图 3.4-8。夜间电价低谷时段开启备用主机蓄冷，白天电价高峰时段开启蓄冷罐与主机联合供冷，蓄冷罐削峰填谷并作为应急冷源使用；本项目峰谷电价差为 0.9 元/kWh，年节约运行费用 180 万元。仅需两年左右就可以收回削峰填谷增加的初投资，节约费用效果显著。

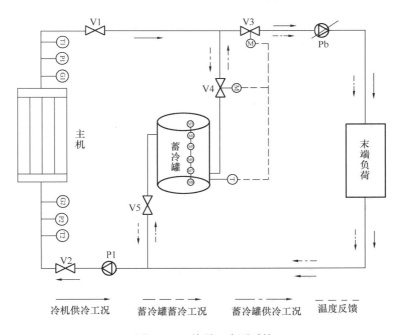

图 3.4-8　并联二次泵系统

随着数据中心招商引资的模式逐渐成熟，固定电价的数据中心会越来越少，相反按非普用电执行峰谷电价的数据中心将成为标配，而在这个常年大规模用冷的系统中，初步按 3：

1峰谷电价测算，两年即可收回初投资，经济效益非常显著。因此蓄冷罐在数据中心不仅可作为应急冷源使用，还可以提高数据中心的能源利用率，降低数据中心的运行费用。

3.4.3 蓄冷罐与常用蓄冷空调系统的关系

蓄冷罐与常用蓄冷空调系统的对比如表 3.4-1 所示。

蓄冷罐与常用蓄冷空调系统对比表　　　　表 3.4-1

序号	蓄冷系统形式	蓄冷罐形式	
		闭式罐	开式罐
1	一次泵串联系统	不改变系统承压，但系统阻力增加，循环水泵扬程增加； 水蓄冷系统控制最为简单，运行安全可靠，在出现紧急状况可及时投入使用	—
2	一次泵并联系统	不改变系统承压，也不增加系统阻力，管路略微复杂，若是多个蓄冷罐，需考虑水力平衡问题	与常规系统相比，须增加释冷泵； 作为系统液位最高点，起定压稳压作用； 系统定压难度较大，对水泵选型精确性要求较高，运行控制复杂（易溢流）
3	二次泵并联系统	—	与蓄冷罐串联在系统中相比，须增加二级泵； 作为系统液位最高点，起定压、稳压作用； 相对于一次泵开式系统而言，运行控制、调试相对简单

注：1. 水蓄冷系统可与原空调系统"无缝"连接，无需再额外配置蓄冷冷源或对原系统用冷水机组进行调整。
　　2. 水蓄冷系统的冷水温度与原系统的空调冷水温度相近，可直接使用，不需设额外的设备对冷水温度进行调整。

3.5　直接新风冷却

3.5.1　直接新风冷却原理

直接新风冷却，即利用室外自然环境的空气作为冷源，直接冷却数据中心的 IT 设备，提高数据中心的电能使用效率。

为了机房安全正常运行，直接新风冷却系统要求室外环境的空气质量符合机房送风标准要求，不符合时应对室外空气进行相关净化处理以符合要求。对于国内目前室外环境的空气污染比较严重的地区，简单的过滤处理不能满足要求，需要进行综合的处理才能满足，增加较大投资和运维工作，综合比较分析，目前国内适合此类冷却技术的地区比较少。

直接新风冷却在实际运行中有下述两种工作模式：

（1）全新风模式：在室外空气温度适合时，直接送入数据中心机房对服务器进行冷却；

（2）新风回风混合模式：冬季室外空气温度较低时，采用机房部分回风与室外新风混合，到达适当的送风温度，送入数据中心机房对服务器进行冷却。

3.5.2 国内外关于数据中心空气品质的标准要求

1. 国内标准

（1）对颗粒物的要求

1）国家标准《电子信息系统机房设计规范》GB 50174—2008，对机房空气含尘浓度要求如下：A 级和 B 级主机房含尘浓度，在静态条件下测试，每升空气中大于或等于 $0.5\mu m$ 的尘粒数应小于 18000 粒。

2）国家标准《计算机场地通用规范》GB/T 2887—2011，对机房空气含尘浓度要求如下：计算机机房内的含尘浓度依设备要求而定，机房内尘埃的粒径大于或等于 $0.5\mu m$ 的个数应小于或等于 1.8×10^7 粒/m^3。与 GB 50174—2008 的要求一致。

3）行业标准《通信中心机房环境条件要求》YD/T1821—2008 对机房的颗粒物要求分为三级，IDC 机房按一级标准要求执行：

一级：直径大于 $0.5\mu m$ 的灰尘粒子浓度≤350 粒/L；直径大于 $5\mu m$ 的灰尘粒子浓度≤3.0 粒/L。

二级：直径大于 $0.5\mu m$ 的灰尘粒子浓度≤3500 粒/L；直径大于 $5\mu m$ 的灰尘粒子浓度≤30 粒/L。

三级：直径大于 $0.5\mu m$ 的灰尘粒子浓度≤18000 粒/L；直径大于 $5\mu m$ 的灰尘粒子浓度≤300 粒/L。

（2）对化学物质的要求

1）上述国家标准或行业标准均未对气态污染物浓度有明确规定，仅行业标准《中小型电信机房环境要求》YD/T 1712—2007 引用参照了《电工电子产品应用环境条件 有气候防护场所固定使用》GB 4798.3—1990 的相关要求，如表 3.5-1 所示。

腐蚀性物质条件 表 3.5-1

环境参数	单位	条件（允许值）	
		平均值	最大值
二氧化硫	mg/m³	0.3	1.0
	cm³/m³	0.11	0.37
硫化氢	mg/m³	0.1	0.5
	cm/m³	0.071	0.36
氯	mg/m³	0.1	0.3
	cm³/m³	0.034	0.1
氧化氮	mg/m³	0.5	1.0
	cm³/m³	0.26	0.52

注：平均值是一周内的平均值。最大值是一周内的极限值，每天不超过 30min。

2) 《电工电子产品应用环境条件 第3部分：有气候防护场所固定使用》GB 4798.3—2007规定化学活性物质由下述6个等级组成：

3C1R：本等级适用于空气受到严格监测和控制的场所（如净化室等）；

3C1L：除3C1R包括的条件外，本等级使用于气候连续控制的场所；

3C1：除3C1L包括的条件外，本等级适用于具有低工业活动和中等交通的乡村和城市地区，冬季在城市密集地区的取暖会导致污染增加，沿海和近海地区的遮盖场所会出现盐雾；

3C2：除3C1包括的条件外，本等级使用于一般污染程度，工业活动分布于整个地区或交通繁忙的城市；

3C3：除3C2包括的条件外，本等级适用于靠近化学排放工业源的场所；

3C4：除3C3包括的条件外，本等级适用于工业生产厂内，可能出现高浓度化学污染物质。

2. 国外标准

参照美国标准《过程检测和控制系统的环境条件—大气污染物》ISA-S71.04—1985中关于环境污染严重的说明，国外标准对数据中心空气品质的要求如表3.5-2和表3.5-3所示。

环境污染等级表　　　　　　　　　　　　　　　　　　　　　　表3.5-2

应用种类	气体污染物	浓度（mm^3/m^3）			
		G1-弱	G2-中	G3-强	GX-严重
A组	H_2S	<3	<10	<50	≥50
	SO_2、SO_3	<10	<100	<300	≥300
	CL_2	<1	<2	<10	≥10
	NO_x	<50	<125	<1250	≥1250
B组	HF	<1	<2	<10	≥10
	NH_3	<500	<10000	<250000	≥250000
	O_3	<2	<25	<100	≥100

环境污染程度的分类　　　　　　　　　　　　　　　　　　　　表3.5-3

污染等级划分	铜的反应等级	内容
G1-弱	300C/月	环境得到很好的控制，在确定设备可靠性时，可不必考虑腐蚀因素
G2-中	300～1000C/月	环境腐蚀作用是可测知的，并可能是确定设备可靠性的因素之一
G3-强	1000～2000C/月	环境会引起腐蚀破坏，应对环境做进一步的评价，以确定是否对环境进行控制或引入特殊设计的密封装置
GX-严重	>2000C/月	在该环境中，只有特殊设计的密封设备才能使用，设备的规格应由用户与厂家共同协商决定

3.5.3 空气采样数据、测试方法和测试仪器

1. 测试方法

（1）固态颗粒物的测试方法

固态颗粒物测试采用激光粒子计数器检测不同粒径颗粒物在单位容积气体中粒子数（见表 3.5-4）。采用光散射激光光度计测试不同粒径颗粒物在单位容积气体中的重量。

固态颗粒物的测试方法　　　　　　　　　　　表 3.5-4

	级别	直径大于 0.5μm 的含尘浓度（粒/L）	直径大于 5μm 的含尘浓度（粒/L）	检测方法	检测精度	测试设备
粒子计数	三级	≤18000	≤300	激光粒子计数器	个	BCJ-1 型尘埃粒子计数器
		PM2.5		光散射激光光度计	0.001～150mg/m³	TSI8533

（2）气态污染物的测定方法

评价环境特性有两种方法（见表 3.5-5）：一是对采集的气态大气污染物直接测量，可直接测定不同气态污染物浓度，并根据浓度含量判定大气污染程度，决定是否采用化学过滤装置，或根据污染物气体及其浓度采取相应措施。

另一种是采用"反应监测法"，即对环境的腐蚀性进行定量监测，需至少 30 天的时间周期，无法判断主要是哪些污染气态引起的腐蚀，不能针对某种或几种化学物质设计过滤装置。

主要测定的气态污染物及其检测方法　　　　　　表 3.5-5

气体污染物	单位	3C1 级别要求		检测方法
二氧化硫	mg/m³	0.1	38ppb	甲醛吸收-副玫瑰苯胺分光光度法 HJ 482—2009
硫化氢	mg/m³	0.01	7ppb	亚甲基蓝分光光度法 GB 11742—1989
氯化氢	mg/m³	0.1	67ppb	环境空气和废气氯化氢的测定离子色谱法（暂行）HJ 549—2009
臭氧	mg/m³	0.01	5ppb	靛蓝二磺酸钠分光光度法 HJ 504—2009
NOₓ	mg/m³	0.1		盐酸萘乙二胺分光光度法 HJ 479—2009

2. 某实测数据及分析案例

结合某案例，数据分析结果如下：

（1）颗粒物测试数据及分析案例（见图 3.5-1 和图 3.5-2）

（2）气态污染物测试结果及数据分析案例（见表 3.5-6）

气态污染物测试结果　　　　　　　　　　　表 3.5-6

分析项目	检测结果（mg/m³）	ANSI/ISA71.04 标准
二氧化硫	0.35	G3
氮氧化物	0.18	G2
硫化氢	0.001L	浓度极低，达到 G1
臭氧	0.11	G2
氯化氢	0.003L	浓度极低，达到 G1

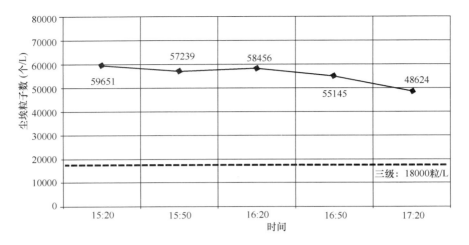

图 3.5-1   0.5μm 尘埃粒子数测试结果

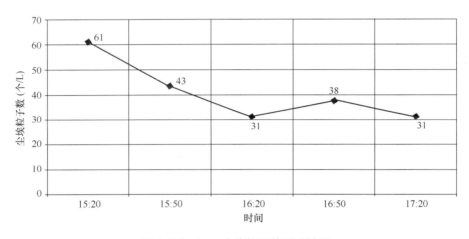

图 3.5-2   5μm 尘埃粒子数测试结果

3.5.4   新风过滤处理原则

（1）建筑形式不同，应考虑适合的进排风方式。

（2）通过气体污染物的检测与分析，常规项目应考虑颗粒物过滤，为满足机房空气含尘浓度，在静态条件下测试，按照每升空气中大于或等于 0.5μm 的尘粒数应少于 18000 粒的标准，配置相应的过滤方式。

（3）国内标准缺乏对化学污染物的相关要求，参照现行国家标准 GB 4798.3 的要求，结合美国标准 ISA－S71.04 的要求，结合实际运行机房的空气品质状况及新风系统建设经验，建议气态污染物浓度应基本满足 GB 4798.3—2007 的 3C1～C2 级别要求，并应基本符合的 ISA-71.04—1985 标准 G1～G2 级别较为适宜。

（4）针对气态污染物，可根据项目情况考虑预留对二氧化硫和其他气态污染物的过滤措施，若空气环境的气态污染物浓度超标，应根据检测数据考虑设置相关化学过滤措施。

3.6　直接膨胀式空调

3.6.1　直接膨胀式空调系统特点

直接膨胀式空调是由压缩机、冷凝器、膨胀阀、蒸发器四大部件组成的制冷循环。在机房精密空调行业，通常把采用四大件在一个系统完成制冷循环的制冷系统称为直接膨胀式精密空调系统，其特征为：（1）具有压缩机，可以是往复式、转子式、涡旋式等；（2）压缩机一般放在室内机；（3）制冷剂直接流过蒸发器换热。根据行业内常规的冷凝器形式，可划分为风冷和冷却水两种类型。

1. 风冷形式

风冷是最常规的散热形式，其特点为风流过冷凝器表面和大气直接进行热交换。户外采用风冷式冷凝器来进行散热，由于其适应性强，可安装于阳台、屋顶、户外等多种场合，因此被广泛使用。

如图 3.6-1 所示，风冷直膨系统的四大件分别为压缩机、冷凝器、膨胀阀和蒸发器，制冷剂在压缩机中通过压缩作用变成高温高压的气体，然后向相对较低温度的室外环境放热，降温降压为气液两相状态，经过膨胀阀节流为较低温的全液体状态再进入蒸发器，从温度较高的室内环境吸收热量，之后气化为气相状态进入压缩机压缩，形成一个完整的循环。

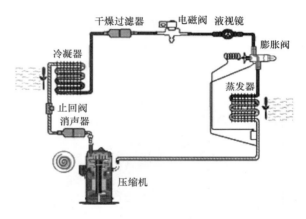

图 3.6-1　风冷直膨精密空调原理图

风冷系统正常运行的要点是需要保持蒸发器和冷凝器的换热通畅，若室外机散热不良，则容易发生高压告警，从而导致系统停机保护；若室内侧过滤网发生脏堵，会引起低压报警，严重时会引起蒸发器结冰、系统停机。但是其系统简单，维修难度低，因此，良好的维修保养很容易保证系统长期稳定运行。

2. 冷却水形式

传统大型数据中心由于机房规模较大，室外机数量过多，如果在合适的落差和管道长度范围内没有充足的安装空间，则只能采用水冷式冷凝器代替风冷冷凝器进行散热，因此冷却水方案是对风冷形式的有力补充。机房精密空调常用的水冷冷凝器形式为板式换热器和壳管式换热器两种，前者由于体积小可以内置在精密空调之内，从而减小占地面积。在户外侧通常采用冷却塔进行散热，工作水温通常为30℃/35℃、32℃/37℃。图 3.6-2 所示为冷却水系统原理图。

冷却塔通常有闭式和开式两种。闭式冷却塔是将管式换热器置于塔内，通过流通的空气、喷淋水与循环水的热交换保证降温效果。由于是闭式循环，其能够保证水质不受污染，很好地保护了主设备的高效运行，提高了使用寿命。开式冷却塔的管式换热器直接和

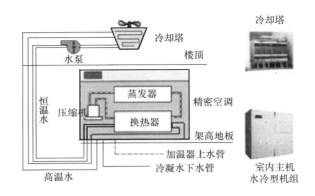

图 3.6-2　冷却水系统原理图

空气换热，换热效率高，但空气中的灰尘会直接进入系统，脏堵速度较快，维护工作量大。但是闭式冷却塔的造价通常是开式的 3～5 倍，因此工程上也有采用"开式塔＋大板换"的方案来保证室内机系统的洁净，但室外部分的清理及维护工作量会大很多。另外在欧洲，大部分人认为开式冷却塔会滋生细菌，污染环境，因此大部分水系统都会选择闭式冷却塔，如图 3.6-3 所示。

图 3.6-3　某数据中心闭式冷却塔安装实景

冷却水系统作为风冷直膨式系统的补充形式，也具有一些独特的优势，如夏季温度高时，风冷直膨式系统的能效会下降，而蒸发式的冷却水系统只要冷却塔选型足够大，就不存在这个问题。因此，目前有部分数据中心做节能改造会将多个风冷冷凝器改为集中的冷却塔方案。

3. 制冷剂

制冷剂又称为"冷媒"，是直膨式系统必需的冷量传递载体，可以通过相变的形式进行吸收和放出热量，完成制冷循环。基于此特殊的需求，制冷剂需具有优良的热力学特性：有较高的传热系数、较低的黏度和密度等物理特性，高温下良好的化学稳定性，无毒、无刺激性、无燃烧性与无爆炸性，并且要经济性好、容易获得，同时应具有环保性。基于以上需求，传统使用较多的是卤代烃类，特别是氢氟烃。目前，市场上已有七八十种制冷剂工质，并且数目在技术进步的同时还在不断增长。

数据中心直膨式空调系统使用的制冷剂主要有 R22、R407C、R134A、R410A 这四种。其中 R22 使用最多，成本最低，但是由于其臭氧破坏系数（Ozone Depletion Potential，ODP）和温室效应系数（Global Warming Potential，GWP）都较差，根据《蒙特利尔破坏臭氧层物质管制议定书》，全球都将逐步淘汰该类制冷剂，因此，现有的空调设备都应积极开始使用替代类环保制冷剂。R407C 是一种混合工质制冷剂，用来代替 R22，其各方面性质都和 R22 相似，但换热性能稍差，因此使用 R407C 的机组冷凝器都需要增大换热量。同时，由于 R407C 的特点，若泄漏后其组分会发生改变，从而影响性能，必须全部放空后重新添加，因此维修使用成本较高，也不是一种好的替代型制冷剂。R134A 是一种中低温制冷剂，臭氧破坏指数为 0，但其水溶性较高，对系统的干燥性要求较高，也不适合大面积使用。目前看数据中心空调系统最合适的制冷剂是 R410A，环保性能好，工作压力是 R22 的 1.6 倍，效率高，性质稳定，无毒，是目前为止国际公认的替代 R22 最合适的冷媒，已在欧美、日本等国家大面积使用。因此，我国的数据中心直膨式空调系统冷媒也应该向 R410A 转型。

3.6.2　直接膨胀式空调的应用情况

从 20 世纪 90 年代开始，随着电信和金融信息化的发展，这两个行业的数据中心率先开始建设。当时的机房 IT 规模较小，建设经验也不足，因此几乎全部采用分冷式空调系统，空调设备采用的都是进口风冷直膨式精密空调。至今在某些电信运营商和金融的老机房中，还可以看到这批服役超过 20 年的直膨式精密空调依然在正常工作，如图 3.6-4 所示。

图 3.6-4　广东某银行使用的超过 23 年的进口风冷精密空调

2010 年以来，国内涌现出很多大型数据中心，规模越来越大，几万平方米、甚至十几万平方米的数据中心越来越多，大型数据中心采用水冷式集中空调系统比较多，其末端一般采用冷冻水机房空调机组。

2012 年以前，在我国的数据中心建设中，还没有大规模独立机楼的概念，数据中心多以小规模为主，而这些数据中心绝大多数还依然在运行，目前直膨式空调设备在我国数据中心占有很大比例。根据空调设备厂商销售调查，数据中心涉及行业范围广，各行业占比见表 3.6-1。政府、电信、金融是数据中心主要部门。

我国精密空调分行业销售结构

表 3.6-1

行业	销售额（亿元）	比例
金融	5.83	21.6%
电信	6.24	23.1%
邮政	1.00	3.7%
政府	4.08	15.1%
教育	1.13	4.2%
制造	3.38	12.5%
交通	1.89	7.0%
能源	1.40	5.2%
其他	2.05	7.6%
总计	27.01	100%

按照行业来看，由于历史原因及可靠性的需求，金融、政府、教育、交通等行业的绝大部分老机房都采用了风冷直膨式精密空调系统，电信等其他行业根据自身业务特性出发，方案选择面更全面一些。从表 3.6-1 中可以看出，这些行业在精密空调市场也占据主导地位，部分数据中心依然采用的是直膨式精密空调系统。如图 3.6-5 所示，某运营商机房建设初期就考虑了大规模安装风冷冷凝器的位置。

图 3.6-5　某运营商数据机房设计了风冷冷凝器专用阳台

由此可见，直接膨胀式精密空调在我国数据中心行业覆盖面非常大，应用面非常广，这就带来一个非常严峻的问题，数据中心生命周期为 30～50 年，而精密空调系统寿命一般在 10 年，那么这些在线运营的数据中心的直膨式精密空调系统，在需要更换升级时受制于 IT 连续运行要求和现场条件，也只能更换为直膨式空调。这些大量的应用，需要更加节能、更加环保的直膨式空调方案去保障后期的升级换代。因此，非常有必要对直接膨胀式精密空调进行更为深入的研究。

3.6.3　直接膨胀式空调系统的优缺点

作为数据中心行业应用最广、最主流的机房空调形式，直接膨胀式精密空调的优缺点都非常鲜明。

1. 直膨式系统的优势

在系统架构方面，直接膨胀式系统颗粒度小，完全模块化，室内机和冷凝器一对一安装，系统架构可靠性非常高。另外，风冷冷凝器不需要使用大规模水源，无需考虑日益紧张的用水资源问题；工程安装中，风冷冷凝器重量轻，可安装于上人屋面的楼顶，承重问题易解决。只需注意室外机散热间距和管长、落差控制在一定范围，并保证铜管焊接、抽真空的工艺质量，即可得到较好的工程效果，工程较为标准化、可控化；在产品品质方面，产品结构多年来没有变化，生产工艺及体系也日臻成熟，因此产品品质也可以在较高的技术、部件品牌要求下得到较好的保障；在运维服务方面，各个大的品牌厂商都可提供包备品备件进行维修保养的全包维保服务，同时维修难度较低，维修简单易行，可实现定量化快速维保。

综合下来，直接膨胀式精密空调的优势主要为系统颗粒度低、不需要考虑水源问题、系统可靠性高、场地适应性强、维护工作量低、运维人员成本低等。

2. 直膨式系统的缺点

直接膨胀式系统由于从诞生起目标就是保证服务器在最佳的环境温度下运行，以保证业务的连续性和稳定性，这一目标由于服务器价格的高昂和人们的保守一直未进行过变化。因此，直膨式精密空调系统架构没有做过调整，其发展几乎没有大的变化，这也是造成其技术停滞不前的重要原因。其缺陷主要集中在以下几个方面：

（1）制冷能效较低。1964 年以来，直膨式精密空调一直按照较低的回风温度和送风温度设计，因此其蒸发压力不高，机组的制冷量制冷都无法得到提升。而冷冻水系统通过调节冷水温度，可实现提高冷机蒸发温度从而提高冷机能效比，进而大幅度优化制冷系统能效比。从能效方面，目前标准的风冷直膨式系统能效比在回风 24℃状态下仅能达到 3.0 左右，且回风温度超过 27℃运行即可能面临高压报警风险，无法进行提升和优化。这也是目前制约其提高能效的主要方面。

（2）显热比低。常规的直膨式空调由于蒸发压力低于房间露点温度，在目前的风量标准下，显热比只能达到 0.85～0.9，因此就有 10%～15%的冷量一直在被除湿消耗。几十年前，服务器成本非常高，IBM 的小型机价格在数百万美元，如何保证其安全、正常的工作是首要考虑的，机房建设者根本不会考虑空调如何去省电，因此机房空调的运行逻辑是保持机房较低的温度（回风不超过 24℃），冷量富裕至少 20%。除湿自然进行的同时，为了保证机房湿度稳定，还需要开电加热、电加湿来保持机房温度、湿度恒定。老版本的 GB 50174—2008 中的要求"A 级机房温度 23±1℃"就是符合这一"以服务器安全为第一出发点"的策略。而实际上，密闭的机房环境中，除了极少的新风和门窗漏湿，机房的加热加湿需求基本上都是由空调本身除湿造成的。传统设计中，无谓的加热加湿采用的都是一级能源—电能，因此其损耗非常大，甚至远远超过制冷系统的能耗。受其影响，能效比为 3.0 的直膨式精密空调有可能实际使用只能达到 1.5 甚至更低。显热比低及无序的电加热、电加湿是降低直膨式精密空调实际能效的"元凶"。

（3）无法适应变化的 IT 负荷。由于机房的 IT 负荷是随着业务需求计算量而变化的，同时机房的 IT 设备也往往是随着运行时间而逐步增加的，这就造成在绝大部分时间内，机房的实际热负荷都是小于额定 IT 发热量（见图 3.6-6）。而传统的直接膨胀式精密空调系统，采用定冷量压缩机，一旦开启即是 100%制冷，无法精确匹配机房的 IT 发热需求，从而造成能量的浪费。

图 3.6-6　某数据中心变化 IT 负载 CFD 仿真

（4）管道允许范围较短。风冷直膨式精密空调的冷媒铜管道可达到 120m，落差可达到 40m（室外机高于室内机）或—10m（室外机低于室内机）。在某些实际工程项目中，长度不足以满足工程现场安装条件，受限于此，不得不采用水系统来满足较长的管路要求。通常可以采用冷却水系统或冷冻水系统来解决此问题。近年来，市场已出现可利用氟泵来扩展正负落差的技术，可将其范围扩展到正负落差 40m，极大地拓展了风冷直膨式系统的应用范围。

（5）室外机热岛效应。大规模采用风冷冷凝器时，由于传统冷凝器设计的结构为下进风、上出风，多台室外机集群安装时，容易造成中间部分室外机无法得到足够的冷风换热，从而出现高压报警。因此，各个厂家都规定了室外机的安装间距（见图3.6-7），间接扩大了室外机的占地面积，这也限制了风冷系统的大规模应用。

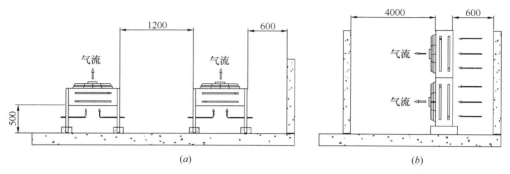

图 3.6-7　标准的风冷冷凝器安装间距要求
（a）直立式安装；（b）横放式安装

图 3.6-8 是某数据中心大规模集群化使用风冷冷凝器的现场照片，需特别考虑采用工程架高、增大间距等方法来解决室外热岛问题。另外，可采用 CFD 仿真等方法优化室外机的安装位置。

图 3.6-8　某数据中心室外机集群安装现场

3.6.4　直接膨胀式空调的发展方向

尽管直膨式精密空调的缺陷十分明显，但由于其可靠、灵活、适应性强，维护简单方便，因此还有很广泛的需求。针对其缺陷，做相应的优化，是直膨式空调发展的正确方向。为了满足目前空调系统最大化节能的目的，直膨式系统应从以下 5 个方面做优化和升级：

1. 提高显热比

理论上，机房的密封等级是较高的，除掉新风、门窗缝隙及工作人员带来的湿度扰动以外，应该是不存在大量的除湿和加湿需求的。冷冻水系统节能的策略之一就是利用控制

100％显热，没有冷量用于除湿，同时不配置加湿或能耗非常低的独立湿膜加湿器，放宽湿度控制范围，从而实现节能。因此，直膨式空调发展的方向之一就是提高蒸发温度，在无除湿需求时控制机组达到 100％显热状态。传统的定冷量压缩机设计的循环压力都不高，如果贸然提高回风温度，可能引起机组循环压力过高从而出现高压报警。因此必须采用新型的针对更大范围运行的高蒸发温度压缩机及全新的"两器"设计才能满足这一需求。

2. 减少室外占地面积

目前风冷冷凝器方案相比冷却塔散热方案的户外占地面积大很多，几乎为 3～5 倍，这是由于聚集性热岛效应限制，风冷冷凝器必须留出足够的间隔距离，因此其占地面积特别大，现场往往无法满足安装面积要求。

Liebert 公司针对这一情况，创新性地设计了 VCC 多样化集中式冷凝器方案，通过改变整体结构和进风气流组织路径，大幅降低了冷凝器本身的占地面积和冷凝器间距要求，可实现 1000kW 换热量的室外机完全并装而不出现局部热岛效应（见图 3.6-9）。据计算，4000kW 的 IT 负荷规模数据中心的室外机占地面积仅需 260m²，远远低于传统冷凝器的 1600m² 的占地需求，甚至低于冷冻水系统 350m² 的占地需求。该方案大大增强了直膨式空调的应用灵活性和适应性，使得该方案的室外占地面积问题得到极大的改善。

图 3.6-9　10000kW 数据中心采用 VCC 冷凝器的 CFD 仿真效果

图 3.6-10 是某数据中心采用该集中式冷凝器的实际安装效果，现场运行良好，解决

图 3.6-10　某数据中心采用 VCC 集中式冷凝器

了传统风冷冷凝器无足够安装空间的问题，使得室外机得以就近安装，不但节省了工程费用，还提高了系统效率，减少了长连管带来的各种问题。

3. 提高送风温度

提高送风温度，一方面可以减少压缩机的做功，提高制冷效率；另一方面可以提高机房运行环境温度，从而更长时间的利用室外自然冷源。二十多年前国家标准 GB 50174 制定时，当时的服务器还不能在较高的温度下稳定运行，但基于摩尔定律，每三年 IT 设备就会发生一次巨大的变化，现在的服务器经过广泛的实践证明，已可以在高达 27℃进风的条件下长期稳定安全运行，因此提高空调系统送风温度成为可行而且必要的节能策略。冷冻水系统节能的原因之一就是采用较高的水温和送风温度，目前较常使用的冷冻水运行水温是 12℃/18℃，送风温度 20℃，从而实现大幅节能。随着新国家标准 GB 50174—2017 对冷通道温度的进一步放宽，允许冷通道温度为 18～27℃（见表 3.6-2），水温限制最高不超过 17℃折合机组送风温度在 25℃右，数据中心的空调方案必然会进入到高送风温度控制时代。

GB 51074—2017 中对机房温湿度要求的调整

表 3.6-2

冷通道或机柜进风区域的温度 （推荐值）	18～27℃	不得结露
冷通道或机柜进风区域的相对湿度 和露点温度（推荐值）	露点温度 5.5～15℃， 同时相对湿度不大于 60%	
冷通道或机柜进风区域的温度 （允许值）	15～32℃	当电子信息设备对环境温度和相 对湿度可以放宽要求时采用此参数
冷通道或机柜进风区域 的相对湿度	相对湿度 20%～80%， 同时露点温度不大于 17℃	

直膨式系统要达到同样的节能效果，意味着要把目前 12℃左右的送风温度升高到 25℃，对压缩机系统来说意味着革命性的变化。目前经过大量的市场研究发现，新型的永磁同步直流变频涡旋压缩机可以达到这样的要求，通过调节压缩机运转频率，可以控制压缩机送风温度达到 30℃以上稳定运行，从而实现更好的节能效果。

4. 变冷量满足 IT 负荷变化

机房的 IT 负荷是随着建设时间而逐渐增大的，也随着计算量不同而实时变化，因此空调系统要节能就必须能够实时调节。冷冻水系统节能的另一个重要原因就是冷水主机可分级或变频调节，末端空调早已全面采用变风速的 EC 风机，水泵和冷却塔也都可以选择变频产品，所以冷冻水系统在某种程度上已经具有一定程度上随 IT 变化而粗放调节的能力。但也应该看到，由于系统集中度高，而末端机房中的 IT 负荷变化多样，集中式的系统不能灵活地根据某一个特定的服务器或某一个特定的机房而调节，其调节是更为均衡的全局调节，这必然不能使得每一个数据机房达到最佳的调节效果。直膨式系统由于是分散性系统，颗粒度小，如果能够采用全变频的系统，配合智能的控制调度系统，必然能够达到较为精细的冷量调节，从而使得各个机房都达到最佳的制冷效果。

5. 利用室外自然冷

利用室外自然冷一直是空调方案研究的重点，随着新国家标准 GB 50174—2017 对冷通道温度的限制变宽，意味着机房内环境温度的升高，从而意味着在更高的室外温度下即可以开始利用自然冷。直膨式空调系统可以采用一对一结构的一次冷媒循环系统，也可以采用一对多结构的二次冷媒循环系统，从而达到利用自然冷的效果。但是同样需要注意的问题是若采用风冷系统，集中热岛效应必须注意，否则会造成利用室外自然冷的效果下降。利用自然冷的场地周围整体环境应通风良好，远离其他发热源区域，否则利用自然冷的效果会大打折扣。

6. 直接膨胀式空调新技术、新产品

随着时代的发展、技术的进步，各个品牌厂家的不断研发投入，目前直膨式精密空调在技术上也有了许多创新的解决方案，都可以达到比较好的节能效果，以下是几种当前主流的节能技术：

（1）氟泵双循环技术

氟泵双循环技术是在传统直膨式精密空调中增加一套独立的氟泵循环系统，通过切换泵和压缩机前的阀门，控制其系统运行的模式，从而在不同状态下达到利用自然冷节能的效果。目前在我国已有广泛的应用。

如图 3.6-11 所示，氟泵双循环技术具备三种运行模式。首先是压缩机模式，当室外干球温度高于 20℃时（基于室内回风 24℃），此时氟泵不开启，采用压缩机制冷；其次是混合模式，当室外干球温度介于 10℃和 20℃之间时，压缩机和氟泵串联运行，通过泵的增压作用提高冷凝器压力和温度，从而增大和室外的换热温差，间接升高部分蒸发压力，降低压缩机功率，从而实现增大制冷量、减小压缩机功率的目的，达到部分利用自然冷的效果；第三是泵运行模式，当室外干球温度低于 10℃时，泵运行可以达到比较大的制冷量，此时可以关闭压缩机，仅靠泵运行来满足机房制冷需求。需要注意的是，由于负荷不同，实际运行时可能会不断地进行切换，双压缩机系统也可能两套系统运行在不同模式下。

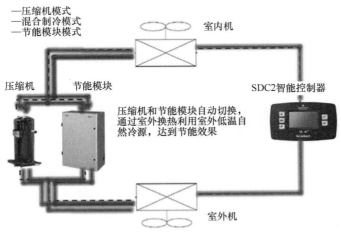

图 3.6-11　智能氟泵双循环技术原理图

该技术巧妙地利用了小功率的变频氟泵运行代替了压缩机运行，从而实现了节能的目的。目前行业标准将该技术分为 A、B、C 三级，其中 A 级在 24℃回风下 *AEER* 可达到 7以上，意味着在气流组织、显热比、室外热岛效应问题解决得较好的前提下，在北京地区全年平均空调制冷因子 CLF 可达 0.2 以下。特别值得注意的是，由于系统仅采用制冷剂运行，冰点在－80℃，因此该方案在我国北方地区不用特别考虑防冻问题，全自动运行，冬季无需人员室外检修，尤其适合我国北方地区。

（2）动态双冷源技术

动态双冷源系统类似于氟泵技术，其不同之处在于第二套循环介质为水，外面采用闭式冷却塔或板式换热器＋开式冷却塔，内部有经济盘管、蒸发器和板式换热器，通过三通阀调节水进入不同的部件，组成不同的模式进行制冷。系统原理如图 3.6-12 所示。

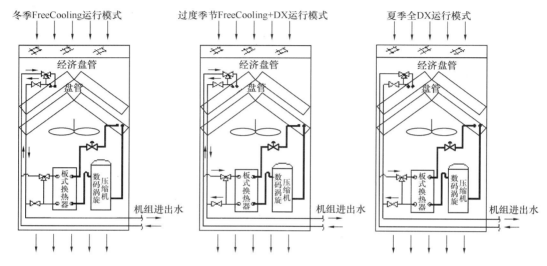

图 3.6-12 动态双冷源系统原理图

动态双冷源技术同样具有三种模式，不同于氟泵双循环技术之处在于其是根据冷却塔冷却供水温度而切换运行模式的，冷却塔的降温效果和当地的湿球温度、相对湿度有关。当空气较为干燥时，空气的干球温度和湿球温度相差可能达到 7℃以上。因此从理论上看，越干燥的地方采用此方案的节能效果越好。

三种模式中，首先是冷却水模式，当水温高于 22℃时（室内回风 24℃），经济盘管被旁通，水直接进入板式换器换热器和压缩机循环换热；其次是混合节能模式，当水温介于22℃和 14℃之间时，冷水先进入经济盘管换热，温升之后再进入板式换热器和压缩机系统换热，这就要求压缩机必须采用变冷量压缩机，根据水温不同调节其输出，从而实现最大化节能；第三是经济模式，水温低于 14℃时，冷水仅经过经济盘管即可满足制冷需求，此时压缩机不开，系统变成冷却塔直供的冷冻水系统。该方案相比离心机系统来说，优势在于系统颗粒度小，可根据水温实时调节，自然冷利用时间非常长，因此具有较好的节能效果。但应注意的是，在北方地区需考虑系统防冻，如加入乙二醇会导致系统效率下降。另外，因为水会直接进入末端系统，其系统过滤、工程质量要求较高，相较于分散式氟泵双循环系统各有利弊。

（3）全变频空调技术

针对直膨式空调系统显热比低、不能变冷量调节、送风温度低等问题，Liebert 公司创造性地研发了最新的 PEX4.0 全变频空调系统，并于 2017 年推向市场。该方案主要采用了永磁同步直流变频压缩机、电子可调膨胀阀、室内 EC 变频风机、室外 EC 变频风机设计，打造了全变频制冷系统。其在较低的 24℃ 回风状态下即可通过调节运转频率达到 100% 显热状态。在室内 20.8℃ 送风温度，室外 35℃ 条件下，该机组在国家认可标准焓差实验室中测试性能如图 3.6-13 所示。

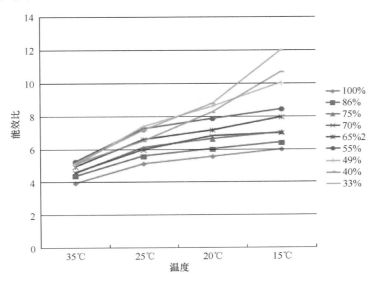

图 3.6-13 PEX4.0 全变频空调不同 IT 负荷和室外温度下能效比矩阵

由于该机组的压缩机可在 1800~7200r/min 之间调节转速，具有非常大范围的调节能力，因此适应性特别广泛。尤其在机房初期负载较低的情况下，从图 3.6-13 可以看到，机组的制冷能效比更高。而且机组正常运行下亦可通过调节转速进入除湿模式，相较于冷冻水系统依然保留了可控制湿度的能力。根据测试结果，该方案在广东地区即可达到全年 *AEER* 接近 6 的水平，而且没有显热比的干扰，真正可实现广东地区年均机房 *PUE* 低于 1.3 的目标。

该方案完全模块化，既具有风冷系统高可靠、高灵活的特点，又改善了能效低、显热比低等制约传统直膨式系统的问题，配合集中式冷凝器的设计，也可解决占地面积问题，因此是一种非常优良的颠覆性解决方案。

在 GB 50174—2017 的新的冷通道推荐温度下，远端空调送风温度只要不高于 24℃，即可保证冷通道温度不高于 27℃。因此全变频 PEX4.0 系统可继续提高送风温度，在更高的温度下，节能效果将更加理想。基于高送风温度设计的机组，需要压缩机具有更大的压力运行范围、更强的蒸发器换热能力、更优的软件变频调节能力、更强的适应负荷变化的控制逻辑，缺一不可。

（4）全变频氟泵空调技术

在全变频技术的基础上叠加可利用室外自然冷的氟泵技术，是目前可以看到的直膨式空调系统的最优技术，不但具有全变频系统的各项优势，同时具有大幅利用自然冷的全泵运行模式，二者的结合，必将系统节能推向新的高度。

但是，该技术的实现难度也更高。机组可能具有双压缩机双变频模式、双泵模式、双混合模式、单压缩机＋单混合模式、单压缩机＋单泵模式、单压缩机＋单系统停机、单泵

＋单压缩机停机、单混合模式＋单压缩机停机八种模式，不但要求对整个系统能够在各种状态间切换，还要求对各个状态下如何实现最优节能有了更高的逻辑上的要求。而且如果考虑机房整体多台机组包括备用机也参与到节能群控模式中来，逻辑就更加复杂。其技术难度在控制方面是非常具有挑战性的。但是，该系统在节能方面必将达到一个新的高度。

（5）直接膨胀式空调技术总结

直膨式精密空调系统已有五十余年的发展历史，但是在漫长的时间内，一直没有大的技术革新。

随着 IT 技术的不断发展，IT 成本的不断下降，数据中心的关注点也从保障 IT 设备在最佳环境下运行转向了最大化节能，因此也必然要求空调系统进行转型升级。冷冻水系统由于较宽泛的运行温度而率先被人们所接受和掌握，但其节能的本质在于提高送风温度、全显热比减少电加热电加湿功耗、变冷量适应 IT 变化。如果直接膨胀式系统能够达到同样的目的，那么，也必然能够实现更高的节能效果。

环保节水，也成为目前国际关心的技术指标，WUE 的概念也逐步被我国政府和专业人士所接受，GB 50174—2017 中也对数据中心用水做了多项具体的规定，要求在建设方案选型时首先考虑是否有充足、安全、可持续的水源。在未来水资源日益紧张的局势下，风冷直膨式精密空调的市场地位将会有极大的提升。

综合来看，直接膨胀式恒温恒湿精密空调系统还有很大的发展空间，其模块化、可靠的特点依然具有很强的竞争力，在数据中心行业，这种方案还将具有广泛的应用价值。

第4章　数据中心冷却新型设备

4.1　新型冷机篇

数据中心空调系统是一种工艺性空调，主要作用是保证其内部的 IT 设备的高效可靠运行。与传统建筑的舒适性空调系统相比，数据中心热湿环境需求的特点及对制冷系统的要求主要体现在以下几个方面：

（1）全年连续运行：对冷却系统及部件的可靠性和长寿命要求高，特别是具有在极端条件下掉电自启和快速启动功能。

（2）冷负荷大，全年需要制冷：数据中心内的电耗密度高达 $300\sim1500\text{W/m}^2$，互联网数据中心甚至可达 3000W/m^2，而通过围护结构和新风所引起的冷负荷占比很小。因此即使在冬季室外温度很低时，数据中心仍然需要向外部散热。另一方面，由于数据中心 IT 设备使用率随时间变化，数据中心的冷负荷也有很大的变化，低环境温度、低负荷下能保持高效稳定运行，也是对数据中心冷却系统的挑战。

（3）湿负荷小：数据中心内部的 IT 设备一般不吸湿也不产湿，而且对新风需求少（仅满足 IT 设备及辅助设备的工艺需求即可），室外新风所导致的湿负荷也很小。

针对数据中心热湿环境控制的需求，冷水机组通过提高蒸发温度（高温冷水机组）、降低冷凝温度（蒸发式冷凝）、提高部分负荷性能（压缩机变频控制）、提高压缩机性能（小压比高速压缩机、磁悬浮技术）以及自然冷源利用（双冷源系统）等技术手段，提升了冷水机组的性能，降低数据中心冷却的能耗，降低了数据中心的 PUE，达到节能的目的。上述新技术中一项或者多项集成应用于冷水机组中，形成新型高效数据中心冷却用冷水机组。

4.1.1　高温冷水机组

数据中心湿负荷小（部分湿负荷可以采用温湿度独立处理方式加以解决），为高温冷水机组的应用提供了便利条件。使用高温冷源来排除显热负荷的系统，可以在避免常规空调系统中低温冷源处理高温空气所带来的高品位冷源的损失，且由于机房中温度、湿度采取分别独立控制系统，可以满足房间热湿比不断变化的要求，可以避免常规空调中湿度过高（或过低）的现象，也避免了因为湿度过高不得不降低室温的冷量损失。

其中常规冷水机组，出水温度 7℃；高温冷水机组，出水温度 12～20℃（蒸发温度高，压缩比小）；低温冷水机组，一般指机组出水温度低于或等于 5℃。高温冷水机组可以提高蒸气压缩制冷循环的蒸发温度，从而提高制冷能效比，如表 4.1-1 和图 4.1-1 所示。高温冷水机组的冷量覆盖范围 300～1300RT，满负荷 COP 达 9.50，综合部分负荷 NPLV 达到 16.25。

两种典型工况冷水机组性能 表 4.1-1

参数	制冷量（kW）	输入功率（kW）	COP	蒸发温度（℃）
7℃出水	3963	683	5.78	5
16℃出水	4088	638	6.4	14
变化率	3.20%	−6.60%	10.70%	

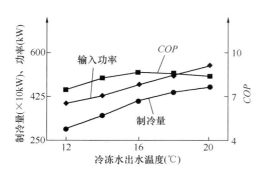

图 4.1-1　冷水机组随冷冻水出水温度
性能变化

高温冷水机组主要采用如下设计：

（1）"小压比"设计离心压缩机：与传统中央空调冷冻出水温度 7℃兼具制冷、除湿功能不同，数据中心用空调系统主要处理显热负荷，一般可提升冷冻出水温度至 12～18℃，通过增大送风量、提升送风温度减少不必要的除湿，从而带来冷水机组主机效率的提升。工作在此种工况下压缩机吸气温度升高、吸气流量增大易造成流道阻塞、效率衰减，因而简单地将传统舒适性空调提高冷冻水温设置，并不能充分利用出水温度提升带来的增效潜力，如表 4.1-2 所示。

两种典型工况压缩机设计点对比 表 4.1-2

参数	吸气温度	吸气压力	吸气容积	压比
7℃出水	5℃	345kPa	17.1kg/m³	2.72
14℃出水	12℃	443kPa	21.6kg/m³	2.11

如图 4.1-2 所示，专为 12～18℃中温出水工况设计的"小压比"离心式制冷压缩机，通过气动设计的针对性优化，贴合实际运行工况需求，叶轮效率高达 95%。

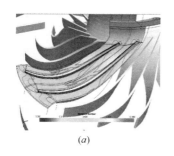 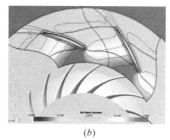 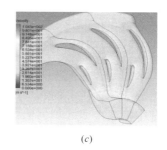

（a）　　　　　　　　　　　（b）　　　　　　　　　　　（c）

图 4.1-2　"小压比"离心式压缩机
（a）叶轮内部流场仿真；（b）低稠度叶片扩压器流场仿真；（c）串列回流器流场仿真

（2）低冷却水温运行：传统离心机组在低能头运行工况下，机组效率低、功耗大，润滑油、电机、变频器部分发热量大，需要保持一定的冷却进水温度维持系统高低压差，以提供足够的冷却系统流量，在冬季与过渡季节低环境温度下影响机组运行可靠性，不能满足数据中心全年不间断运行的需求。冷却水温降低时，制冷循环的变化如图 4.1-3 所示。制冷机组性能随冷却水温度变化如图 4.1-4 所示。

高效永磁同步变频离心机组通过永磁同步电机、四象限变频器、"小压比"压缩机设计技术的采用，在低压比工况下系统效率高、耗功少，电机、轴承、变频器发热量小，冷却系统在低能头下也满足流量需求，理论上可实现 12℃冷冻出水、12℃冷却进水的"零温差"运行。

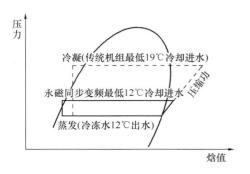

图 4.1-3　低冷却水温制冷循环

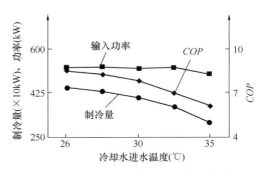

图 4.1-4　冷水机组冷却水温性能变化趋势

典型高温冷水机组的性能如表 4.1-3（冷却水进水温度 30℃）和表 4.1-4（冷却水进水温度 32℃）所示。

高温冷水机组性能参数　　　　　　　　　　　　　　　　　　　　表 4.1-3

制冷量	RT	300	350	400	450	500	550	600	650	700
	kW	1055	1231	1406	1582	1758	1934	2110	2285	2461
输入功率	kW	119	141	163	175	196	216	225	242	263
COP	—	8.87	8.73	8.63	9.04	8.97	8.95	9.38	9.44	9.36
NPLV	—	15.16	14.93	14.75	15.46	15.34	15.31	16.04	16.14	16.00
制冷量	RT	750	800	850	900	950	1000	1100	1200	1300
	kW	2637	2813	2989	3164	3340	3516	3868	4219	4571
输入功率	kW	277	293	318	334	354	374	407	446	487
COP	—	9.52	9.60	9.40	9.47	9.44	9.40	9.50	9.46	9.39
NPLV	—	16.28	16.42	16.07	16.20	16.13	16.08	16.25	16.18	16.06

注：以上选型适用于冷冻水出水温度 16℃，冷却水进水温度 30℃。

高温冷水机组性能参数　　　　　　　　　　　　　　　　　　　　表 4.1-4

制冷量	RT	300	350	400	450	500	550	600	650	700
	kW	1055	1231	1406	1582	1758	1934	2110	2285	2461
输入功率	kW	127	150	173	186	208	230	239	258	280
COP	—	8.31	8.21	8.13	8.51	8.45	8.41	8.83	8.86	8.79
NPLV	—	14.21	14.04	13.9	14.55	14.45	14.38	15.1	15.15	15.03

制冷量	RT	750	800	850	900	950	1000	1100	1200	1300
	kW	2637	2813	2989	3164	3340	3516	3868	4219	4571
输入功率	kW	295	312	338	355	377	398	433	475	518
COP	—	8.94	9.02	8.84	8.91	8.86	8.83	8.93	8.88	8.82
$NPLV$	—	15.29	15.42	15.12	15.24	15.15	15.1	15.27	15.18	15.08

注：以上选型适用于冷冻水出水温度 16℃，冷却水进水温度 32℃。

4.1.2 变频冷水机组

数据中心中机房内服务器的运行负荷并不稳定，所以需要引入变频技术来实现空调机组的节能目的。随着电子技术的不断发展，逆变器的实际尺寸越来越小，制造的可靠性和控制的优势不断增强。并且在冷水机组中特别是离心式冷水机组的应用已经得到了广泛的认可。

1. 高压变频技术

近几年大冷量中高压机组的年能耗更高，却一直没有一种既简单又经济有效的节能措施和设备来帮助降低能耗。现在，正式出现高经济性、高节能性中高电压大冷量变频离心式冷水机组，实现变频化的同时，也为大冷量中高压机组用户提供了最佳的节能解决方案。

空调高压变频调速系统采用直接"高—高"变换形式，为单元串联多电平拓扑结构，其谐波指标直接满足 IEEE 519—1992 的谐波抑制标准，输入功率因数高，不必采用输入谐波滤波器和功率因数补偿装置；输出波形质量好，不存在谐波引起的电机附加发热和转矩脉动、噪声、输出 dv/dt、共模电压等问题，不必加输出滤波器。

以离心机组控制逻辑为主，在满足机组安全稳定运行的同时，尽量降低机组运行功率，减少能耗，同时还可帮助机组进行快速启动，满足多种运行场合的需要。

2. 低压变频技术

离心式压缩机是一种固定压头、变流量的压缩机。单级离心式压缩机靠电机通过增速齿轮带动叶轮高速旋转，叶轮高速旋转产生的离心力提升制冷剂气体的速度，然后通过扩压室，完成由动能向压力能的转化。压缩机的最大压头由压缩机叶轮的最大线速度决定。离心式压缩机的部分负荷调节可以通过进口导流叶片或者改变压缩机的转速来实现。

（1）导流叶片控制：固定转速的离心机通过导流叶片的作用可以使压缩机在最大压力下任意点运行。当压缩机在系统低负荷运行时，导流叶片开始关闭，使机组稳定运行，平稳下载到较小的负载。直到导流叶片完全关闭，机组发生喘振，这时的负荷就是机组允许的最小负荷。

（2）速度控制：一般对于空调系统来讲，由于室外温度变低，使系统的冷负荷下降的情况占空调全年运行的比例非常大，ARI 中对这种情况也有说明，并规定了用 $NPLV/IPLV$ 来衡量机组的整体性能。当机组运行在这种工况时，由于室外温度的降低，机组的冷却水温也会相应降低，再加上负载下降后，机组的压头会有很大下降。这时，可以采用另一种控制离心式压缩机部分负荷的方法：控制转速。通过变速控制，将压缩机的转速降低，不但能使机组稳定运行于部分负荷，更能大大降低功耗。

3. 高压变频和低压变频相结合

变频离心机组的控制必须结合以上两种部分负荷的控制方式，将变频控制与导流叶片控制有机结合，共同控制压缩机，既能使机组有较大的运行范围，又可以达到很好的节能目的。这种结合控制的控制逻辑是：一般在 70% 到 100% 负荷的范围内，机组保持导流叶片全开，通过变频来控制机组下载；当负荷低于 70%，导流叶片开始关闭，当负荷低于 50% 时，为避免出现喘振，适当增加压缩机转速。这样可以最大限度地加大机组的运行范围。

4. 变频离心式冷水机组

如图 4.1-5 所示的永磁同步离心式冷水机组，突破传统交流三相异步电机外置交流变频驱动器的形式，创新性地将大功率永磁同步电机与四象限变频器应用于离心式冷水机组，大幅提升机组部分负荷性能，实现满负荷与部分负荷性能"双高效"。

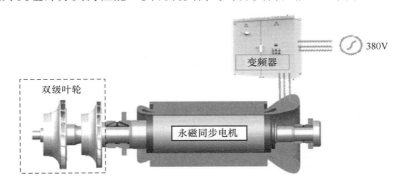

图 4.1-5　永磁同步变频离心机系统

（1）高速电机直驱技术：如图 4.1-6 所示，采用高速永磁同步电机直驱双级叶轮做功，取消增速齿轮装置，相比传动齿轮增速离心压缩机机械损失减少 70% 以上，大大降低机组功耗；同时运行过程运动部件只有一个转子，无齿轮传动及高频啮合噪声，结构简单、可靠性高，不惧启停冲击，运行噪声较同冷量传统离心机组降低 8～10dB(A)。

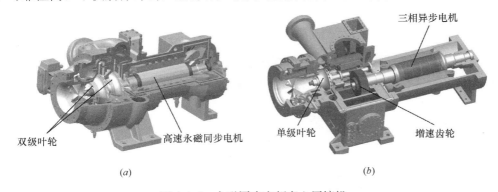

图 4.1-6　永磁同步变频离心压缩机
（a）永磁同步变频离心压缩机结构；（b）传统的离心压缩机

（2）高速永磁同步电机：大功率高速永磁同步电机，转子为永磁体，运行过程无励磁系统损耗，在机组运行转速调节范围内电机效率均保持在 96％以上，最高可达 97.5％，如图 4.1-7 所示。超过国家电机 1 级节能水平，效率提升 4％。

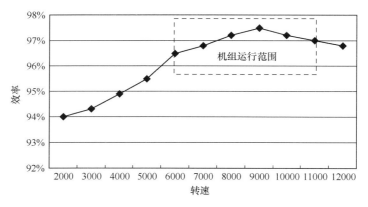

图 4.1-7 离心机组运行效率与转速的关系

（3）双级压缩制冷循环：机组采用双级压缩、中间补气的制冷循环（系统原理如图 4.1-8 所示，制冷循环如图 4.1-9 所示），机组设置经济器（闪发器），较单级压缩制冷循环效率提升 5％～6％。

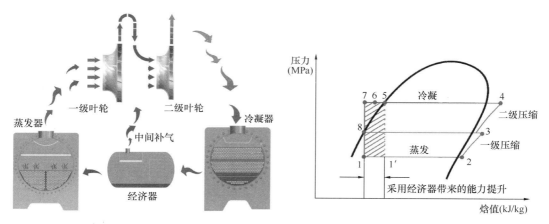

图 4.1-8 双级压缩、中间补气制冷系统　　图 4.1-9 双级压缩、中间补气制冷循环

变频驱动装置（VSD）技术，适用于数据中心的关键特性：

（1）提高制冷机组部分负荷能效，节省能耗。与定频离心机组相比，每年可节能 15％～25％。

（2）实现快速启动，及快速加载功能，提高可靠性。突然断电再通电后，变频离心机组可快速重新启动，并快速加载运行，加快供水水温的稳定。

（3）提高低冷却水温运行的能效。数据中心需要全年制冷运行，当环境温度降低时，变频离心式冷水机组的效率大幅提升。

（4）实现电机软启动，启动无冲击电流。在电机启动过程中，启动电流始终不超过满负荷工作电流，可减少数据中心配电容量，减少压缩机磨损，延长使用寿命。

（5）控制离心式冷水机组避开喘振点，提高机组可靠性。在低负荷状态运行时，依靠变频装置自带的自适应控制可同时调节导流叶片开度和电机转速，可控制离心机组迅速避开喘振点。

5. 变频风冷螺杆式冷热水机组

基于螺杆机组的特点，高速双螺杆变频压缩机，无能量调节装置，全负载依靠变频调节，为数据中心提供了新的解决方案。

近几年在传统的水冷自然冷却技术得到广泛的应用，无论冷水机组与板式换热器采用串联还是并联模式，都给机房控制带来了巨大的压力，复杂的机房群控系统带给使用方越来越高的要求。

传统风冷自然冷却：春秋过渡季节和晚上，当环境温度达到比冷冻水回水温度低 2℃或以上时，开启自然冷却模块制冷，无压缩机功耗，自然冷却不够的部分，再由压缩制冷接力达到需求冷量。随着室外环境温度的降低，自然冷却部分占的比例越来越大，直至达到 100%，完全自然冷却制冷，无压缩机功耗；主要评价压缩机功耗。

机组本体采用先进的变频螺杆压缩机技术，最低可运行于 -17.6℃ 环境温度，双压缩机双回路系统，将变频螺杆压缩机与变频风扇进行有效结合，根据室内负荷变化的同时监测室外环境温度的变化，整合后由控制中心整理分析，精确计算出耗电最小设备的输出功率，摆脱传统理念所理解的尽量开启自然冷却模块，停止压缩机运行功耗的理念，达到节能的最高指标，充分利用变频压缩机低负荷功耗低于风冷风扇功耗的特性。

4.1.3　磁悬浮冷水机组

相对于传统的低压变频技术，磁悬浮技术是近年兴起的变频新技术，主要采用永磁电机和磁悬浮轴承技术（原理见图 4.1-10），消除轴承由于机械接触产生的摩擦损失而导致的能量损失。因为电机直接驱动减少传动损失，无油运行，持续高效。随着技术进步，磁悬浮关键部件的成本不断下降，磁悬浮离心压缩机（见图 4.1-11）和磁悬浮离心冷水机组逐渐被市场接受，开始应用到暖通空调领域。

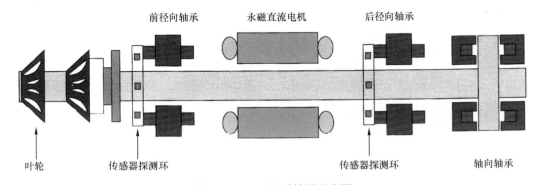

前径向轴承　　永磁直流电机　　后径向轴承

叶轮　　传感器探测环　　传感器探测环　　轴向轴承

图 4.1-10　磁悬浮轴承示意图

磁悬浮电机运行频率变化范围更大，机组调节能力更强，部分负荷或者低冷却水温度下运行的效率更高。磁悬浮离心机在低负荷和低冷却水温度下的效率曲线如图 4.1-12 所示。与常规的定频离心机或者变频离心机相比，磁悬浮离心机的调节能力更强，对低负荷和低冷却水温度的适应性也更好，在低负荷和低冷却水温度下运行，磁悬浮离心机效率明显要高很多，低冷却水温度下最高可实现 $COP > 30$ 的运行。

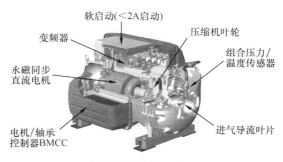

图 4.1-11　磁悬浮压缩机结构示意图

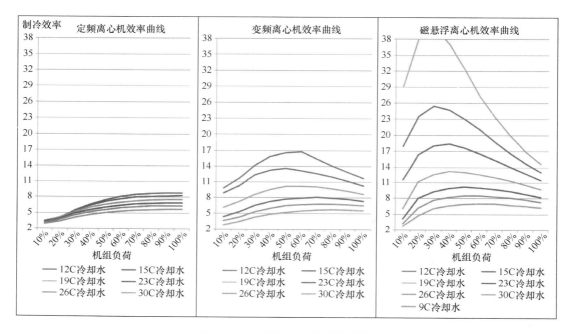

图 4.1-12　三种离心机 COP 比较

由于磁悬浮冷水机组在部分负荷下的 COP 远高于传统离心冷水机组或螺杆冷水机组，因此，在全年运行工况下具有显著的节能效果，如图 4.1-13 所示。

另一方面，传统压缩机总是出现润滑油部分溶于制冷剂中的情况。ASHRAE601-TRP 的研究表明，制冷剂中含有润滑油会导致冷水机组出现性能衰减。根据研究统计，绝大部分运行中的冷水机组，制冷系统中都含有大量的油，平均含油率达到了 12.9%（见图 4.1-14）。而数据显示，冷水机组制冷系统中含有 4% 的润滑油会导致整个冷水机组效率下降 9%（见图 4.1-15）。而磁悬浮技术实现了压缩机的无油润滑，避免了由于润滑油造成的传热系数及制冷系统性能的下降。

磁悬浮技术还有以下特点：

（1）高可靠性免维护：磁悬浮轴承技术使压缩机的驱动轴处于悬浮状态，减少运动部件的故障发生率，消除机械接触的摩擦损失，机组并不用润滑油，这样不需要定期更换润

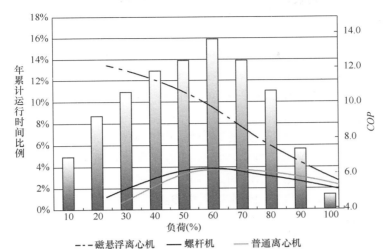

注：运行和负荷统计数据来源于2003年中国统计年鉴和中国制冷空调行业年度报告统计分析结果。

图 4.1-13　磁悬浮冷水机组全年节能效果分析

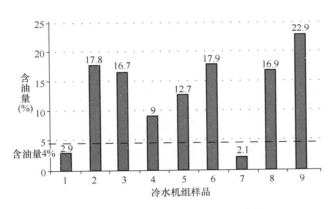

图 4.1-14　冷水机组含油率情况统计

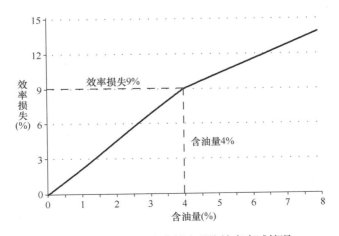

图 4.1-15　含油量造成制冷系统效率衰减情况

滑油，也没有运行部件的磨损，机组可实现长期免维护运行，对于数据中心这样需要长期运行的项目，可提高设备的可靠性，并节省大量的维护保养费用。

（2）超低冷却水温特性：相对于常规离心机组，磁悬浮机组可接受更低的冷却水温要求。磁悬浮机组在冷却水温度低于冷冻水出水温度的情况下仍可正常运行，同时实现非常高的机组效率。这样可极大地提升磁悬浮机组的节能特性，同时能保证数据中心系统在冷机制冷和自然冷却模式间的平稳切换。

（3）快速启动加载：磁悬浮机组通过变频控制，同时减少了润滑油路的设计，可实现快速重启功能，机组最快可实现 45s 重启，150s 后达到满载，整个周期不超过 210s。相比常规冷水机组，可大大节省断电重启时间。

（4）超低噪声：磁悬浮离心机采用的永磁电机和磁悬浮技术可降低机组的噪声，机组的运行噪声最低可达 73dB（A），这样就方便机组安装在一些对噪声敏感的地区。

磁悬浮离心冷水机组的主要性能参数如表 4.1-5 所示。

磁悬浮离心冷水机组性能参数 表 4.1-5

冷机类型		水冷	风冷	模块式	冷量（kW）	风机数量	最高冷凝器出水温度		最低冷冻水出水温度 5℃	启动电流（A）	最大运行电流（A）
							38℃	55℃			
Q	0250	•			250		•		•	2	90
Q	0470	•			470		•		•	2	155
Q	0660	•			660		•		•	2	180
Q	1055	•			1055		•		•	2	350
Q	1230	•			1230		•		•	2	360
Q	1635	•			1635		•		•	2	525
Q	1760	•			1760		•		•	2	525
Q	2110	•			2110		•		•	2	700
Q	2320	•			2320		•		•	2	700
Q	4220	•			4220		•		•	2	1400
Q	4930	•			4930		•		•	2	1400
I	0250	•		•	250		•		•	2	100
I	0350	•		•	350			•	•	2	110
I	0450	•		•	450			•	•	2	155
I	0525	•		•	525		•		•	2	175
F	330	•			330			•	•	2	135
F	450	•			450			•	•	2	215
F	660	•			660			•	•	2	270
F	990	•			990			•	•	2	405
F	1350	•			1350			•	•	2	645
F	1800	•			1800			•	•	2	860
C	250		•		250	4			•	2	127
C	400		•		400	6			•	2	207
C	530		•		530	8			•	2	276
C	750		•		750	12			•	2	385

冷机类型	水冷	风冷	模块式	冷量 (kW)	风机 数量	最高冷凝器出水温度		最低冷冻水 出水温度 5℃	启动电流 (A)	最大运行电流 (A)
						38℃	55℃			
C	900	•		900	14			•	2	465
C	1110	•		1110	16			•	2	570

注：1. 机组运行环境温度要求：最高 45℃，最低 3℃。

2. 性能参数工况按照 GB 18430.1—2007 的规定，冷冻水进/出温度 12℃/7℃，水冷式机组冷却水进/出温度 30℃/35℃，风冷式机组进风温度 35℃ 的名义测试工况条件进行。

4.1.4 蒸发冷凝冷水机组

传统冷水机组一般采用风冷和水冷两种方式，风冷冷水机组利用室外空气的显热（空气干球温度）实现制冷机组的冷凝散热，水冷机组主要通过冷却塔可利用水的蒸发即空气全热（直接蒸发用空气湿球温度、间接蒸发冷却近似于空气露点温度，详细分析见本章第 3 节内容），实现制冷机组的冷凝散热。蒸发式冷凝器是直接将水喷淋在冷凝器的表面，一方面可利用空气全热冷却，比风冷机组达到更低的冷凝温度，从而提高制冷系统的能效；另一方面，蒸发式冷凝器相当于冷却塔与冷凝器的有机结合，简化了制冷系统的结构。

传统蒸发冷凝机组存在的主要问题为：

（1）地域适应性：在北方干燥地区，空气干球温度与湿球温度和露点温度有较大的温差，蒸发式冷凝具有显著的节能效果，但是蒸发式冷凝需要耗费较多的水，也是北方干燥少水地区面临的问题；在南方湿润多水地区，空气的干球温度与湿球温度和露点温度的温差变小，节能效果降低。

（2）喷淋及压力雾化形成的水雾使空调室外机翅片表面长期浸润在水中，导致翅片通风效率降低、翅片腐蚀结垢。特别是翅片管式换热器由于翅片的存在，结构难以处理。

因此，一种利用蒸发（雾化）冷却节能的新型蒸发冷凝冷水机组用雾化器把水雾化后喷洒在冷凝器进风侧平行空间，可有效降低冷凝器进风口的环境温度，提高冷凝器热交换效率，达到降低压缩机排气压力，从而降低压缩机实际消耗功率的目的，系统节能原理如图 4.1-16 所示。

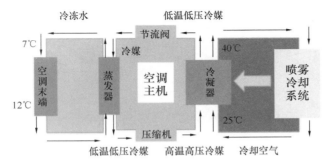

图 4.1-16 蒸发冷却机组节能系统原理图

该系统一方面降低了水雾直接喷洒在换热器及肋片表面所形成结垢和腐蚀问题；另一方面是极细小的雾滴已与空气接触蒸发冷却空气，剩余部分也可与换热器进行充分的换热以尽可能全部蒸发，从而降低了水的消耗。雾化器将水雾化成原水滴体积的 1/500（雾粒直径小于 $30\mu m$），雾化蒸发速度比水滴蒸发速度加快 300 多倍，水从液态到气态过程中每升温 1℃吸热量提高 500 多倍，大幅度提高吸热量，使局部环境降温 3～15℃，从而降低冷凝器进风侧的温度，提高冷凝器的散热效率，改善压缩机工况，消除压缩机停机、跳机现象，提高空调系统的制冷效率，达到节约电能的效果，且不会影响空调设备的可靠性及寿命。

如图 4.1-17 所示，雾化前空气温度在 30～42℃之间变化时，雾化后温度达 20～33℃，降温能力在 4～15℃之间变化，平均降温 10.5℃。降温能力的大小主要取决于雾化前空气温湿度及喷水量大小，相同雾化水量下，温度越高、相对湿度越低，降温能力越强。

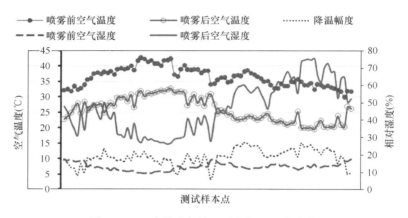

图 4.1-17　喷雾冷却处理后空气温湿度变化

冷凝器进风温度对空调机组的冷凝温度及蒸发温度影响如图 4.1-18 所示。从图中可以看出，蒸发温度及冷凝温度均随着冷凝器进风温度的升高而升高，当冷凝器进风温度达到 50℃时，蒸发温度已达到 25℃左右，与室内设计温度点（26℃）的传热温差太小，基本上无法满足室内温度控制要求，这就进一步证实了炎热的夏天风冷空调机组能力不足的特点。

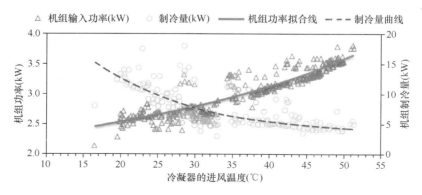

图 4.1-18　冷水机组性能随冷凝器进风温度变化

上述基于雾化蒸发冷却的冷水机组的技术优势主要为：

（1）节约空调电费支出，降低运营成本：理论和实测数据均表明，相变冷却节能系统可为风冷空调制冷季平均节能 10%～25%，达到降低运营成本目的。

（2）提高室内制冷量，确保机房温度：相变冷却节能系统在降低风冷空调耗电量的同时还可提高制冷量输出，以解决夏季高温环境下负荷需求大、制冷量不足的供需不平衡矛盾，满足机房制冷量要求。

（3）延长压缩机寿命，减少维护费用：通过降低冷凝温度，可降低压缩机排气压力，避免压缩机高压报警。同时，由于提高了制冷量输出，可减少压缩机工作时间。为此起到了延长压缩机寿命的目的，进而减少了设备维护费用。

相比于传统的采用压力雾化或喷淋方式为风冷空调室外机降温的方式，离心雾化节能系统也具有明显的技术优势，具体体现在如下几个方面：

（1）雾粒小、雾层密、雾粒均匀、作用半径大，强化了与空气的换热效果，可在达到冷凝器翅片前完全蒸发，有效减少了在冷凝翅片表面形成水膜而导致对冷凝器通风的影响。

（2）采用智能监控技术，在确保节能效益最大化的同时，减少了水资源的消耗，与传统的水喷淋相比节水率达到 50% 以上。

（3）避免了压力雾化喷嘴时常堵塞的故障及喷淋冷却对冷凝翅片的腐蚀损坏，进而减少了后期维护费用。

（4）控制点少，故障率低，一个离心雾化器相当于 16 个高压喷头的功效。

4.1.5 双冷源机组

我国北方大部分地区冬季和春秋过渡季节环境温度较低，非常适合自然冷源技术的应用。

1. 运行原理

在风冷磁悬浮冷水机组冷凝器的基础上叠加盘管系统（干冷器），实现双冷源磁悬浮离心机组，根据水系统中是否充注防冻液，将自然冷源利用方案分为乙二醇（或者防冻液）方案（整个水系统充注防冻液）和纯水方案（自然冷源侧充注防冻液，整个水系统采用纯水）。

2. 系统方案

将自然冷源盘管与蒸发器通过电动三通阀控制切换，实现自然冷源综合利用，实现完全自然冷源模式、混合制冷模式（自然冷源与电制冷共同工作）、压缩机制冷模式，具体原理如图 4.1-19 所示。

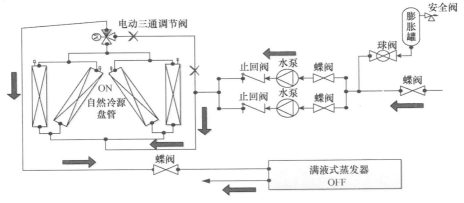

图 4.1-19　自然冷源模式流程图

一般在环境温度为 2℃时自然冷源盘管可以实现完全制冷能力，具体流程如图 4.1-20 所示。回水直接通过自然冷源盘管与外界环境换热后经过不工作的满液式蒸发器后，提供给室内末端使用。

在环境温度在 2～12℃之间时，因为回水温度高于环境温度，存在换热温差，可以将回水首先经过自然冷源盘管进行预冷，然后进入满液式蒸发器通过压缩机制冷补充，从而实现混合制冷。

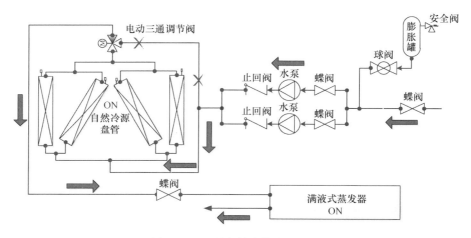

图 4.1-20　混合制冷模式流程图

在夏季环境温度较高时，通过切换电动三通阀方向将自然冷源盘管切断，回水全部进入满液式蒸发器，通过压缩机制冷。

目前双冷源磁悬浮离心机组冷量范围已经完全覆盖风冷螺杆机组，从 200kW 到 1350kW 均可以提供；可以提供不同的自然冷源利用方案；不同的系统配置方案（模块式或者并联式制冷系统）；不同的冷凝器结构方式（Ｖ形结构和倒 Ｍ 形结构）；不同的蒸发器解决方案（满液式、降膜式、板式、干式）。

3. 技术优势

（1）综合能效高：典型双冷源机组性能参数如表 4.1-6 所示。自然冷源功能可以将外界环境中蕴含的丰富冷源进行有效利用，从而有效降低运行功耗和费用。

双冷源机组性能参数　　　　　　　　　　　　　　　　　　　　　　表 4.1-6

负荷率	环境温度（℃）	蒸发温度（℃）	冷凝温度（℃）	COP
100%	35.0	5.5	50	3.43
75%	26.7	5.5	40	4.94
50%	18.3	6.0	28	8.02
25%	12.8	6.0	19	9.97

（2）易维护：没有定期维护的润滑油系统，只是关注日常基本巡检即可，压缩机电容一般是 5 年进行更换（作为备用，不运行机组，如果长期运行机组则 10 年进行更换）。

（3）适合高温出水：新的服务器可以承受越来越高的回风温度；模块化数据中心的出

现、冷热通道的设计都提高了回风温度，从而提高了进水温度；提高水温能够提高自然冷源的利用率。螺杆机组一般控制在出水温度 15℃ 以下，双冷源磁悬浮离心机组可以控制 18℃ 出水，甚至更高，从而满足对于高温出水的需求。

（4）稳定可靠：运动部件只有转轴，不容易出现机械故障；没有强制回油系统，从而可以缩短机组重新启动时间，没有开停机时间限制，从而容易实现快速启动，降低宕机风险。

（5）噪声低：风冷机组只需考虑风机噪声即可，压缩机高频噪声很容易被空间吸收。

4.2　机 房 专 用 空 调

数据中心机房内部温湿度环境的控制最终要依靠室内空调末端得以实现。传统机房空调一般要求保持机房内精确的恒温恒湿环境，因此一般同时具有冷却/再热、除湿/加湿功能，也称精密空调。随着人们对 IT 相关设备认识的不断深入，传统机房环境需要精确恒温恒湿环境控制的概念也正在逐渐被打破。特别是数据中心能耗的增加，数据中心冷却系统能耗高的问题也受到了广泛关注。精密空调内部先过冷再加热、先冷冻除湿再加湿的温湿度处理过程是数据中心冷却系统能耗高的重要原因之一。通常舒适性空调冷负荷中有 30% 是为了消除潜热负荷，有 70% 是为了消除显热负荷。对于机房来讲，其情况却大不相同，机房主要是设备散发的显热，室内工作人员散发的热负荷及夏季进入房间的新鲜空气的热湿负荷仅占总负荷的 5%。另外，IT 设备及其元件对工作环境的温度精度并不敏感。因此，为了适应上述特征，新型机房空调一般采用大风量小焓差的设计（无冷冻除湿功能），取消再热器（降低温度控制精度）和加湿器（降低湿度控制精度或专门的湿度控制设备），风机也越来越多地选用节能型的 EC 风机，从而研制出了许多节能型的机房专用空调。

按照机房专用空调的冷却区域可分为：房间级空调（以处理整个机房内的服务器散热量为目的）、行级空调（以处理一行或多行服务器的散热量为目的）、列间空调（以处理同列的数台服务器的散热量为目的）、机柜级空调（以处理一台机柜的散热量为目的，一般装在服务器的背板，也称背板空调）。

按照机房空调的冷却介质可分为：直接蒸发冷媒式（制冷机组的蒸发器直接设置在机房空调内）、热管冷媒式（制冷机组的制冷量通过热管的方式传递到机房空调）、水（或乙二醇溶液等载冷剂）冷式（制冷机组制取的冷水或乙二醇溶液等载冷剂送入机房空调）。

从房间级空调、行级空调、列间空调到机柜级空调，与被冷却的对象（服务器和主要 IT 元器件）越来越接近，冷却效率越高；而水或水溶液的泄漏易造成 IT 设备和元器件的故障，因此采用冷媒作为冷却介质的越多。

4.2.1　冷冻水型机房专用空调机组

1. 设备特点

冷冻水型机房专用空调机组是一种适用于大中型数据中心或类似有恒温恒湿需求场所的设备。机组使用冷水机组（如模块机组、螺杆机组或离心机组）提供的冷冻水制冷，内置高精度水流量调节阀、PTC 电加热和电极式加湿器，通过模糊 PID 控制对设备进行高精度温湿度控制，保障设备的安全高效舒适运行。所采用的主要技术和特点如下：

（1）EC 直流无级调速风机：机组采用高效节能 EC 风机，其节能率高达 30%；一方面是 EC 风机本身耗能极低，采用直连式结构，无需皮带轮等连接部件，效率得到较大提升，耗能明显下降；另一方面则是风机的功率下降，热损耗也同时降低，需要空调带走的热量也降低，空调可以有更多的冷量投入到机房环境的调节中。

机组可进行无级变速的风量调节：由于 EC 风机采用电子控制技术，风机转速可以无级调节，这样可以为空调机组在不同静压下运行提供最佳的风量需求，可满足不同的工程使用需求。

机组低噪声设计：EC 风扇采用后径向叶轮叶片，与普通的离心风机采用的前向式叶片相比，可以更好地降低噪声。

（2）水阀及执行器：采用高精度等百分比球阀及其配套执行器，可以实现根据需求在 0～100% 开度内无级调节，调节能力强，控制精度高。

（3）电极加湿器：采用电极式加湿器，自主开发控制系统，且内置排水断电和泡沫传感功能，可监测水质，延长电极使用寿命。电极加湿器采用密闭的加湿罐，不产生粉尘二次污染，没有细菌繁殖，使用安全可靠。

（4）电加热：采用 PTC 电加热，发热均匀，使用寿命长，热效率高，可以根据负荷变化，分级调节电加热，降低能耗。同时，PTC 内置限温保护、机组限温保护和熔断体保护，保证电气安全。

（5）表冷器：换热器选用 9.52mm 内螺纹管和开窗片，在保证流速和低阻力的前提下，极大化换热效率；表冷器采用 V 形换热器，结构紧凑，换热面积大，充分利用机组空间。

（6）高效过滤：回风口设置可拆卸清洗型 G4 级空气过滤器，滤料折叠布置，有效降低风阻，保证室内洁净度。

（7）全年不停机运行：机组针对高显热环境设计，具备大风量、小焓差的特点，有效散去使用场所热量，满足全年不停机运行的节能需求。

（8）高精度恒温恒湿技术：制冷、除湿、加湿、加热等功能一体化智能控制，通过先进的"模糊 PID"和"露点温度"等控制技术对水流量和 EC 风机进行调节。在房间热负荷变化的情况下，能精确、快速调节温湿度，有效维持机房温湿度稳定在设定范围，满足对温湿度精度要求较高的使用场所。

（9）模块化运行：根据机组累计运行时间，智能控制机组轮换运行；均衡控制，任一模块故障，其他模块自动启动，如图 4.2-1 所示。

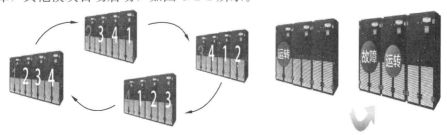

图 4.2-1　模块化行级空调运行示意图

2. 设备参数

冷冻水型机房专用空调机组的主要性能参数如表 4.2-1 和表 4.2-2 所示。

冷冻水型机房专用空调主要性能参数（一）　表 **4.2-1**

	制冷量	kW	37	60	80	100	125	148
机组特性	显冷量	kW	33.1	53.2	69.6	88.2	108.9	129.3
	电加热量	kW	6	12	12	12	12	12
	加湿量	kg/h	8	8	8	15	15	15
	加湿功率	kW	6	6	6	11.25	11.25	11.25
	循环风量	m³/h	8500	12000	16000	22000	26000	33000
	风机额定功率	kW	3.1	3.2	6.3	5.2	8	11
	机外静压范围	Pa	0～300	0～300	0～300	0～300	0～300	0～300
	机组噪声	dB(A)	71	70	71	70	71	66
	温度控制范围及精度		17～28℃±1℃			17～28℃±1℃		
	湿度控制范围及精度		40～60%±10%			40～60%±10%		
	电　源		380V 3N～ 50Hz			380V 3N～ 50Hz		

冷冻水型机房专用空调主要性能参数（二）　表 **4.2-2**

			37	60	80	100	125	148
	制冷量	kW	37	60	80	100	125	148
机组特性	风机	数量	1	2	2	3	3	3
		类型	后向离心风机					
		驱动方式	变频直联驱动					
	空气过滤器	类型	板式过滤器（G4 级）					
	表冷器	类型	翅片管式					
加热系统	加热器形式		PTC 型电加热					
加湿系统	加湿器	形式	电极式					
		控制方式	独立加湿板					

注：1. 本机组设计执行《计算机和数据处理机房用单元式空气调节机》GB/T 19413—2010。
　　2. 以上制冷量测试工况：室内干球/湿球温度为 24℃/17℃，冷冻水进/出水温度为 7℃/12℃。

4.2.2　冷媒型行级空调

1. 运行原理

行级空调采用的是环蒸汽压缩式制冷原理。制冷剂通过高效变频压缩机压缩，使其根据环境工况达到最佳的高温高压状态，然后通过室外机无级风机冷却冷凝，再经电子膨胀阀的节流降压，最后在室内机的蒸发器完成与室内环境的换热制冷。

行级空调采用的是整行机柜冷通道或热通道封闭设计（见图 4.2-2），实现封闭冷/热通道内的小空间制冷，大大提高制冷效果。

2. 技术优缺点

该技术主要优点在于：

（1）高能效比：风冷系列行级空调采用了高效变频涡旋压缩机、高效翅片式换热器、精细设计的分液头以及更加合理的内部布局，使得空调内部空气流场更加均匀，冷媒分配更加合理，从而极大地提高了换热器的换热效率，使空调机组达到高效节能的效果。和传统精密空调相比，单机能效比可提高 15% 以上，能效比 EER 更是高达 3.5。

图 4.2-2　行间热通道封闭图

（2）方便耐用：结构紧凑，整体尺寸小；独特的模块化框架，既稳定坚固又容易拆分，可以实现极限条件下搬运；内外两层，中间采用防火隔热棉，机身内的保温性能良好。

（3）多重保护：完善的自动报警和诊断功能，全方位地保护空调机组，并且能更有效防止故障发生及更快速地寻找故障位置，有效延长了空调机组的使用寿命。

（4）便于维护：整机前后开门就地维护，节省了使用空间。而且压缩机等部件均采用 Rotalock 连接方式，方便维护。

该技术的主要问题在于：需要使用大功率风机向冷通道送风；机房需要封闭冷通道。

3. 主要技术参数

依据《计算机和数据处理机房用单元式空气调节机》GB/T 19413—2010 规定的测试工况和方法，将某行级空调与传统直膨式精密空调性能参数对比，如表 4.2-3 所示。

行级空调与传统精密空调性能对比　　　　　　　　　　　　表 4.2-3

项目	直膨式精密空调	行级空调	测试结果备注
机房显冷量（kW）	166	166	在规定的实验条件下，实测被试机单位时间内送入的空气量。测试机房由 5 台 HM35RA 共同完成制冷
空调显热比	0.90	0.99	在规定的实验条件下，实测被试机显热制冷量与制冷量之比
制冷量（kW）	37	33.5	在规定的实验条件下，实测被试机单位时间从房间或空间除去的热量总和。单台 HM35RA 的制冷量
能效比 EER	2.80	3.52	在规定的实验条件下，实测被试机制冷量与制冷消耗功率之比

项目	直膨式 精密空调	行级空调	测试结果备注
输入功率 （kW）	66.1	47.6	在规定的实验条件下，实测被试机所消耗的总电功率
节能率	—	28%	行级精密空调相对传统直膨式精密空调的节能率

4.2.3　列间空调

1. 热管列间空调

（1）运行原理

数据中心热管列间空调系统是一种通道级的冷却方案，利用热管高密度换热的原理，将热管蒸发器做成机柜形状的设备，设备与机柜同列布置，如图 4.2-3 所示，所形成的机房内气流组织如图 4.2-4 所示。冷却原理为：

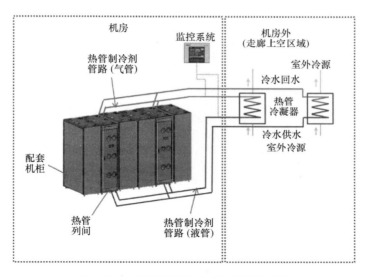

图 4.2-3　热管列间空调系统运行原理图

1）热管列间空调末端回风侧位于热通道，送风侧位于封闭的冷通道；

2）热管列间空调末端将热通道的热风吸入，并处理成冷风后吹入封闭的冷通道内；

3）冷风用于冷却服务器机柜；

4）热管列间空调末端的液态制冷剂在末端被热风加热蒸发变成气态，通过上部的制冷剂管路流向机房外的热管冷凝器，并在热管冷凝器中冷凝成液态；

5）液态制冷剂在重力的作用下，沿制冷剂管路（液管）回流至空调末端。

（2）技术优缺点

热管列间空调的主要优点为：

1）无水进入机房，安全性高；

2）空调末端与机柜独立，安装简单；

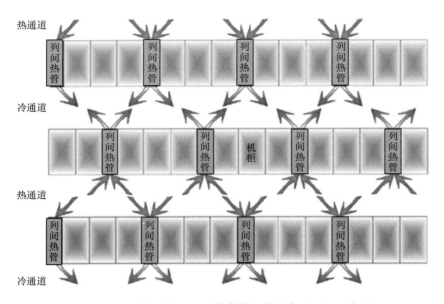

图 4.2-4　热管列间空调系统数据机房的气流组织示意图

3）机房不需设计架空地板；

4）机房内无局部热点。

热管列间空调的主要问题为：

1）热管列间空调安装占用了一部分机柜的安装位置，装机率低；

2）单机柜功率密度越高，单位面积可装机柜的数量越少；

3）机房须封闭冷通道或热通道。

（3）设备参数

热管型列间空调的主要性能参数如表 4.2-4 所示。

热管型列间空调性能表　　　　　　　　　　　　　　　　　　　　表 4.2-4

工况	技术参数	型号Ⅰ	型号Ⅱ
额定工况	显冷量（kW）	12	25
	循环风量（m³/h）	3000	6000
	能效比	≥20	≥20

注：名义工况：热通道温度 32℃，DCU 进水温度 14℃，出水温度 19℃。当供水温度越低时，输出冷量越大。

2. 冷冻水型列间空调

（1）技术特点

冷冻水型列间空调是一种适用于大中型数据中心的设备。机组使用冷水机组（如模块机组、螺杆机组或离心机组）提供的冷冻水制冷，内置高精度水流量调节阀、PTC 电加热和电极式加湿器，通过模糊 PID 控制对设备进行高精度温湿度控制，保障设备的安全、高效、舒适运行。单机冷量范围 30～60kW，并可通过模块组合实现机组扩容。

（2）设备参数

冷冻水型列间空调的主要性能参数如表 4.2-5 和表 4.2-6 所示。

冷冻水型列间空调性能表（一）　　　　　　　　表 4.2-5

机组特性	制冷量	kW	20	30	40	52	60
	显冷量	kW	18.5	28	39	51.5	57
	电加热量	kW	—	—	6	7	8
	加湿量	kg/h	—	—	8	8	8
	加湿功率	kW	—	—	6	6	6
	循环风量	m³/h	3000	4800	6000	8000	10000
	风机额定功率	kW	0.4	1	1	1.3	2.4
	机外静压范围	Pa	0	0	0	0	0
	机组噪声	dB(A)	62	78	75	71	79
	电　源	220V～50Hz	220V～50Hz	380V 3N～50Hz	380V 3N～50Hz	380V 3N～50Hz	

冷冻水型列间空调性能表（二）　　　　　　　　表 4.2-6

机组特性	制冷量	kW	20	30	40	52	60
	风机	数量	6	6	2	3	3
		类型	后向离心风机				
		驱动方式	变频直联驱动				
	空气过滤器	类型	板式过滤器（G4 级）				
	表冷器	类型	翅片管式				

注：1. 本机组设计执行《计算机和数据处理机房用单元式空气调节机》GB/T 19413—2010。

　　2. 以上制冷量测试工况：室内干球/湿球温度为 35℃/20℃，冷冻水进/出水温度为 10℃/15℃。

4.2.4　顶置式热管空调

1. 运行原理

数据中心顶置式热管空调是一种列间级的冷却方案，是利用热管高密度换热的原理，将热管蒸发器安装在机柜以上的空间内（冷通道或者热通道），如图 4.2-5 所示，所形成的机房内气流组织如图 4.2-6 所示。

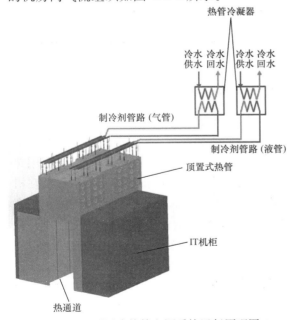

图 4.2-5　顶置式热管空调系统运行原理图

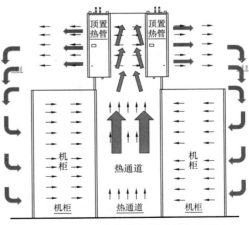

图 4.2-6　顶置式热管空调系统气流组织

冷却原理：

（1）顶置式热管空调末端回风侧位于热通道，送风侧位于冷通道；

（2）顶置式热管将热通道的热风吸入，并处理成冷风后吹入冷通道；

（3）冷风用于冷却服务器机柜；

（4）顶置式热管空调末端的液态制冷剂在末端被热风加热蒸发变成气态，通过上部的制冷剂管路流向机房外的热管冷凝器，并在热管冷凝器中冷凝成液态；

（5）液态制冷剂在重力的作用下，沿制冷剂管路（液管）回流至空调末端。

2. 技术优缺点

顶置式热管空调的主要优点为：

（1）无水进入机房；

（2）顶置式热管制冷单元无局部热点；

（3）顶置式热管安装在机柜顶部上方，不占用机房地面空间（不占用机柜位置），装机率高。

（4）顶置式热管与机柜顶部无固定性连接，机柜可以单独撤离或加装；

（5）适用于常规型服务器送风方式和异型机柜方式，对各种应用场景的兼容性较好。

顶置式热管空调的主要问题为：

（1）需要占用机房顶部的空间（0.6～1.0m），对机房的层高要求高；

（2）顶部需要安装吊架，安装工序相对复杂。

3. 设备参数

顶置式热管空调的主要性能参数如表 4.2-7 所示。

顶置式热管空调性能表　　　　　　　　　　表 4.2-7

工况	热管列间空调主要技术参数		
额定工况	显冷量（kW）	12	25
	循环风量（m³/h）	3000	6000
	能效比	≥20	≥20

注：名义工况：热通道温度 32℃，DCU 进水温度 14℃，出水温度 19℃。当供水温度越低时，输出冷量越大。

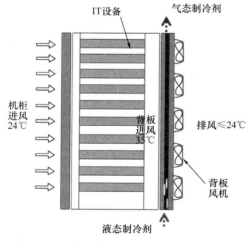

图 4.2-7　热管背板机柜的气流组织示意图

4.2.5　热管背板空调

1. 运行原理

数据中心热管背板空调是一种机柜级的冷却方案，如图 4.2-7 和图 4.2-8 所示。利用热管高密度换热的原理，将热管蒸发器安装在机柜排风侧，热管背板蒸发器的冷媒吸收机柜内 IT 设备散发的热量；冷媒吸热后气化，气化的冷媒依靠压差经连接管路流向室外热管中间换热器；冷媒蒸气在热管中间换热器内被来自冷源系统的冷媒冷却，由气态冷凝为液态；液态制冷剂借助重力回流至室内末端中的热管换热器中，完成冷量输送循环。

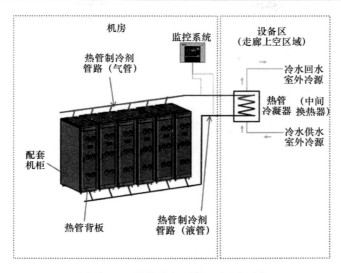

图 4.2-8　热管背板系统运行原理图

2. 技术优缺点

热管背板空调的主要优点为：

（1）水不进机房，安全性高；

（2）室内设备全显热换热，无冷凝水产生，杜绝常规精密空调除湿、加湿同时进行的费能现象；

（3）采用分布式自适应按需冷却，根据机房实际需求，实现机柜级按需供冷的个性化温度调控，单机柜功率量大，机房内无局部热点；

（4）数据机房没有封闭的冷/热通道；

（5）机房不需设计架空地板；

（6）空间利用率高，相同机房面积，可装配更多的机柜；热管背板设备与数据中心的机柜相结合，占地空间小；

（7）节能效果显著，与精密空调相比，热管背板的运行能耗节省超过 80%。

（8）可实现机柜级的模块化设计，单机柜集成配电、不间断电源、空调、IT 设备等功能。

热管背板空调的主要问题为：

（1）初投资比常规精密空调高；

（2）需要根据机柜的尺寸定制设备。

3. 技术参数

热管背板空调的主要性能参数如表 4.2-8 所示。

<table>
<tr><td colspan="6">热管背板空调性能参数</td><td>表 4.2-8</td></tr>
<tr><td>显冷量（kW）</td><td>4.0</td><td>5.0</td><td>7.0</td><td>10.0</td><td>15.0</td></tr>
<tr><td>循环风量（m³/h）</td><td>1000</td><td>1100</td><td>1500</td><td>2000</td><td>3000</td></tr>
<tr><td>风机功率（kW）</td><td>0.072</td><td>0.090</td><td>0.132</td><td>0.194</td><td>0.360</td></tr>
</table>

注：用于数据中心的热管背板均自带风机（名义工况：IT 设备排风温度 35℃，DCU 进水温度 14℃，出水温度 19℃。当供水温度越低时，输出冷量越大）。

4.3　数据中心冷却塔现状与防冻方法

4.3.1　数据中心冷却塔现状与存在的问题

为了延长自然冷却的时间，大型数据中心一般选择建在北方寒冷及严寒地区，采用水冷机械制冷的冷却系统。冷却系统全年运行。夏季和过渡季冷却塔作为冷却系统的排热设备，冷却极限为室外空气的湿球温度。由于数据中心冬季也有排热需求，因此对于冬季运行的冷却塔来说，有较为严重的结冰现象。

因为进风口被冰柱堵塞等原因，冷却塔结冰首先会影响其散热效果；其次，大量的冰柱堆积在填料底部、进风口处，也会损坏冷却塔的承重结构、填料等部件，影响冷却塔的使用寿命。部分业主为了维护冷却塔的正常运行，全天人工除冰，浪费了大量的人力物力。如何防止冷却塔结冰，保证冷却塔冬季正常运行，是亟待解决的问题。

目前已有的冷却塔防冻措施包括冬季使用其他设备替代冷却塔、为冷却塔添加额外的热源、改变冷却塔的结构、改变冷却塔的运行方式等。

冬季使用干冷器或者闭式冷却塔代替开式冷却塔，可以解决冷却塔结冰的问题。但是这种形式的冷却系统存在诸多弊端：首先，冷却系统需要有两套排热装置，系统复杂，初投资高；其次，干冷器和闭式冷却塔都是空气与制冷剂或者水显热换热的设备。对于这种换热结构，冬季仅使用表面式换热器排热。由于冬季空气和水或者制冷剂只在表面式换热器中显热换热，因此与湿式换热设备相比，表面式换热器的面积大、耗材多。并且由于自然冷却时水温降温的极限温度为进风的干球温度，限制了全年自然冷却的时间，节能潜力有限。当冬季昼夜温差较大时，白天干球温度高，需要喷水降温，夜间温度低，怕冻，需要干冷。由于不能频繁转换，导致白天需要开启制冷机，增加了运行电耗。

为冷却塔添加额外的热源的方法是用电热或者热水给容易结冰的部位加热，包括冷却水管道上缠绕电伴热带、进风口处增加热水水帘、防冻化冰管等。如奚军提出一种位于冷却水塔底部的环形配水管系，可有效形成密集的保护式热水帘，起到防结冰作用；连宝英等提出在进风口上方设热水管，形成热水帘，喷淋易挂冰部位；陶先军提出一种冷却塔防冻化冰管，能够防止逆流式冷却塔在进风口处出现结冰现象。从原理上来说，增加保护式热水帘，使布水更加均匀，改善了进风口"风多水少"的情况，但是没有提高进风温度；在冷却水管上增加电伴热，保证了冷却水管不出现结冰的现象，但是不能防止冷却塔结冰。因此，这些措施不能从根本上解决冷却塔冬季结冰的问题，而且消耗了额外的能源。

可以通过安装挡风板、改变布水方式等措施，季节性地改变冷却塔结构，从而达到周期性化冰，或者缓解冷却塔结冰的目的。朱艳梅等提出了一种电力冷却塔防冻挡风板；姜晓荣等提出一种冷却塔防冻挡风板，结构尺寸稳定，机械强度高；周亮等提出一种新型结构的热电厂冷却塔挡风装置，能够调节进风口大小，改变冷却塔进风量；戚福禹等提出一种冷却塔随动折叠帘式节能防寒系统，能够自动调节折叠帘的组件；T. J. Bender 等实验测试了放置在冷却塔来流方向的挡风板，挡风板能够降低进风口流速，减少冷却塔进风口结冰的可能。Matoba M 等设计了一种可充气膨胀的百叶，冬天周期性充气，使冷却塔进风口处的冰柱破裂，起到除冰的作用；Gautier D 等提出了一种冷却塔十字形布水结构，刘官郡等提出了一种冷却塔等距内外圈配水结构，这些新的布水结构均能消除冷却塔布水时外侧被冷风吹透造成结冰的薄弱点。增设挡风装置改变了进风量和风向，改变布水方式减小了风水比，消除了"风多水少"的区域，但是这些方法均不能提高进风温度，进风口处有结冰的可能。

风机周期性倒转是一种通过改变冷却塔运行方式实现防冻功能的做法。风机周期性倒转可以使进风口和排风口暂时互换，热湿空气从进风口排出，起到化冰的作用。采用这种方法，冷却塔依然有结冰的现象，长期使用仍然会损坏冷却塔部件。

以上措施在一定程度上缓解了冷却塔冬季结冰的问题，但是防冻效果有限。因此本章提出一种间接蒸发冷却装置，可以替代常规冷却塔作为冷却系统的冷源，用于水冷系统，从而彻底避免冬季冷却塔结冰问题，并且还能降低夏季冷却塔的出水温度，提高机械制冷系统的 COP；并延长自然冷却的时间，降低系统整体的 PUE。

4.3.2　基于间接蒸发冷却塔的机房冷却系统

1. 基于间接蒸发冷却塔的机房冷却系统的提出

干燥地区采用间接蒸发冷却塔作为空调冷源，与普通冷却塔相比，冷却水的极限温度为环境露点温度，能够充分利用自然冷源，延长自然冷却时间。冬季间接蒸发冷却塔能够有效加热进风，使得塔内温度在 10℃ 以上，有效解决了冷却塔冬季结冰的问题。基于间接蒸发冷却塔的优势，结合数据中心需要全年冷却的特点，提出一种基于间接蒸发冷却塔的数据中心冷却系统，目的是降低机房 PUE，消除冷却塔冬季结冰的隐患。

数据机房冷却系统形式如图 4.3-1 所示。系统主要包括间接蒸发冷却塔、水-水板式换热器和压缩式制冷机。间接蒸发冷却塔、水-水板式换热器和压缩式制冷机的冷凝器通过系统冷却水循环泵串联连接，冷却水首先通过板式换热器，接下来通过制冷机的冷凝器，最终回到间接蒸发冷却塔散热。水-水板式换热器的冷冻水侧与冷机的蒸发器通过冷冻水循环泵连接，冷冻水回水首先通过水-水板式换热器与冷却水换热，接着通过冷机蒸发器，最终作为冷冻水供水进入机房列间水冷空调和空气处理

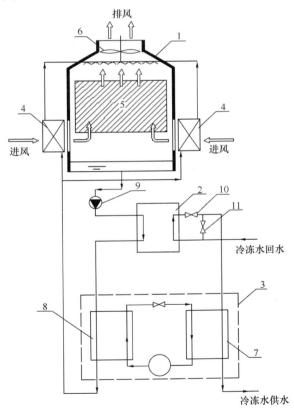

图 4.3-1　基于间接蒸发冷却塔的数据中心冷却系统

1—间接蒸发冷却塔；2—板式换热器；3—机械式制冷机；4—风-水表面式换热器；5—填料；6—风机；7—制冷机蒸发器；8—制冷机冷凝器；9—冷却水泵；10—阀门 10；11—阀门 11

末端的换热盘管内，带走机房热量。

夏季工况，机械制冷机开启。间接蒸发冷却塔代替常规的冷却塔，作为制冷机的排热末端使用。此时关闭冷冻水侧的阀门 11，打开阀门 12。间接蒸发冷却塔制备的冷却水依次经过板式换热器和制冷机的冷凝器，经过板式换热器后水温不变，经过冷凝器后带走制冷机排热温度升高，最后回到间接蒸发冷却塔内降温。机房的回水不经过板式换热器，只经过制冷机的蒸发器被降温，后作为机房供水送入空调中。

冬季工况，机械制冷机关闭，间接蒸发冷却塔作为机房冷却系统的冷源，独立为机房供冷。此时打开冷冻水侧的阀门 11，关闭阀门 12。间接蒸发冷水机组制备的冷却水依次经过板式换热器和制冷机的冷凝器，通过板式换热器时与机房回水换热，带走机房排热温度升高。接下来经过制冷机的冷凝器，温度不变。最后进入间接蒸发冷却塔被降温。机房回水依次经过板式换热器和制冷机的蒸发器，在板式换热器中被冷却水冷却，经过冷机蒸发器后温度不变，作为机房供水送入空调中。

过渡季分两种情况讨论。两种情况下均需要打开冷冻水侧的阀门 11，关闭阀门 12。当间接蒸发冷却塔制备的冷却水温低于机房供水温度时，系统运行模式与冬季工况相同，关闭冷机，间接蒸发冷却塔独立制冷。冷冻水被冷却水冷却至需要的供水温度；当间接蒸发冷却塔制备的冷却水温高于机房供水温度但是低于机房回水温度时，制冷机和间接蒸发冷却塔联合运行，间接蒸发冷水机组制备的冷却水依次经过板式换热器和制冷机的冷凝器，通过板式换热器时与机房回水换热，带走机房排热，温度升高，经过制冷机的冷凝器后带走制冷机散热，温度继续升高。最后进入间接蒸发冷却塔被降温。机房回水依次经过板式换热器和制冷机的蒸发器，在板式换热器中被冷却水预冷，接下来进入冷机蒸发器被进一步冷却，作为机房供水送入空调中。第二种情况下，间接蒸发冷却塔和制冷机分别承担一部分机房负荷。

通过实时监测和比较间接蒸发冷却塔制备的冷却水温度与机房空调的供回水温度，可以实现冬夏季工况的切换。可以看出，不同运行模式的切换仅需开关冷冻水侧的阀门，控制制冷机启停，操作简单、容易实现。冷却水侧并未安装调节水阀，冷却水系统的运行模式全年保持不变，冷却水管路也不需切换，完全消除了由于存在死水管导致管路冬季结冰的风险。对于间接蒸发冷却塔来说，也不需要安装调节阀门切换管路。因此，整个系统设置在室外的管理和设备全年运行模式均不需要调节，保证了冷却系统全年运行的可靠性，也保证了机房中电子设备能够全年安全运行。

文中提出的此种数据机房冷却系统中，冷却塔、板式换热器和制冷机通过冷却水管道串联连接。实际的机房冷却系统中也存在板式换热器和制冷机与冷却塔并联连接的形式。比较这两种不同形式的系统，冬季都是只使用冷却塔为系统供冷，夏季使用制冷机为系统供冷，冷却塔作为制冷机的排热设备。但是串联的系统有几点好处：首先，串联连接的系统在过渡季的某些时段中，冷冻水可以在板式换热器中被冷却水预冷，冷却塔承担一部分负荷，降低制冷机承担的负荷，节约能耗；其次，串联的系统冷却水侧全年不需要调节水路，但是并联的系统冷却水管路需要切换，存在死水管路，增加了冷却水管冬季结冰的风险。因此本章的机房冷却系统以串联的形式为主。

2. 不同形式的间接蒸发冷却塔

数据中心机房冷却系统中的间接蒸发冷却塔一般由风-水表面式换热器和填料塔这两种传热或者传质部件组成，可以有不同的结构形式。根据管路连接关系可分为带有自循环的间接蒸发冷却塔（流程 1）和不带自循环的间接蒸发冷却塔（流程 2），如图 4.3-2 和图 4.3-3 所示。

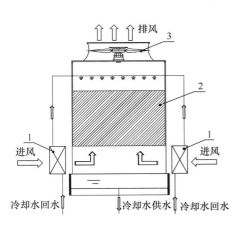

图 4.3-2　不带自循环的间接蒸发冷却塔

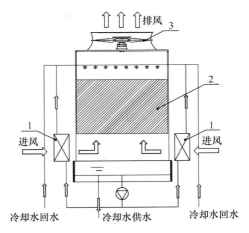

图 4.3-3　带自循环的间接蒸发冷却塔

1—风-水表面式换热器；2—填料；3—风机

带自循环的间接蒸发冷却塔由风-水表面式换热器、冷水自循环泵、填料塔和排风机组成。

夏季工况，进风通过风-水表面式换热器等湿冷却，进入填料塔，与塔顶向下喷淋的冷水进行逆流的蒸发冷却过程，最终作为排风排出。塔顶喷淋的水在填料塔中经过蒸发冷却被降温后，一部分在冷却水泵的作用下进入压缩式制冷机的冷凝器，带走冷机排热，另一部分在冷水自循环泵的作用下进入风-水表面式换热器，冷却进风。之后这两部分水混合后返回填料塔顶，进行喷淋，完成冷水的循环。

冬季工况，需要间接蒸发冷却塔为机房独立供冷，可以控制冷却塔风机频率，使得制备冷却水的温度恒定。间接蒸发冷却塔制备的冷却水温度高于室外进风温度，冷却水通过表面式换热器对间接蒸发冷却塔的进风加热，从而能够保证发生在间接蒸发冷却塔内部填料塔中的空气和水热湿交换过程，空气的干球在 10℃ 以上，湿球温度也高于 0℃，从而避免冷却塔的结冰问题。

冬季工况还有另一种实现方式，停止冷却水自循环泵。冷却塔的出水被机房空调回水加热。冷却水回水一部分经过表面式换热器被进风冷却，一部分在喷淋塔中蒸发冷却，两部分被冷却塔的水在水池中汇合作为冷却水供水，完成循环。空气依次通过表面式换热器和填料，给表面式换热器中的水以及喷淋水降温。由于冷却水回水温度高于进风温度，因此能够有效加热进风，使热湿交换过程中空气的干球和湿球温度高于 0℃，实际空气干球温度在 10℃ 以上。设计这种流程的原因是考虑到风-水表面式换热器顺流的方式防冻性能更好。如果夏季使用带自循环的流程，冬季使用这种流程，仅需停止运行自循环泵，不需要安装调节阀门以及切换管路。

不带自循环的间接蒸发冷却塔由风-水表面式换热器、填料塔和排风机组成。

夏季工况，进风通过风-水表面式换热器等湿冷却，进入填料塔，与塔顶向下喷淋的冷水进行蒸发冷却过程，最终作为排风排出。塔顶喷淋的水在填料塔中经过蒸发冷却被降温后，在冷却水泵的作用下，首先经过压缩式制冷机的冷凝器，带走冷机排热，然后进入

125

风-水表面式换热器冷却进风，最后回到填料塔顶准备喷淋，完成冷水的循环。

冬季工况，同样控制冷却塔风机频率使得制备冷却水的温度恒定。冷却水回水温度高于室外进风温度，冷却水回水通过表面式换热器对间接蒸发冷却塔的进风加热，从而能够保证填料塔中的空气和水热湿交换过程，空气的干球温度和湿球温度均高于 0℃，实际空气温度高于 10℃，从而避免冷却塔的结冰问题。

夏季，间接蒸发冷却塔能够降低进风的湿球温度，有利于制备更低温的冷却水；冬季，间接蒸发冷却塔能够有效加热进风，实现冷却塔防冻功能。但是过渡季间接蒸发冷却塔的性能随室外环境的变化规律如何，是否存在气温降低，进风被加热后出水温度升高，冷却塔性能变差的情况；冬夏模式的切换条件是什么；进风被加热或者冷却模式与冬夏切换模式切换条件是否相同；与常规冷却塔相比，过渡季时间接蒸发冷却塔是否还有出水温度的优势。这些问题需要被进一步讨论。

4.3.3 典型工况的设计计算

计算一个排热量全年恒定的数据中心机房，夏季典型工况和冬季典型工况下，冷却系统稳定运行时的运行性能，包括间接蒸发冷却塔参数、系统参数。间接蒸发冷却塔参数包括冷却塔进出水温度、填料喷淋温度、风-水换热器后水温、进风风-水换热器后温度、排风温湿度。系统参数包括冷却水供回水温度、冷冻水供回水温度，如图 4.3-4 所示。

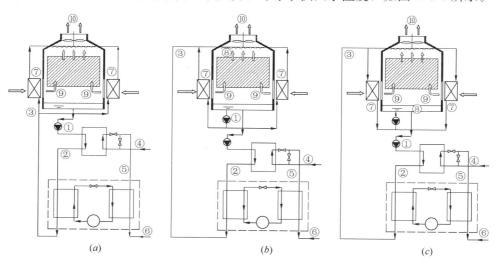

图 4.3-4　各部分计算参数

(a) 不带自循环的流程；(b) 带自循环的流程；(c) 停自循环泵的流程

①冷却水供水温度；②冷却水进冷机前温度；③冷却水回水温度；④冷冻水回水温度；⑤冷冻水进冷机前温度；⑥冷冻水供水温度；⑦表冷器后水温；⑧喷淋水温；⑨表冷后风温；⑩排风温度

由于间接蒸发冷却塔的散热量恒定，在水量不变的情况下，供回水温差保持不变，一般数据机房要求冷却水供回水温差为 5K。

冬夏季的室外环境参数为乌鲁木齐市空气调节室外计算参数。夏季进风参数为 33.5℃，8.1g/kg干空气，冬季进风参数为 -23.7℃，0.4g/kg干空气；夏季风-水换热器的传热单元数（NTU）为 2.1，填料的 NTU 为 2.0，空气和水的质量流量比为 1；冬季改变进风量，使出水温度保持在 10℃。风-水换热器的 NTU 和填料的 NTU 随风量的减小做了修正，经过试算，冬季风-水换热器的 NTU 为 3.0，填料的 NTU 为 3.4。空气和水的质量流量比为 0.5。

1. 夏季典型工况的计算

夏季进风参数为干球温度 33.5℃，含湿量 8.1 g/kg$_{干空气}$。两种流程（带自循环的流程和不带自循环的流程）的间接蒸发冷却塔散热量相同，均为 100kW。显热交换和热湿交换部件的 NTU 相同，其中带自循环的流程风-水换热器的传热能力 K_A 为 19.8kW/K，填料的传热能力 K_A 为 23.8kW/K；不带自循环的流程风-水换热器的传热能力 K_A 为 13.3kW/K，填料的传热能力 K_A 为 16.0kW/K。带自循环的流程供给用户的水量为 4.8kg/s，表冷器水量为 1.6kg/s，风量为 7.1kg/s；不带自循环的流程水量为 4.8kg/s，风量为 5.3kg/s。计算得到冷却水系统和冷冻水系统的水温，并且将间接蒸发冷却塔的工作参数绘制在焓湿图上，如表 4.3-1，表 4.3-2、图 4.3-5 和图 4.3-6 所示。

带自循环的流程夏季典型工况下系统参数　　　　表 4.3-1

系统参数	数值	系统参数	数值
① 冷却水供水温度（℃）	16.8	冷机 COP	9.9
② 冷却水进冷机前温度（℃）	16.8	⑦ 表冷器后水温（℃）	27.0
③ 冷却水回水温度（℃）	21.8	⑧ 喷淋水温（℃）	23.6
④ 冷冻水回水温度（℃）	18.0	⑨ 表冷后风温（℃）	20.7
⑤ 冷冻水进冷机前温度（℃）	18.0	⑩ 排风温度（℃）	21.6
⑥ 冷冻水供水温度（℃）	12.0	⑪ 排风含湿量（g/kg$_{干空气}$）	17.8

不带自循环的流程夏季典型工况下系统参数　　　　表 4.3-2

系统参数	数值	系统参数	数值
① 冷却水供水温度（℃）	18.1	冷机 COP	9.7
② 冷却水进冷机前温度（℃）	18.1	⑦ 表冷器后水温（℃）	23.1
③ 冷却水回水温度（℃）	23.1	⑧ 喷淋水温（℃）	23.1
④ 冷冻水回水温度（℃）	18.0	⑨ 表冷后风温（℃）	24.4
⑤ 冷冻水进冷机前温度（℃）	18.0	⑩ 排风温度（℃）	23.4
⑥ 冷冻水供水温度（℃）	12.0	⑪ 排风含湿量（g/kg$_{干空气}$）	19.5

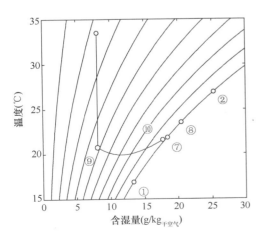

图 4.3-5　带自循环的流程夏季典型
工况下运行参数

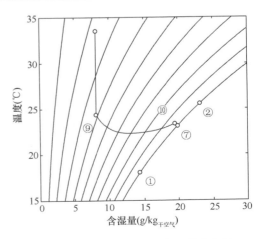

图 4.3-6　不带自循环的流程夏季典型
工况下运行参数

由计算结果可以看出，夏季典型工况下，带自循环的间接蒸发冷却塔出水温度更低。这是由于用于冷却进风的水温为冷却水供水温度，低于不带自循环流程的冷却水回水温度，因此能够更有效地冷却进风，使进行蒸发冷却的进风湿球温度更低。较低的冷却水供水温度能够提高冷机能效比，在夏季需要开冷机的时段中更节能。

2. 冬季典型工况的计算

冬季改变风机频率，使三种流程（带自循环的流程，不带自循环的流程，停自循环泵的流程）的出水温度均为 10.0℃。进风参数为干球温度 $-23.7℃$，含湿量 $0.4g/kg_{干空气}$。三种流程的间接蒸发冷却塔散热量相同，为 100kW，水流量与夏季工况相同。其中，带自循环的流程风-水换热器的 KA 为 6.5kW/K，填料的 KA 为 8.0kW/K，风量为 1.7kg/s；不带自循环的流程风-水换热器的 KA 为 6.0kW/K，填料的 KA 为 8.3kW/K，风量为 1.7kg/s；停自循环泵的流程风-水换热器的 KA 为 7.8kW/K，填料的 KA 为 9.3kW/K，风量为 2.6kg/s；计算得到冷却水系统和冷冻水系统的水温，并且将间接蒸发冷却塔的工作参数绘制在焓湿图上，如表 4.3-3～表 4.3-5 以及图 4.3-7～图 4.3-9 所示。

带自循环的流程冬季典型工况下系统参数　　　　表 4.3-3

系统参数	数值	系统参数	数值
① 冷却水供水温度（℃）	10.0	⑦ 表冷器后水温（℃）	4.3
② 冷却水进冷机前温度（℃）	15.0	⑧ 喷淋水温（℃）	11.4
③ 冷却水回水温度（℃）	15.0	⑨ 表冷后风温（℃）	8.7
④ 冷冻水回水温度（℃）	18.0	⑨ 表冷后空气湿球（℃）	-0.4
⑤ 冷冻水进冷机前温度（℃）	12.0	⑩ 排风温度（℃）	11.3
⑥ 冷冻水供水温度（℃）	12.0	⑩ 排风含湿量（g/kg_{干空气}）	9.2

不带自循环的流程冬季典型工况下系统参数　　　　表 4.3-4

系统参数	数值	系统参数	数值
① 冷却水供水温度（℃）	10.0	⑦ 表冷器后水温（℃）	11.8
② 冷却水进冷机前温度（℃）	15.0	⑧ 喷淋水温（℃）	11.8
③ 冷却水回水温度（℃）	15.0	⑨ 表冷后风温（℃）	13.5
④ 冷冻水回水温度（℃）	18.0	⑨ 表冷后空气湿球（℃）	2.2
⑤ 冷冻水进冷机前温度（℃）	12.0	⑩ 排风温度（℃）	11.7
⑥ 冷冻水供水温度（℃）	12.0	⑩ 排风含湿量（g/kg_{干空气}）	9.5

停自循环泵流程冬季典型工况下系统参数　　　　表 4.3-5

系统参数	数值	系统参数	数值
① 冷却水供水温度（℃）	10.0	⑦ 表冷器后水温（℃）	9.8
② 冷却水进冷机前温度（℃）	15.0	⑧ 水池温度（℃）	10.7
③ 冷却水回水温度（℃）	15.0	⑨ 表冷后风温（℃）	8.5
④ 冷冻水回水温度（℃）	18.0	⑨ 表冷后空气湿球（℃）	-0.5
⑤ 冷冻水进冷机前温度（℃）	12.0	⑩ 排风温度（℃）	14.3
⑥ 冷冻水供水温度（℃）	12.0	⑩ 排风含湿量（g/kg_{干空气}）	11.2

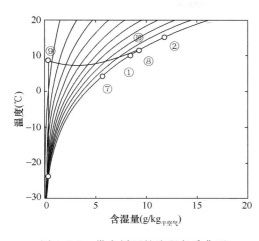

图 4.3-7　带自循环的流程冬季典型
工况下运行参数

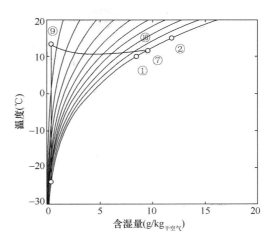

图 4.3-8　不带自循环的流程冬季典型
工况下运行参数

由计算结果可以看出，冬季典型工况下，不带自循环的间接蒸发冷却塔风-水换热器后空气的温度最高。这是由于与带自循环的流程相比，不带自循环的流程用于加热进风的水温是冷却水回水温度，高于带自循环的流程的冷却水供水温度，且水量为总水量；与停止自循环泵泵的流程相比，水量更大。因此不带自循环的流程能够有效加热进风，实现冷却塔的防冻功能。

4.3.4　间接蒸发冷却塔防冻性能测试

1. 测试目的

典型工况分析中计算了室外温度在 0℃ 以下时，三种流程的间接蒸发冷却塔的运行情

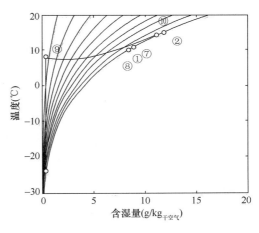

图 4.3-9　停自循环泵流程冬季典型
工况下运行参数

况。模拟结果表明间接蒸发冷却塔具有良好的冬季防冻性能，但是模拟过程中存在局限性。首先，为了简化计算，模型中的风-水换热器的模型只能计算空气和水的进出口参数，填料中发生的传热传质过程是一维的，而实际运行过程中，风-水换热器和填料塔中都存在温度或者温湿度分布。对于一些特殊的部位，如风-水换热器水管的弯头、填料靠近边壁的位置，模拟结果不能反映它们的参数分布，不能证明这些部位是否结冰。为了进一步讨论间接蒸发冷却塔的防冻功能，对其进行测试。

测试的主要目的是验证间接蒸发冷水机代替常规冷却塔为数据机房排热时，冬季自然冷却时是否结冰。其次，为了确定最可能结冰的部位，测试风-水换热器的温度分布，讨论风—水换热器是否有冻的可能性。最后，测试低风速下填料的传热传质性能。

2. 被测机组设计

间接蒸发冷却塔散热量为 100kW。实际测试了两种运行模式的间接蒸发冷却塔；不

带自循环的间接蒸发冷却塔和冬季停止自循环泵的间接蒸发冷却塔冬季运行的性能。被测机组原理如图 4.3-10 和图 4.3-11 所示。

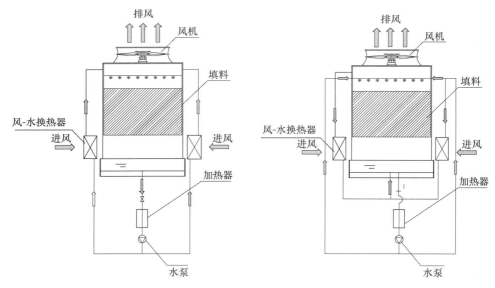

图 4.3-10　不带自循环的间接蒸发冷却　　　图 4.3-11　带自循环的间接蒸发冷却
　　　　　　塔系统原理图　　　　　　　　　　　　　　　塔系统原理图

不带自循环的间接蒸发冷却塔的原理如图 4.3-10 所示。间接蒸发冷却塔的 10℃出水经过末端加热器被加热至 15℃，经过风-水换热器，热水加热进风，水温降低，接着进入填料塔进一步降温。进风通过风-水换热器温度升高至 10℃以上，接着进入填料塔，最后作为排风排出冷却塔。风机安装变频器，通过改变风机的频率调节风量，控制出水温度维持在 10℃不变。安装温控器，实现水温与风机频率的反馈调节。

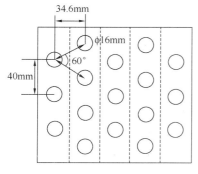

图 4.3-12　水管在肋片表面的
　　　　　　叉排分布

冬季停止自循环泵的间接蒸发冷却塔的原理如图 4.3-12 所示。间接蒸发冷却塔的 10℃出水被加热器加热。冷却水回水一部分经过风-水换热器被进风冷却，一部分在喷淋塔中蒸发冷却，两部分被冷却的水在水池中汇合作为冷却水供水，完成循环。空气依次通过风-水换热器和填料，为风-水换热器中的水以及喷淋水降温。

测量风-水换热器顺流和逆流两种流形，因此风-水换热器的进出水管可以互换。为了防止管道冻的情况，所有管道做外保温。

间接蒸发冷却塔填料选择波距为 20mm 的斜波 PVC填料，风-水换热器一共有两组，分别位于填料塔的两个进风口处。集水管最低点设置放水阀水管在与肋片平行的平面上交叉排列，如图 4.3-12 和图 4.3-13 所示。

风机安装变频器，使风量能够在额定风量的 30%～100% 之间变化。用一个温控器与风机变频器连接，通过调节风机频率使出水温度保持不变。

3. 测试结果

不带自循环的间接蒸发冷却塔冬季防冻测试一共测得28 个工况。测试的气象条件是，进风干球温度范围−2.7～−14.2℃，湿球温度范围−3.4～−15.8℃。测试时，水流量范围 17.3～23.0m³/h，风机频率范围 20～35Hz。测试结果也包括风-水换热器逆流和顺流两种流形下，换热器表面温度分布。

停止自循环泵的间接蒸发冷却塔冬季防冻测试一共测得 18 个工况。测试的气象条件是，进风干球温度范围−2.8～−4.1℃，湿球温度范围−7.1～−4.1℃。总水流量范围 19.1～20.5m³/h，填料水流量范围 3.6～4.7m³/h，风-水换热器流量范围 15.5～15.8m³/h。风机频率范围 45～50Hz。测试时风-水换热器保持顺流流形。

测试工况的能量平衡情况如图 4.3-14 和图 4.3-15 所示，主要包括风-水换热器风侧和水侧显热换热量的平衡，以及填料中风侧和水侧全热交换量的平衡，空气和水的能量平衡误差基本在 20% 范围内，可以保证测试结果准确可信。

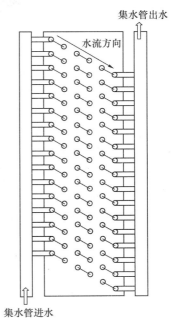

图 4.3-13 风-水换热器左视图

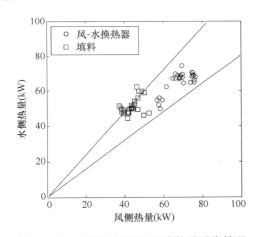

图 4.3-14 不带自循环的系统能量平衡情况

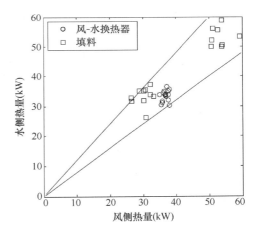

图 4.3-15 停自循环泵的系统能量平衡情况

不带自循环的间接蒸发冷却塔冬季防冻典型工况如图 4.3-16 所示。进风的干球温度为−14.4℃，湿球温度为−16.0℃，风-水换热器之后的空气温度为 12.8℃，表明进风在风-水换热器中被有效加热。空气在填料中热湿交换带走冷却水排热后的温度为 10.0℃，相对湿度为 93.9%。此时风-水换热器的进/出水温度为 14.6℃/11.7℃。制备冷却水的温度为 9.7℃。红外成像仪测得风-水换热器的表面温度在 2.9～9.6℃范围内。

连续测量不带自循环的间接蒸发冷却塔的进出水温度随气温的变化情况，如图 4.3-18 所示。风机频率保持在 22Hz，加热功率为 120kW，当室外空气的干球温度在−12～−15℃范围内，湿球温度在−13.4～−16.3 范围内，露点温度在−23.1～−26.9 范围内变化时，冷却水出水温度保持在 9.7～10.5℃之间，冷却水进水温度维持在 14.4～15.3℃之间。

这种运行模式下，测试了风-水换热器顺逆流两种流形下，换热器的进风面温度分布以及弯头的表面温度分布，如图 4.3-20 和 4.3-21 所示。风水逆流换热时，进风与温度较低的换热器出水相接触，表面温度低，测试结果为 3.5～6.2℃。风水顺流换热时，进风与温度较高的换热器进水相接触，即经过加热器后的冷却水，因此换热器的表面温度较高，测试结果为 5.8～7.6℃。因此风-水换热器设计成风水顺流换热的流型防冻效果更显著。

冬季停止自循环泵的间接蒸发冷却塔冬季防冻典型工况如图 4.3-17 所示。进风的干球温度为 −4.1℃，湿球温度为 −7.0℃，风-水换热

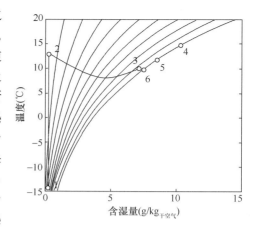

图 4.3-16　不带自循环的系统冬季典型工况测试结果

1—进风；2—表冷后空气；3—排风；4—冷却水回水；
5—表冷后水温；6—冷却水供水

器之后的空气温度为 9.8℃，进风能够在风-水换热器中被有效加热。排风的温度为 5.3℃，相对湿度为 81.5%。此时风-水换热器进出/水温度为 15.3℃/11.5℃。制备冷却水的温度为 10.3℃。

同样对这种运行方式下的间接蒸发冷却系统连续测试，测试结果如图 4.3-19 所示。风机频率保持在 45Hz，加热功率为 120 kW，当室外空气的干球温度在 −3.0～−4.6℃范围内，湿球温度在 −7.4～−6.3℃范围内，露点温度在 −15.7～17.0℃附近变化时，冷却水出水温度保持在 10.2～10.7℃之间，冷却水进水温度维持在 14.8～15.8℃之间。

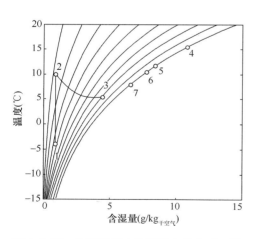

图 4.3-17　自循环停止的系统冬季典型工况测试结果

1—进风；2—表冷后空气；3—排风；4—冷却水回水；
5—表冷后水温；6—冷却水供水；7—喷淋后水温

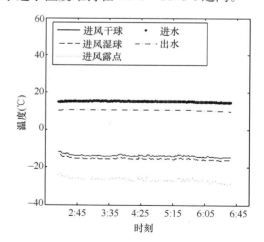

图 4.3-18　不带自循环的系统稳定运行测试结果

两种流程的间接蒸发冷却塔的实验结果表明，填料中空气的干球温度在 5℃以上，湿

球温度在 0℃ 以上，水温在 10℃ 以上，没有结冰的危险。风-水换热器的表面温度足够高，也没有冻的危险。并且，当风机的频率保持合理的数值时，间接蒸发冷却塔能够长时间稳定运行，冷却水进出水温保持在设定值附近，间接蒸发冷却塔容易结冰的部分没有冻的风险。

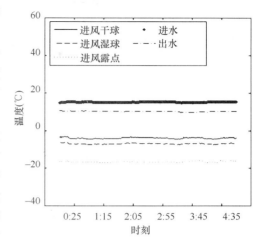

图 4.3-19　自循环停止的系统稳定运行
测试结果

比较这两种流程，不带自循环的间接蒸发冷却塔，进风加热后的温度更高。这是由于给进风加热的水量是总水量，而停止自循环泵的流程中为进风加热的水是部分冷却水，且实验中喷淋的水也为部分冷却水，虽然实验中冷却塔喷淋较为均匀，但是不能保证在实际工程中冬季部分冷却水能够均匀喷淋。因此不带自循环的流程在防冻性能上比停止自循环泵的流程更好。

实验结果也能够计算出低风速下填料的体积传质系数。冬季为了使出水温度保持在需要的范围内，测试中为 10 ± 0.5℃，风机频率保持在 $20\sim35$Hz，风量较小，填料的迎面风速在 $1.1\sim1.7$ m/s 之间。因此根据测试数据，可以计算出低风速下填料的传质系数，能够评估这种填料低风速下传热传质的效果，为模拟计算提供实验数据。填料的体积传质系数定义如式（4.3-1）所示。测试结果表明填料的传质系数在 $2000\sim4000$ kg/m³/h 之间。

$$\beta_v = \frac{3600K_d A}{V} \tag{4.3-1}$$

图 4.3-20　不带自循环的系统换热器逆流换
热时表面温度分布

图 4.3-21　不带自循环的系统换热器顺流换
热时表面温度分布

4.3.5　小结

目前用在北方的数据中心机房的水冷系统的冷却塔普遍存在结冰的现象，为解决冬季冷却塔结冰的问题，一些机房设置一套独立的干冷器，冬季停用冷却塔，采用干冷器直接向室外空气排热，这不仅大大增加了系统投资，还会由于气温的日夜变化，使得干冷器和制冷系统之间的切换变得非常复杂；一些机房采用内冷的冷却塔，内冷冷却塔夏季当冷却塔用，冬季当风水换热器用，但是夏季工况内冷冷却塔的性能总比一般冷却塔的性能差，冬季工况同样存在面对气温日夜变化的切换问题，控制不当仍然会出现结冰的现象，系统投资增加，性能并没有比一般冷却塔变好。此外，还有一些工程通过添加辅助措施来防结冰：比如为冷却塔添加额外的热源的方法来防结冰，用电热或者热水给容易结冰的部位加热，包括冷却水管道上缠绕电伴热带，进风口处增加热水水帘、防冻化冰管；或者通过安装挡风板、改变布水方式等措施，季节性的改变冷却塔结构，从而达到周期性化冰，或者缓解冷却塔结冰的目的；此外，风机周期性倒转是一种通过改变冷却塔运行方式实现防冻功能的做法。但是这些方法都无法根本上解决冷却塔结冰的问题，使得目前北方大型的数据中心，只能冬季雇人凿冰，冬季防冻已经成为各大型数据中心的迫切需求。

本章提出一种基于间接蒸发冷却塔的数据机房冷却系统。夏季，间接蒸发冷却塔作为机械式制冷机的冷却塔，能够制备低于湿球温度的冷却水，从而提高制冷机 COP；冬季，间接蒸发冷却塔作为冷却系统的冷源，为数据机房独立供冷，由于间接蒸发冷却塔结构独特，能够实现冷却塔冬季防冻的功能。并且由于间接蒸发冷却塔能够制备较低温度的冷却水，能够充分利用自然冷源，延长自然冷却的时间，缩短制冷机开启的时间，从而有效节能。这种基于间接蒸发冷却塔的数据中心机房冷却系统全年切换简单，并且只切换冷冻水侧管路，冷却水侧全年一种模式运行，这样也消除了冷却水侧因为管路切换存在的死水管，消除了管路结冰的隐患，实现防冻功能。实测了间接蒸发冷却塔的冬季防冻性能，测试结果表明间接蒸发冷却塔的冬季防冻性能良好。

本 章 参 考 文 献

[1] 宫云轩，林超峰．闭式冷却塔在数据机房空调系统中的应用[J]．制冷与空调，2013，13(8)：23-24．

[2] 奚军．冷却塔防冻装置：中国，202562319U[P]．2012-5-14．

[3] 连宝英，赵同科，王利亭，等．微开式冷却塔的防冻结构：中国，201828185U[P]．2010-7-2．

[4] 陶先军．一种钢混结构逆流式冷却塔的防冻装置：中国，203572260U[P]．2013-10-23．

[5] 朱艳梅，李士超．电力冷却塔防冻挡风板：中国，202501793U[P]．2011-12-14．

[6] 姜晓荣，王伟民，李敬生，等．冷却塔防冻高分子挡风板：中国，101881573A[P]．2010-5-13．

[7] 周亮，李亮，张海兵．热电厂冷却塔挡风装置：中国，103292613A[P]．2013-5-29．

[8] 戚福禹，宋春雷．一种冷却塔随折叠帘式节能防寒系统：中国，202442604U[P]．2012-2-9．

[9] Bender T J，Bergstrom D J，Rezkallah K S．A Study on the Effects of Wind on the Air Intake Flow Rate of a Cooling Tower：Part 2．Wind Wall Study[J]．Journal of Wind Engineering and Industrial Aerodynamics，1996，64：61-72．

[10] Matoba M，Suzuki Z．Freezing Prevention Structure in Cooling Tower：JPH，11193991[P]．1997-12-30．

[11] Gautier D．Cooling Tower with Crossed Currents Equipped with An Anti-Freeze System：FR，2593902[P]．1986-2-6．

[12] 刘官郡，张迎高，牛楠．具有等距内外圈配水结构的冷却塔：中国，2926968[P]．2006-6-14．

[13] 谢晓云，江亿，冯潇潇．一种利用间接蒸发冷却实现冷却塔冬季防冻的系统及方法．ZL 201510149223.9．2017.10.10．

第5章 冷却系统案例实测

5.1 数据中心环境能效检测与优化

5.1.1 某数据中心概况

数据中心某模块机房 A 位于上海，主营 IDC 业务。该机房面积 660m²（包括空调间 116m²），架高地板高度为 80cm，地板上高度为 3.95m；共有 13 列机架，共计 292 个机柜，多为前进风后出风散热设计；机柜内设备主要包括服务器、存储及网络设备。冷却系统主机包括 SUNRISE SCU1500DE 型号水冷空调 9 台，SCU800DE 型号水冷空调 2 台。

测试日期为 2017 年 4 月 11 日。当日 IT 设备功耗 372.1kW，加动力设备的总功耗约 472.1kW。11 台水冷空调，全部开启，总显冷量 1339kW，冷冻水进机房水温度 12℃。图 5.1-1 给出了改造前数据中心机房分布图。

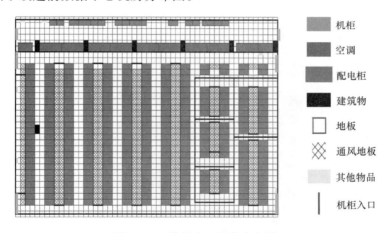

图 5.1-1 数据中心机房分布图

5.1.2 改造前的性能测试

数据中心机房温度场测量为三维温度测量，且需要在短时间内完成，因此本次数据测量采用智能移动测量设备，快速测量温湿度数据和空气流动速度。图 5.1-2 所示为智能移动测量设备，采用 60×60 标准通风地板尺寸，每层有 9 个高精度温度传感器和湿度传感器，共 7～8 层，结合后台软件实时生成温湿度云图，数据处理后可以得到机柜冷却指数（RCI）和机柜入口、水平和垂直热点。

为评价改造前数据中心机房整体性能，设置了 59157 个温度测量点，6573 个湿度测

图 5.1-2 智能移动测量设备

量点，1946 个入口温度点，282 次出风地板流量测量，11 台空调检测。

具体测试数据：机房温度范围为 17.0～35.8℃，机房湿度范围为 38%～61%，最高入口温度为 27.4℃，平均入口温度为 20.6℃。机房总体冷却指数 RCI_{HI} 为 99.9%，机房总体冷却指数 RCI_{LO} 为 99.5%。

风量的供给与设备需求的匹配程度：IT 散热需要的风量为 94029.7m³/h，出风地板总的出风量为 284763.6m³/h，风量供给的冗余度为 202.8%。

冷负荷与投入制冷量的匹配程度：空调总显冷量为 1339kW，机房总冷负荷为 472.1kW，制冷冗余度为 183.6%。

机房能耗：IT 设备功耗为 372.1kW，动力设备总功耗约 100kW（包括 11 台空调），总功耗 472.1kW。

图 5.1-3 和图 5.1-4 分别为机房 A 距地板 107cm 处温度分布云图和机房 A 入口温度分布图。从图 5.1-3 可以看出，机房内 IT 设备的入口温度控制良好，ASHRAE 建议将设备的入口温度控制在 18～27℃之间，在图 5.1-4 中有 10 个入口温度低于 ASHRAE 建议的范围，但绝大部分满足要求。

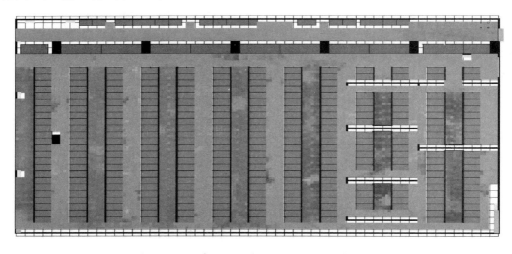

图 5.1-3 机房 A 距地板 107cm 处温度分布云图

图 5.1-5 和图 5.1-6 分别为机柜距地板 107cm 处入口温度最高的 10 个点的位置和机房 A 机柜高度方向温差分布图。由于制冷冗余度为 183.6%，超出 100%，可以看出制冷量与机房内的设备耗电量之间不匹配，11 台空调开启提供的制冷量大于设备耗电所需要的制冷量。

图 5.1-7 为机房 A 通风地板流量分布图，从图中和风量供给的冗余度为 202.8%可以

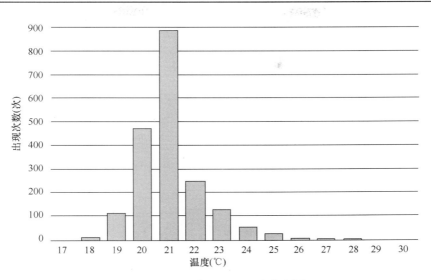

图 5.1-4　机房 A 入口温度分布图

注：1. 共 1946 个入口温度点，最小值 17.3℃，最大值 27.4℃，其中 10 个入口温度低于
　　　ASHRAE 建议范围。
　　2. 设备入口平均温度 20.6℃。

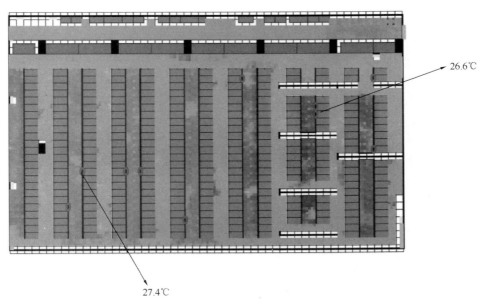

图 5.1-5　机柜距地板 107cm 处入口温度最高的 10 个点的位置

发现出风地板风量过大，大于设备散热需要的风量，气流分布不均匀，导致机房整体气流组织效率不高，能效较低。

5.1.3　改造方案及测试结果分析

针对机房 A 出现的以上制冷量与设备耗电量不匹配、气流组织不均以及能效较低等

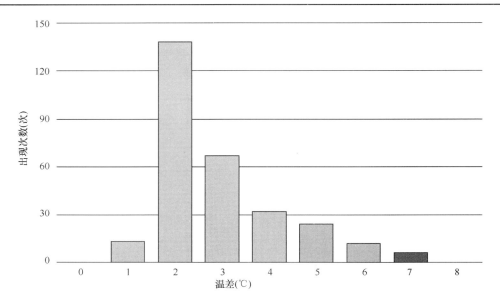

图 5.1-6　机房 A 机柜高度方向温差分布图

注：1. 共 278 个机柜入口，高度方向温度差最小值 0.5℃，最大值 6.9℃。

　　 2. 机柜高度方向温度差平均值 2.4℃。

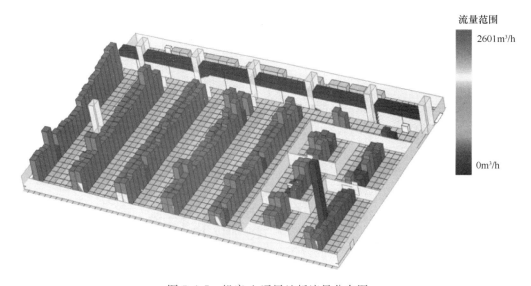

图 5.1-7　机房 A 通风地板流量分布图

问题，提出以下改造措施：

　　（1）调整出风地板出风量；

　　（2）安装机柜盲板；

　　（3）关闭 4 台空调。

　　改造后选取 59535 个温度测量点，6615 个湿度测量点，1946 个入口温度点，282 次出风地板流量测量，7 台空调检测。改造后的机房温度范围为 16.6～36.9℃，机房湿度范围为 35%～60%，最高入口温度上升为 27.8℃，平均入口温度下降到 20.0℃。机房总体冷却指数 RCI_{HI} 下降为 99.1%，机房总体冷却指数 RCI_{LO} 下降为 96.6%。

　　风量的供给与设备需求的匹配程度：IT 散热需要的风量为 96375.6m³/h，出风地板总的出风量为 181204.0m³/h，风量供给的冗余度下降为 88.0%，共下降 114.8%。

　　冷负荷与投入制冷量的匹配程度：空调总显冷量为 844.2kW，机房总冷负荷为 449.4kW，制冷冗余度下降为 87.8%，共下降 95.8%。

　　图 5.1-8 和图 5.1-9 分别代表了改造后机房 A 距地板 107cm 处温度分布云图和改造后机房 A 入口温度分布图，对比图 5.1-2 和图 5.1-3，机房的温度范围相较于改造前增大，且有 67 个入口温度低于 ASHRAE 建议范围，2 个入口温度高于 ASHRAE 建议范围，设备入口平均温度有所降低。

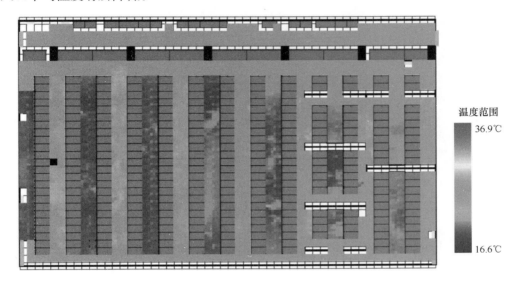

图 5.1-8　改造后机房 A 距地板 107cm 处温度分布云图

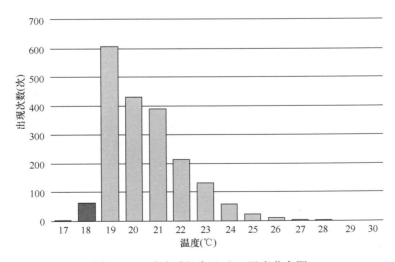

图 5.1-9　改造后机房 A 入口温度分布图

注：1. 共 1946 个入口温度点，最小值 16.9℃，最大值 27.8℃。其中 67 个入口温
　　　 度低于 ASHRAE 建议范围，2 个入口温度高于 ASHRAE 的规范建议范围。
　　2. 设备入口平均温度 20.0℃。

    图 5.1-10 和图 5.1-11 分别为改造后机柜距地板 107cm 处入口温度最高的 10 个点的位置和改造后机房 A 机柜高度方向温差分布图。对比图 5.1-5 和图 5.1-6 可以发现，入口温度最高的 10 个点的位置有所变动且入口温度比改造前有所升高，改造后的机房机柜高度方向温差增大，比改造前平均增加 1.1℃。结合总风量大于设备需求风量的数据和图 5.1-10 上热通道上的低温区域，分析得出机柜还需进一步堵漏，减少串风，在降低总送风量的条件下，降低机柜高度方向温度差。

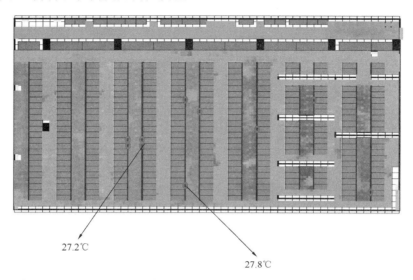

27.2℃

27.8℃

图 5.1-10　改造后机柜距地板 107cm 处入口温度最高的 10 个点的位置

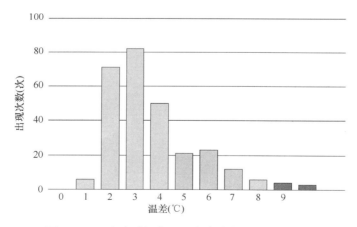

图 5.1-11　改造后机房 A 机柜高度方向温差分布图

注：1. 共 278 个机柜入口，高度方向温度差最小值 0.5℃，最小值 9.9℃。
      2. 机柜高度方向温度差平均值 3.3℃。

    改造后机房能耗：IT 设备功耗为 381.4kW，动力设备总功耗约 68kW（包括 10 台空调），总功耗为 449.4kW。改造后动力设备的总功耗从 100kW 降低到 68kW，节电率为 32%。

5.2 数据中心分布式冷却系统案例分析

5.2.1 某数据中心概况

某数据中心机房 B 位于北京地区，其空调系统的基本信息见表 5.2-1。

数据中心改造前基本信息 表 5.2-1

机房几何尺寸（m）	外墙数量	机柜数量	机柜总功率（kW）
18×5.5×3	1	39	50～60
机房空调机数量	空调额定制冷量（kW）	机房室温（℃）	机房相对湿度（%）
3	80	20～28	40～70

图 5.2-1 给出了空调系统改造前的机房布局和气流组织。该数据中心机房采用冷/热通道气流布局，空调直接对室内空间送风，屋顶和侧墙回风。冷空气（空心箭头）从 3 台空调机直接送入冷通道，机柜排风（实心箭头）从热通道返回空调机组。

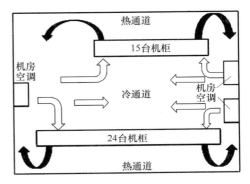

图 5.2-1 改造前机房布局和气流组织

5.2.2 改造前的性能测试

为了评价气流组织，测试了机房内温度分布。表 5.2-2 给出了 2012 年 1 月 15 日若干典型位置机柜进风温度的时均测试结果。测试仪器为温度自记仪，测试误差为±0.5℃，每 10min 采集一次数据。

机柜进风温度时均测试结果 表 5.2-2

	进风温度			
	低于 15℃	15～20℃	20～25℃	高于 25℃
机柜数量	2	3	7	27

从测试结果可以看出，改造前机房内温度分布很不均匀。测试时段内空调送风温度为 12℃，有 27 台机柜的进风温度超过 25℃，而只有 2 台机柜的进风温度低于 15℃。测试结果表明，机房气流组织较差，存在较严重的冷热空气掺混情况。表 5.2-3 给出了 2012 年 1 月 15 日每台机房空调机回风温度的时均测试结果。测试仪器为温度自记仪，测试误差为±0.5℃，每 10min 采集一次数据。

空调回风时均温度测试结果 表 5.2-3

	空调机 1	空调机 2	空调机 3
回风温度（℃）	29.6	26.5	32.8

测试结果表明，改造前机房空调最大回风温差达到 6℃。温度不均匀的回风会使各台

机房空调机承担的负荷不稳定，导致有些空调机满负荷运行，而有些空调机的负荷率很低，最终降低整个空调系统的能效。

表 5.2-4 给出了 2012 年 1 月该机房通过围护结构的实测平均传热量、机房空调实测平均 COP 和厂家给出的冬季典型月空调额定 COP。

空调性能测试

表 5.2-4

围护结构平均传热量（kW）	机房空调实测平均 COP	机房空调冬季典型月额定 COP
4.3	2.5	4.0

从表 5.2-4 可以看出，由于该机房通过围护结构散失的热量较小（不足机柜发热量的 8%），空调制冷量可以近似用机柜功率等效。功率测试仪器为分项计量功率计，测试误差为 ±15%，每小时采集一次数据。从测试结果可以看出，改造前机房空调能耗偏高。

5.2.3 改造及测试方案

由于存在机房内温度分布不均、各机房空调承担负荷不稳定以及机房空调能效偏高等问题，将机房空调系统改造为分布式冷却系统。分布式冷却系统模型分为三部分：冷却末端采用氟利昂多级热管、内冷型机柜和冷水环路。分布式冷却系统的冷却末端置于机柜内部，如图 5.2-2 所示，通过空气循环和冷水循环将数据处理设备散发的热量传递到室外，降低了热量输送过程中气流行为的不确定性，减小了不同温度气流相互混合的概率，从理论上可解决冷、热气流混合造成局部过热的安全问题。

鉴于氟利昂具有良好的传热特性和对数据处理设备无害的安全特性，可以避免使用水作为冷却媒介导致的冷水泄露风险，因此选择氟利昂热管作为数据中心冷却系统的理想末端。如图 5.2-3 所示，当给定数据处理设备总发热量和总换热面积时，空气环路和冷水环路之间的换热温差越小，其换热性能越好，对提高冷热源温度和降低能耗的作用越大。然而当投入无限大换热面积时，以水为循环介质的单级热管排布冷却末端传热能效达到最大值 1，而同等条件下的氟利昂只能达到 0.5。

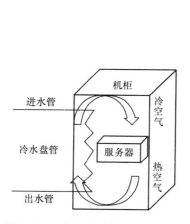

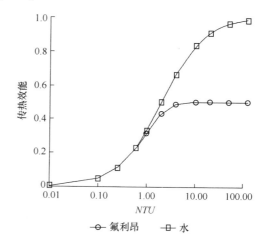

图 5.2-2　分布式冷却末端原理图　　图 5.2-3　2 种换热介质的分布式冷却末端传热效能比较

为缩小氟利昂和水在传热性能上的差距，考虑将单级热管布局变为多级串联式布局，如图 5.2-4 所示。

从图 5.2-5 可以看出，经实验表明随着热管级数的增加，氟利昂整体传热性能逐渐接近于水的性能。

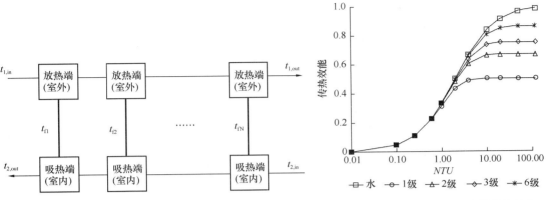

图 5.2-4 串联式多级热管换热器   图 5.2-5 不同级数热管换热器传热效率

综合考虑工程可实施性和制造成本后，选择 2 级串联式氟利昂热管作为分布式冷却末端。将 2 个热管的吸热端分别安装在机柜内部的顶端和底部，与不同温度的空气换热，形成双级内冷型机柜，热管放热端分别通过换热器 1 和换热器 2 与外部冷水换热，将机柜内部服务器散发的热量排到室外，如图 5.2-6 所示。

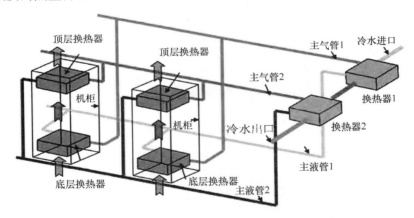

图 5.2-6 双级内冷型机柜结构示意图

为了进一步提高冷源温度并充分利用室外空气的冷却能力，设计了如图 5.2-7 所示的由 2 台冷水机组和 1 台冷却塔串联作为不同温度的冷源，与 2 级热管放热端和水泵构成闭合环路，将机柜热量传递到室外环境。旁通管路在冷水机组完全供冷模式下启用，以减小流动阻力，降低水泵能耗。在给定环路供回水温度的条件下，冷水环路的工作模式取决于室外空气的湿球温度。当湿球温度足够低时，冷却塔可以独立承担全部冷负荷。当空气湿球温度升高时，由冷水机组和冷却塔共同承担冷负荷。当空气湿球温度高到无法使用冷却塔时，冷负荷全部由冷水机组承担。

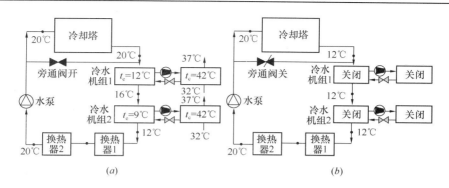

图 5.2-7　串联式冷水环路示意图

（a）冷水机组完全供冷；（b）冷却塔完全供冷（自然冷却）

5.2.4　改造后性能测试结果与分析

应用前述分布式冷却系统对该机房进行空调系统改造。图 5.2-8 为采用双级环路热管的内冷型机柜照片，图 5.2-9 为冷水环路中冷水机组和冷却塔照片。

图 5.2-8　采用双级环路热管的内冷型机柜

图 5.2-9　冷水环路中的冷水机组和冷却塔

（a）冷水机组（两级）；（b）冷却塔

图 5.2-10 给出了某内冷型机柜内气流温度的日平均值。测试时间为 2012 年 6 月 1～30 日。测试设备为温度自记仪，测试误差为±0.5℃，每小时采集一次数据。

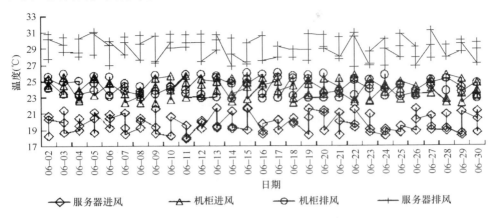

图 5.2-10　某内冷型机柜日平均气流温度

从测试结果可以看出，该机柜进风和排风温度曲线几乎重合，接近机房室温（23～25℃）。该机柜服务器进风温度范围为 17.4～22℃，满足 ASHRAE 推荐的服务器进风参数。

图 5.2-11 给出了全部 39 台内冷型机柜进排风温度的日平均值测试结果。测试时间为 2012 年 6 月 6 日。测试设备为温度自记仪，测试误差为±0.5℃，每 10min 采集一次数据。

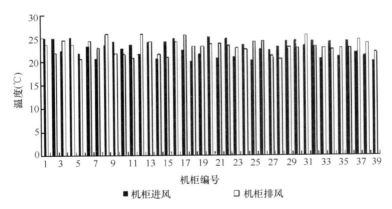

图 5.2-11　全部内冷型机柜日平均进排风温度

从测试结果可以看出，空调系统改造后，单台机柜进排风最大温差不超过 3.5℃，39 台机柜进排风平均温差为 1.4℃。测试当日，机房内空气温度为 20～26℃，与机柜进排风的测试结果基本一致。

以上测试结果表明，由于有效减少了冷热空气混合，内冷型机柜营造出了更为均匀的机房内热环境参数分布。分布式冷却末端改善了气流组织，其实际传热性能与设计指标基本一致。

图 5.2-12 比较了 2012 年 6 月冷水机组在不同运行模式（单台冷水机组和 2 台冷水机

组）下的实测 COP。功率测试仪器为分项计量功率计，测试误差为 ±15％，每 0.5h 采集一次数据。温度测试仪器为温度自记仪，测试误差为 ±0.5℃，每 0.5h 采集一次数据。

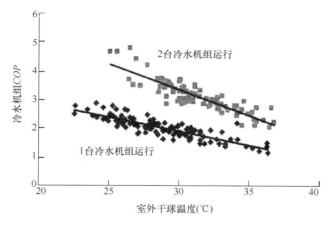

图 5.2-12　冷水机组性能测试结果

测试结果表明，在相同的负荷和室外干球温度下，2 台冷水机组联合运行的 COP 高于单台冷水机组独立运行。

为控制机房内湿度，在机房东北侧布置 1 台独立的除湿/加湿设备，将室内空气相对湿度控制在 35％～50％范围内，以符合相关规范的要求。由于机房内没有产湿源，也没有固定的人员值守，室内空气湿度的变化仅由围护结构少量新风渗透和人员短暂进出引起，因此湿负荷相对较小，除湿/加湿设备不连续工作，其运行能耗占整个空调系统能耗的比例较小。

表 5.2-5 给出了冷水环路中各台冷水机组和冷却塔全年运行工况（负荷率、运行时间）的设计值和实测值。测试结果表明，冷源的实际性能基本满足设计指标。

冷源性能验证						表 5.2-5
	满负荷运行时间（h）		部分负荷运行时间（h）		全年运行时间（h）	
	设计值	实测值	设计值	实测值	设计值	实测值
冷却塔	3848	3550	3179	2877	7027	6427
冷水机组 2	1733	2175	3179	3400	4912	5575
冷水机组 1	1733	2069	1721	2215	3454	4284

表 5.2-6 给出了机房改造前后的实测用电量和空调系统能效比。从表 5.2-6 可以看出，在服务器用电量相当的情况下，相比改造之前，分布式冷却系统减少了约 8.5 万 kWh 的空调用电量，节能效果可观。

改造前后机房实测用电量和空调系统能效比			表 5.2-6
	服务器用电量（kWh）	空调系统用电量（kWh）	空调系统能效比
改造前（2011 年）	482500	185307	2.60
改造后（2012 年）	486200	100400	4.84

表 5.2-7 给出了改造前后机房的用能构成和 PUE 值，其中水泵、风机、照明、除湿/

加湿机等设备的用电比例均统计在其他项内。

改造前后机房用能构成和 *PUE* 值　　　　　　　　　　表 5.2-7

	全年用电比例（%）					机房 *PUE*
	服务器	电源（UPS）	冷水机组	冷却塔	其他	
改造前（2011 年）	67.1	7.0	25.8	0	0.1	1.49
改造后（2012 年）	72.6	7.8	13.2	1.8	4.6	1.38

从以上分析结果可以看到，改造后空调系统的用电比例从 25.8% 下降至 15%，空调系统的能效比从 2.60 提高到 4.84，机房的 *PUE* 从 1.49 下降到 1.38，其中冷水机组的耗电量从约 18.5 万 kWh 下降到约 8.8 万 kWh，而冷却塔的用电量只有约 1.2 万 kWh。可以看出分布式冷却对空调系统乃至整个机房用电效能的提升贡献显著。

5.3　某数据中心新型冷却方案及其能耗特性分析

5.3.1　某数据中心概况

某数据中心机房 C 有普通标准机柜和高密度标准机柜 2 种，其中普通标准 42U 型 IT 机柜（图中以 P 表示），共 30 台；高密度标准 42U 型 IT 机柜（图中以 G 表示），共 6 台。改造前数据中心的机柜及测点布置如图 5.3-1 所示。

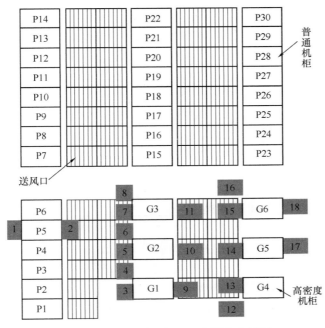

图 5.3-1　改造前机柜及温度测点布置图

1—普通机柜进风；2—普通机柜出风；

9～11，17 和 18—高密度机柜出风；3～8，12～16—高密度机柜进风

147

（1）室内冷却设备情况：采用 4 台机房专用恒温恒湿机组，名义供冷能力为 40 kW×4，名义消耗功率为 5.8 kW×4。

（2）空调耗电功率（不包括室外冷水主机）：由于受技改现场实施条件的限制，无法实测单台恒温恒湿机组的消耗功率，考虑到数据中心冷却机组的工作特性，以负荷率 75% 计算，推算恒温恒湿机组耗电量约为 17.4 kW。

（3）机柜布置方式：普通机柜与高密度机柜分区布置，但没有建立冷热通道。

（4）冷却方式：传统的下送风、上回风的平均冷却模式，送风口安装在通道上。

（5）室内控制温度设为 24℃。

5.3.2　改造前的性能测试

为了解改造前数据中心在一整天工作过程中的发热及被冷却的效果，对该数据中心的

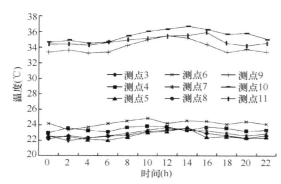

图 5.3-2　数据中心改造前一整天工作过程中的温度变化情况

空间环境进行温度测试，其中重点需要获得高密度机柜进、出风温度情况。

高密度机柜进、出风温度变化如图 5.3-2 所示，由图可见：

（1）机柜进风温度基本上维持在 25℃ 以下，除少量时段略微超出设置的控制温度（24℃）外，其余时段基本上均满足控制温度的要求

（2）如果以机柜出风温度 35℃ 为判断基础，8：00～20：00 高密度 IT 柜（G1，G2 和 G3）均出现了局部过热现象，热量集聚较为严重

（3）G1 柜过热时间段短些（12：00～14：00），而 G2 柜过热时间段最长（8：00～20：00），出风温度也最高

5.3.3　改造及测试方案

针对数据中心常见的冷却方案中易出现的局部过热严重、平均冷却模式能耗大、冷却温度低等问题，通过现场空调需求特点进行分析，确定了如图 5.3-3 所示的一种新型数据中心冷却方案。

为了解决传统的柜式空气处理机组或风机盘管机组对于 IT 设备局部过热问题无法智能判断和自动处理的缺点，新方案配置一种新型智能局部冷却用配套设备，包括冷量输送设备和局部冷却设备等。冷量输送设备获取室外制冷机组提供的冷量后，通过载冷介质将冷量输送到局部冷却设备，由局部冷却设备根据数据中心机柜的

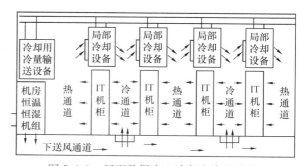

图 5.3-3　新型数据中心冷却方案示意图

发热情况进行局部冷却工作。该局部冷却配套设备具备智能判断、捕捉 IT 机柜中的过热位置，并自动消除局部过热现象的能力。

采用新型冷却方案对该数据中心实施技术改造，改造方案如下：

（1）增加 1 台局部冷却用冷量输送设备，名义输送冷量能力为 60kW，名义消耗功率为 0.8kW。

（2）高密度机柜进风侧顶部各增加 1 台智能型局部冷却设备，共 6 台，名义冷量输出能力为 7kW×6，名义消耗功率为 0.3kW×6。

（3）封闭高密度机柜间的间隙，建立冷通道，避免冷气流串流现象，提高冷却集中度，减小冷却空间面积。

新型冷却方案如图 5.3-4 所示，图 5.3-5 所示为新型冷却方案实施现场。

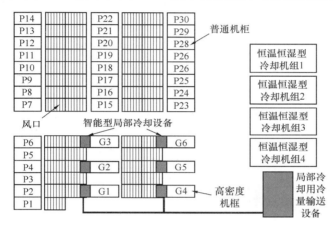

图 5.3-4　新型冷却方案

图 5.3-5　新型冷却方案实施现场

为了更好地掌握改造前、后的效果，技改现场采用如下 2 种运行方式，并对 2 种运行方式进行温度检测与对比。运行方式 1：维持原有的 4 台恒温恒湿机组正常使用，同时启用新型冷却方案中增加的 6 台智能型局部冷却设备（简称为"4＋6 组合方式"）；运行方式 2：原有的恒温恒湿机组停用 1 台，只有 3 台投入使用，同时启用新型冷却方案中增加的 6 台智能型局部冷却设备（简称为"3＋6 组合方式"）。

5.3.4　改造后性能测试结果与分析

图 5.3-6 所示为改造前后温度检测结果对比情况。由图可知：运行方式 1（4＋6 组合方式）中普通 IT 柜（P）进/出风温度变化很小，改造后检测点温度大多有所下降；高密度 IT 柜（G）的进风温度有所下降，出风温度下降得比较明显，约 2～3℃，出风温度均不高于 33℃，全面消除了局部过热问题。运行方式 2（3＋6 组合方式）中普通 IT 柜（P）进/出风温度均有些上升，但幅度不大；高密度 IT 柜（G）的进风温度稍微有些上升，但幅度非常小，出风温度下降较明显，仍能够有效消除局部过热问题。

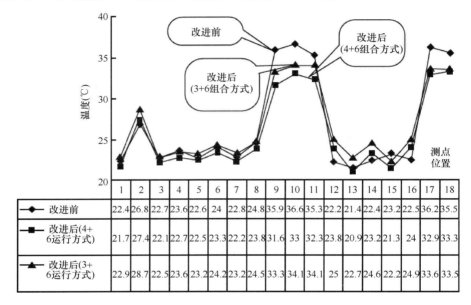

图 5.3-6　改造前后的温度测试对比情况

	1	2	3	4	5	6	7	8	9	10	11	12	13	14	15	16	17	18
改进前	22.4	26.8	22.7	23.6	22.6	24	22.8	24.8	35.9	36.6	35.3	22.2	21.4	22.4	23.2	22.5	36.2	35.5
改进后(4+6运行方式)	21.7	27.4	22.1	22.7	22.5	23.3	22.2	23.8	31.6	33	32.3	23.8	20.9	23.2	21.3	24	32.9	33.3
改进后(3+6运行方式)	22.9	28.7	22.5	23.6	23.2	24.2	23.2	24.5	33.3	34.1	34.1	25	22.7	24.6	22.2	24.9	33.6	33.5

新型冷却方案中保留了原来的冷水机组，改造前冷水机组提供的制冷功率（kW）约为 $4×40×75\%＝120$。改造（3＋6 组合方式）后，冷水机组提供的制冷功率（kW）约为 $3×40×75\%＋6×7×65\%＝117$。其中 75％和 65％分别为室内恒温恒湿机组和局部冷却设备的日常工作负荷率。通过以上计算可以看出，改造后的室外冷水机组提供的总冷量比改造前小一些，室外冷水机组的耗能相应也会小些，但考虑到改造前后冷水机组提供的总冷量差异不是很大，故新型冷却方案能效分析中暂不考虑室外冷水机组的耗能影响，下面的耗能计算只针对改造前后室内冷却设备的耗能进行分析。

1. 改造前冷却效果及耗能情况

有局部过热现象，形成了热积聚区。冷却空调整体耗电功率（不包括制冷主机，kW）约 $4×5.8×75\%＝17.4$。

2. 改造后冷却效果及耗能情况

采用运行方式 2（即 3＋6 运行方式）全面解决了数据中心局部过热问题，提高了 IT 设备工作的稳定性和可靠性；室内冷却设备整体耗电功率（不包括制冷主机，kW）约为 $3×5.8×75\%＋（6×0.3＋0.8）×65\%≈14.7$，比改造前节能 2.7kW。

5.4　某数据中心机房以 CFD 模拟结合测试的案例分析

5.4.1　某数据中心概况

某数据中心机房 D 的基础设施情况：机房总高 5.7m，架高地板高 0.6m，机房净面积约 560m²，无封闭通道，吊顶回风，吊顶到顶棚高约 1.9m。吊顶铺满通风口，全部采用多孔结构，开孔率为 3.9%。共 117 个 3×36W 荧光嵌入式格栅灯。

机架共 115 台，总功耗 252kW，机房仿真模型见图 5.4-1，单机柜功耗见图 5.4-2，IT 设备功率根据机柜功率调整，平均分配，机架内填充的 IT 设备均为实际部署设备。机柜前后门为网孔门，开孔率 64%，考虑盲板 5% 的泄漏率。

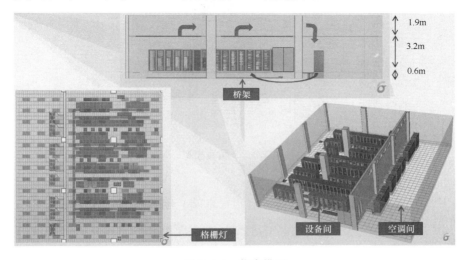

图 5.4-1　仿真模型

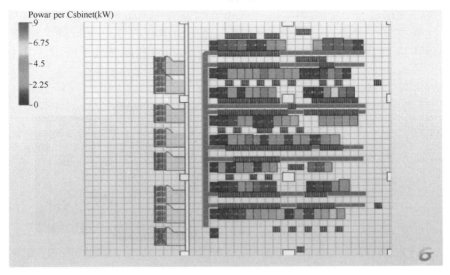

图 5.4-2　机柜功耗设置

机房精密空调共 6 台，6 用 2 备，采用回风控制：24±1℃，额定风量为 16560m³/h，额定显冷量为 60.5kW。空调送风口设置导流风管。具体分布见图 5.4-3。

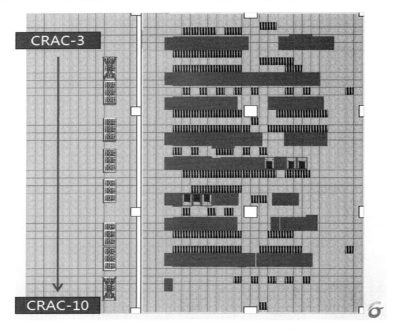

图 5.4-3　仿真模型

当前机房的 $pPUE$ 为 1.71。

$pPUE$ 的计算方法为：$pPUE=1+$ 空调（末端）输入功率/IT 设备功率，空调的输入功率和 IT 设备功率均按照实测数据计算。

5.4.2　当前机房状态模拟与分析

在分析当前机房存在的问题之前，首先将模型的模拟结果与机房实际监测温度进行了比较，主要对比了 8 个点。1～8 号温度传感器距地板高 0.98m。除 7 号与 8 号传感器外，其他传感器下部均开有地板出风口。传感器布置如图 5.4-4 所示，其中传感器 6

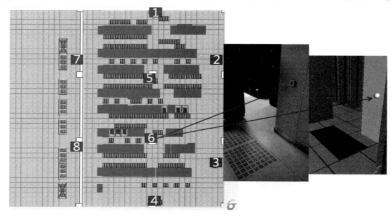

图 5.4-4　传感器布置

处的左图为实际机房，右图为模拟模型。图 5.4-5 为对比结果，表明监控点温度的实测值与模拟值表现出了相同的变化趋势，仿真结果与实测数据基本一致，偏差大部分在 1～2℃。

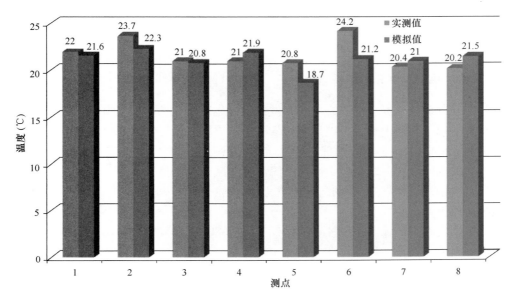

图 5.4-5　传感器温度对比

图 5.4-6 所示为机柜最大进口温度，机柜按照阿拉伯数字从左到右顺序编号，进口温度最高的机柜分别为 B10，B15 与 E09；其中 B15 最大，为 31.7℃。

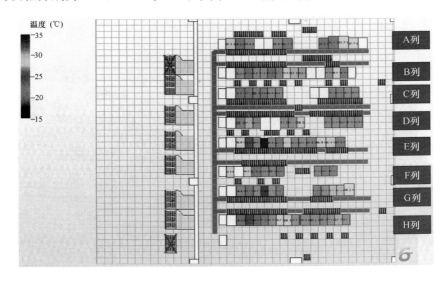

图 5.4-6　机柜最大进风温度

出现过热的原因：由于没有安装盲板，没有封闭通道，在机柜内部或机柜之间存在局部短路现象。同时，空调的送风效率平均仅为 40.5%。空调送风效率为直接进入 IT 设备的冷空气流量占总送风量的百分比。

5.4.3 当前机房存在的问题

（1）热通道布置出风地板，且布置不规则。

（2）机柜空 U 没有安装盲板，列间空缺机柜处没有隔板。

（3）开启空调数量过多，显冷富余 111kW。

5.4.4 改造后机房温度分布结果与分析

通过现状分析结果提出整改方案：软件建模优化冷热通道与气流组织，进行模拟。

（1）为了减少冷量浪费，调整出风地板布局，屏蔽热通道出风地板；为了避免冷热气流短路，补充机柜空 U 盲板，局部机柜列增空机柜。

（2）增加气流遏制系统，减少冷热气流混合，减少冷量浪费。

（3）与空调开机搭配 6＋2 的运行模式相比，通过调整，采用 5＋3 的运行模式可优化空调机组使用效率。

（4）根据实测空调输入功率校核 PUE，对比空调运行模式改变后的 PUE 变化。

即机柜列缺口处安装挡板，空插槽与空机柜安装盲板，屏蔽热通道地板出风口，封闭冷通方案，对比 6＋2 与 5＋3 的冗余方式。

图 5.4-7 为机柜最大进风温度分布，与 6＋2 方案相比，5＋3 的方案机柜进口温度没有升高，冗余方式 6＋2 最大进风温度机柜：F04 为 20.5℃，冗余方式 5＋3：B15 为 21.5℃；图 5.4-8 为空调的送风效率，6＋2 的空调平均送风效率为 69.6％；5＋3 的空调平均送风率为 73.4％。优化后 pPUE 下降为 1.61。可以看出优化后 IT 设备的最大进风温度由原来的 31.7℃ 下降为 21.5℃，共下降 10.2℃；空调的送风效率提高约 33％；pPUE 由原来的 1.71 下降为 1.61。

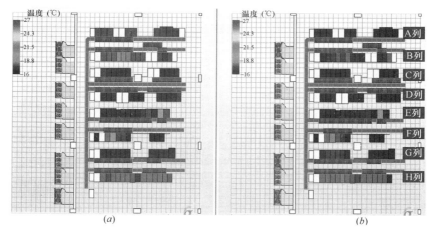

图 5.4-7　机柜最大进风温度

(a) 6＋2 运行模式；(b) 5＋3 运行模式

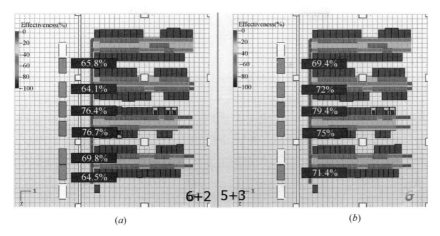

图 5.4-8　空调送风效率
(*a*) 6＋2 运行模式；(*b*) 5＋3 运行模式

5.5　上海市某数据中心园区冷源系统运营案例分析

5.5.1　某数据中心概况

某数据中心机房 E 所在的数据中心园区是位于上海市郊区的一个工业园区，是运营商与用户共同投资的合作模式。园区有 4 栋 IDC 数据中心，每栋 IDC 数据中心的面积为 11977m²，分为 2 层。数据中心采用先进的第三代模块化规划模型，建设有 62 个微模块，可容纳 1080 个机架。单机架设计功耗是 6.5kW，数据中心单位建筑面积 IT 功耗达 0.54kW/m²。

数据中心园区引入了两路外市电，每一路市电容量达 20000kVA。数据中心供电系统分为甲、乙两路，采用 10kV 中压油机灾备应急供电。

以下案例以数据中心园区其中一栋 IDC 数据中心机房 E 为典型案例，进行分析介绍。

因数据中心选址上海，夏季室外平均计算温度为 31.5℃，室外计算湿度为 75％。IDC 数据中心机房室内计算温度为 25℃，相对湿度 30％～80％。机房 EIT 机架与设备发热量计算为 6500kW，围护结构冷负荷 1107kW，考虑冷量的损耗、流失和冗余性，要求的名义制冷量为 10216kW。

机房 E 分为上下两层。1 层主要布置了变配电室、电力电池室、油机室、冷冻机房和智能控制操作室和 2 个小型微模块 IDC 机房。2 层集中布置了 6 个大型微模块 IDC 机房和 4 个网络核心数据机房。空调管道则布置在公共区域正上方和 IDC 机房左右 2 侧的管道间内。结构清晰可见，整齐划一。以下重点介绍冷源系统架构。

机房 E 冷源系统的组成架构并没有采取常用的分集水器环网架构。考虑到阀门生命周期内更新改造的便利性，冷源系统建设有 3 套系统，简单地以 A、B、C 系统进行区分。每套系统都拥有独立的设备和水路主管道，3 套系统的末端管道在末端成环衔接，利用电动阀门和手动阀门进行分隔。其中 C 系统的主管道可供冷至整栋数据中心所有的机房，

155

A、B 系统管道分别可供冷至数据中心一半的机房。每套系统由 2 台 800RT 离心式冷水机组、2 台变频冷冻泵、2 台变频冷却泵、2 台变频冷塔、1 个定压膨胀水箱、1 套水处理设备、若干个电动和手动阀门组成。

5.5.2　运营模式介绍

为迎合海量数据中心的建设和运营理念，机房 E 配置了 1 套智能 BA 节能控制系统，动态调节冷冻机房内的各类变频设备，兼顾全量稳定供冷和有效节能。

根据室外环境因素的改变，运营团队设立了 2 个常规运行模式以夏季和冬季为维度进行划分，可通过运营团队决策后实现半自动切换，同时设立了全自动故障响应切换模式。

1. 夏季运营模式

夏季运行模式是常规运行状态，A、B 两套系统运行，分别配置有 2 台离心式变频冷水机组和配套设备，设计冷冻水供/回水工况为 9℃/15℃，冷却水供/回水工况为 32℃/37℃。C 系统作为冷备用随时待命。即使遇到上海的极端高温天气，室外温度超过 40℃且湿度偏高，冷源系统仍然可以通过 BA 智能控制设备运行频率，调节末端阀门合理分配冷源，为数据中心保驾护航。

2. 冬季节能运营模式

冬季室外湿球温度达到 5℃以下时，人工启用数据中心自然冷却节能运行模式。数据中心配置有 4 个换热面积为 437m² 的板式换热器，设计工况：一次侧 8℃/12℃，二次侧 9℃/15℃，可满足整栋数据中心冷负荷需求，并有效利用上海冬季的免费冷源，降低成本、节能减排。

3. 故障模式

冷源系统每套系统中，冷水机组和配套设备打破了一一对应关系，可做到互为冗余备份。当系统中任何 1 台设备故障时，都会迅速开启另 1 台处于冷备用的设备。夏季高温高负荷工况下，冷源 C 系统又可以实现系统备份，当常用的 A、B 系统出现负荷不够或多台故障时，系统会自动开启 C 系统进行切换和补充。

4. 三联供供冷运行模式

自 2017 年 1 月，数据中心园区内独立建设的内燃发电机＋溴化锂机组的三联供能源站投入使用。采用冷电联供、多系统无缝连接等新技术。现机房 E 每日 6：00～22：00，由三联供能源站发电供冷，冷源通过板式换热器、跨楼宇管道、对接阀门、二次水泵、智能控制实现对接和故障、风险管控。数据中心是用电大户，冷电联供成了节能减排指标完成的一种可能。图 5.5-1 为以上各种模式之间的切换关系图。

5.5.3　冷源系统性能测试结果与分析

本冷源系统水温基本恒定，波动仅产生于系统切换或故障，其他时间水温波动在 ±0.5℃以内。室内温度的波动也较小，日均差约为 1℃，冬夏季相差约为 2℃。蓄冷由电磁阀控制，根据蓄冷罐水温决定是否充冷，充冷完成后充保温可以维持 24h 相差 1℃。当蓄冷罐水温与系统出水水温超过 1℃时，会再次充冷。因此本系统由用户的负载变化引起的变化较大，气候变化影响较小，故不再对供回水温度、室内温度和蓄冷使用等进行测量分析。

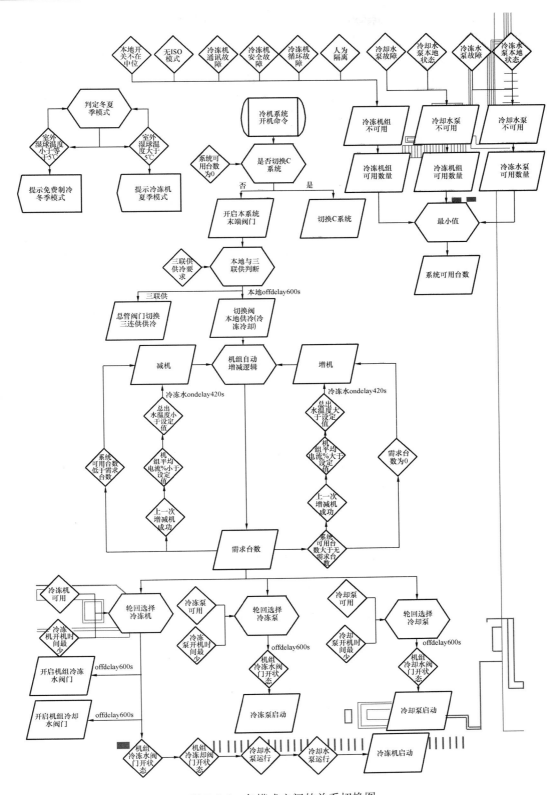

图 5.5-1　各模式之间的关系切换图

1. 冷机用电功耗与冷量输出

图 5.5-2 为 2016 年 9 月至 2017 年 10 月一年的冷源系统冷机电功耗表，从中可以看出在 2016 年 IT 设备大量上架，冷负荷增加，冷机用电上升。此外，室外环境的温湿度对冷机用电量也关系密切。室外湿球温度的下降，使得冷却水回水温度降低，更有利于冷媒的热交换，大大降低了冷机单位转速下的换热效率。从运维经验数据来看，冷却回水每下降 1℃，冷水机组输出等量的冷量所需的用电功耗可节能 3% 以上。每套冷源系统 2 台冷机和配套设备，冷量输出 3100kW，用电功耗 523kW，冷源系统 COP 为 5.8。

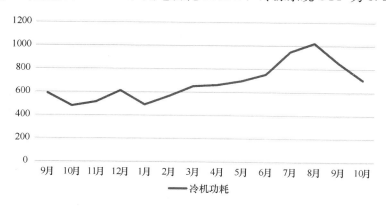

图 5.5-2　2016 年 9 月至 2017 年 10 月各月冷源系统冷机电功耗表

2. 水泵与冷量分配

机房 E 设计规划冷冻水供回水压差 200kPa，供水压力采取经验数据 340kPa。智能 BA 系统会以系统逻辑内恒定设置的供回水压差，随着末端空调的冷量需求自动升、降变频水泵，控制稳定的流量。

数据中心现今已逐渐满载，着眼于冷源系统中的变频水泵，月度的用电量明显小于同类数据中心使用的工频水泵的用电量。即使在夏季恶劣工况下，冷冻泵用电量仅占 PUE 的 0.024；冷却泵占 PUE 的 0.021。

3. 冷塔风机的全年运行曲线与气候的关系

机房 E 的冷却塔配置了升降频率功能和增减机功能，利用 BA 系统的逻辑运算，准确计算了冷却塔开启个数、每个冷却塔的运行频率；比对冷却塔出水温度与实时室外湿球温度的差值，调节冷却泵和冷塔。通过图 5.5-3 可以看到，冷却塔的占比仅在 0.015~0.025 之间，且年平均 PUE 为 1.33 的前提条件下，月度用电量非常小。2017 年 6 月数据中心满载后，多

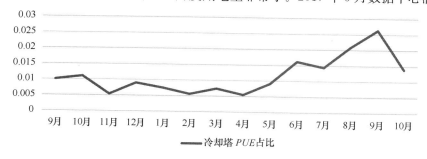

图 5.5-3　2016 年 9 月至 2017 年 10 月各月冷却塔 PUE 占比

台冷却塔全部开启，从而达到完美的频率控制，*PUE* 的占比也小于之前的 2 倍。

4. 末端冷却数据分析

机房 E 是第三代模块化数据中心，采用的微模块型号分为 2 个类型，12 个机架的 R12 和 18 个机架的 R18，单机架功耗 6kW。列间空调制冷量是 27kW，R12 配置 4 个列间空调，以相错的布置方式进行布置。R18 配置 6 个列间空调，以相对的布置方式进行布置。均采用恒定风压、恒定风量、根据送风温度自动调节水路电磁阀的运行模式。

利用送风平均温度控制电磁阀开度，降低开启延时，提高灵敏精度，使得列间空调的实际送风温度有效契合参数设置数据，冷通道温度精确控制在 25℃。机架上部风量较小的区域，温度偏差控制在 1.5℃ 以内，这种个性化的运营优化设置保障了服务器的冷量需求，同时达到了节能指标。

5.6　蒸发式冷气机在通信数据中心应用的测试与分析

早期通信机房或数据中心的空调系统一般采用机械制冷精密空调的设计，自 2008 年国家大力倡导"节能减排"以来，其空调系统的节能改造加快了步伐。早期的通信机房或数据中心内 IT 机柜或机架并未按照冷热通道的形式进行摆放，这主要是由于当时所设计的 IT 机柜发热量通常较小。但是，机房内存在严重的冷热空气流掺混现象，对能源造成了极大的浪费。

为了使早期通信机房或数据中心的空调系统实现"节能减排"的目标，采用蒸发式冷气机与机房精密空调联合运行的空调系统方案对其进行节能改造，达到了良好的节能效果。笔者于 2016 年 6 月对东北地区采用蒸发式冷气机节能改造后的两个数据中心机房内的温湿度分布进行了测试与分析。

5.6.1　蒸发式冷气机原理

蒸发式冷气机是通过风机使空气与淋水填料层直接接触，把空气的显热传递给水而实现增湿降温，有风机、水循环分布系统、电气控制系统、填料及外壳等部件组成的机组，其实物图和结构示意图，如图 5.6-1 所示。

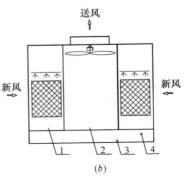

(a)　　　　　　　　　　　　　　　　(b)

图 5.6-1　蒸发式冷气机实物及结构示意图

(a) 冷气机实物图；(b) 冷气机结构示意图

1—直接蒸发填料；2—送风机；3—排水口；4—进水口

　　蒸发式冷气机采用直接蒸发冷却技术，以水作为制冷剂，通过直接蒸发冷却填料使水与空气发生直接接触，水蒸发吸收热量，从而空气不断地将自身的显热传递给水而实现冷却。这是一个等焓加湿冷却的热湿处理过程，在焓湿图上表示如图 5.6-2 所示。蒸发式冷气机新风系统应用于通信机房散热时的系统形式如图 5.6-3 所示。

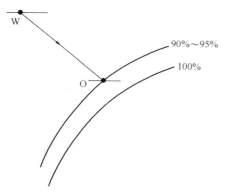

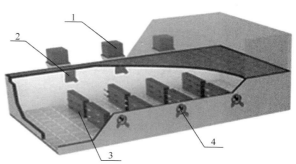

图 5.6-2　蒸发式冷气机空气　　　　图 5.6-3　蒸发式冷气机在通信机房的应用形式
处理过程焓湿图　　　　　　　1—蒸发式冷气机；2—送风口；3—IT 机柜；4—排风机
W—环境空气状态点；O—送风状态点

5.6.2　通信机房用蒸发式冷气机新风系统的测试分析

　　1. 哈尔滨市某通信数据中心

　　哈尔滨市某通信数据中心，如图 5.6-4 所示，采用了 4 台风量为 18000m³/h 的蒸发式冷气机进行节能改造，IT 机架设备与空调设备的布局以及测点布置如图 5.6-5 所示。室外新风经蒸发式冷气机中淋水填料冷却以及初步过滤，再通过袋式过滤器进一步过滤后直接送入机房内来冷却 IT 设备。同时，通过墙壁上设置的排风系统及时将 IT 设备的排风排出机房。

图 5.6-4　哈尔滨市某通信数据中心

　　该通信数据中心机房内送风、排风温度与室外温度的对比如图 5.6-6 所示。从图 5.6-6 中可以看出，蒸发式冷气机的送风温度在测试时间内紧随室外温度的变化而变化，最高

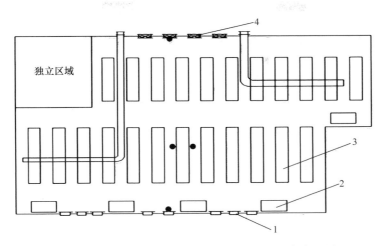

图 5.6-5　机柜设备与空调设备的布局以及测点布置图
1—蒸发式冷气机；2—精密空调；3—IT 机柜；4—排风机

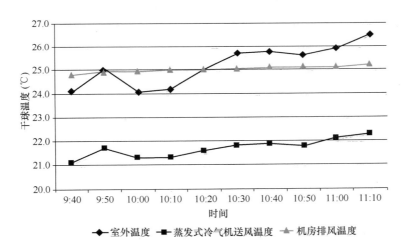

图 5.6-6　数据中心机房内送风、排风温度与室外温度的对比

温度 22.3℃，最低温度 21.1℃，平均温度 21.7℃。然而，机房排风温度在测试期间基本保持稳定，维持在 25.0℃左右，这主要是由于机房内的 IT 设备机柜没有以冷热通道的形式摆放，从而存在严重的冷热气流的掺混。

图 5.6-7 表示出了机架服务器的进风与排风的温度变化情况，机架中上部进风温度基本保持不变，维持在 23.7℃左右，机架中下部进风温度也基本保持不变，维持在 23.2℃左右。图 5.6-8 是机架服务器的进风与排风的相对湿度变化情况，机架中上部与中下部的进风相对湿度基本保持不变，分别维持在 71.4% 和 73.2%。

《通信中心机房环境条件要求》YD/T 1821—2008 中对 IDC 机房要求：干球温度范围为 20～25℃，相对湿度范围为 40%～70%。对于该数据中心机房，在测试时间内所测机架服务器进风温度在 23.0～24.1℃之间，进风相对湿度在 70.5%～73.9%之间，基本符合《通信中心机房环境条件要求》的规定。

表 5.6-1 说明了对原有精密空调系统和改造后蒸发式冷气机新风系统的耗电测试情

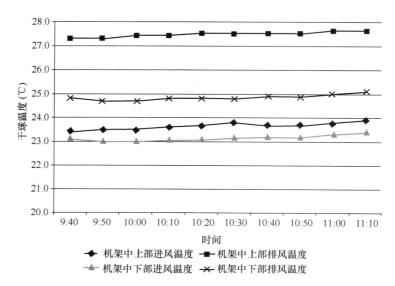

图 5.6-7 机架服务器的进风与排风的温度变化情况

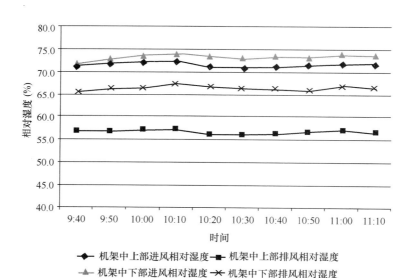

图 5.6-8 机架服务器的进风与排风的相对湿度变化情况

况。原有精密空调系统正常运行时平均每天耗电量为 1192kWh，改造后蒸发式冷气机新风系统正常运行时平均每天耗电量为 169kWh。在测试时间段内，运行蒸发式冷气机新风系统的节能率为 85%，显著降低了通信机房的能源消耗。

改造前后空调系统的耗电量测试情况 表 5.6-1

系统类别	设备类别	数量	平均每天耗电量	节能率
精密空调系统	精密空调	5 台	1192kWh	运行蒸发式冷气机新风系统节能率为 85%
蒸发式冷气机新风系统	冷气机	4 台	169kWh	
	配套排风	8 台		

2. 绥化市某通信数据中心

绥化市某通信数据中心，如图 5.6-9 所示，采用了 9 台风量为 18000m³/h 的蒸发式冷气机进行节能改造，IT 机架设备与空调设备的布局以及测点布置如图 5.6-10 所示。

图 5.6-9　绥化市某通信数据中心

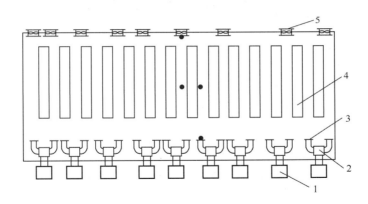

图 5.6-10　机柜设备与空调设备的布局以及测点布置图
1—蒸发式冷气机；2—中效过滤器；3—送风口；4—IT 机柜；5—排风机

该通信数据中心机房内送风、排风温度与室外温度的对比如图 5.6-11 所示，蒸发式冷气机的送风温度在测试时间内蒸发式冷气机的送风温度随室外温度略有波动，波动幅度在 0.3℃ 以内，其送风平均温度为 21.9℃ 左右，机房排风平均温度为 30.1℃ 左右。与所测试的哈尔滨市某数据中心相比，该数据中心的机架设备有着较大的散热负荷。

图 5.6-12 说明了机架服务器的进风与排风的温度变化情况，设备机架中上部与中下部进风温度的波动范围不大，其进风平均温度分别为 30.7℃ 和 29.5℃，排风温度分别为 33.6℃ 和 34℃。由于相邻的 IT 设备机架列的进风与排风气流存在严重的掺混现象，致使 IT 设备机架进风的温度相对较高，但依然在允许的进风温度范围内。

通过表 5.6-2 可以看出，原有精密空调系统正常运行时平均每天耗电量为 1430kWh，改造后蒸发式冷气机新风系统正常运行时平均每天耗电量为 286kWh。在测试时间段内，运行蒸发式冷气机新风系统的节能率可以达到 80%。

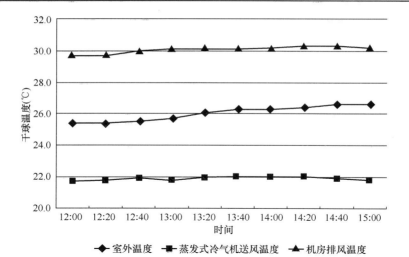

图 5.6-11　数据中心机房内送风、排风温度与室外温度的对比

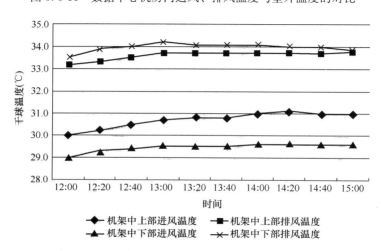

图 5.6-12　机架服务器的进风与排风的温度变化情况

改造前后空调系统的耗电量测试情况 　　　　　　表 5.6-2

系统类别	设备类别	数量	平均每天耗电量	节能率
精密空调系统	精密空调	6 台	1430kWh	运行蒸发式冷气机新风系统节能率为80%
蒸发式冷气机新风系统	冷气机	9 台	286kWh	
	配套排风	9 台		

本 章 参 考 文 献

[1]　肖皓斌. 一种新型数据中心冷却方案及其能耗特性分析[J]. 制冷与空调，2016，7：26-30.

[2]　中国机械工业联合会. GB/T 25860—2010 蒸发式冷气机[S]. 北京：中国标准出版社，2011.

[3]　中国建筑标准设计研究院. 15K515 蒸发冷却通风空调系统设计与安装[S]. 北京：中国计划出版社，2015.

[4]　夏青，黄翔，殷清海. 直接蒸发冷却术语诠释[J]. 制冷与空调（四川），2012，26(03)：234-237.

第6章　数据中心运行管理案例

数据中心基础设施的运行维护工作，肩负着实现设计和规划的功能，实现并提高基础设施的可靠性，实现节能降耗、节约运行费用、保证和增加基础设施寿命等一系列重要任务。目前数据中心的规模和技术发展迅速，运行维护工作也必须与时俱进，不断提高运维人员技术水平和综合素质，不断完善运维人员架构，不断完善运维管理平台，不断完善各种运维制度和应急预案，为数据中心的良好运行提供可靠保证。

大、中型数据中心和小型数据中心的运行维护有着不同的特点。前者大多配置了冷冻水系统为数据中心供冷，并且常常设置了制冷、预冷和节约三种供冷模式，还具有综合运维管理信息化平台，空调系统复杂，自动控制系统也很复杂，运行维护工作的复杂性和对运维人员的技术水平要求更高；而小型数据中心通常配置风冷直膨精密空调，空调系统相对简单，更加容易维护，其运行维护工作相对更标准化。

通过不同的运维案例，可以对数据中心基础设施运行维护工作有一个管窥，了解大中型和小型数据中心运维工作的各自特点、运维的人员组织架构和岗位职责、一些重要的运行参数、运维中节能降耗措施的运用、运维管理信息化平台的运用等。

6.1　某小型数据中心运维案例

6.1.1　某小型数据中心运维要求

1. 空调系统运维管理的制度要求

随着小型数据中心的发展，数据中心空调作为网络安全基础保障设施的作用也越来越重要。对数据中心空调进行良好的管理和维护，一方面可以提高空调的运行质量和效率，减少不必要的资金投入；另一方面也为通信主设备的安全运行提供了必要条件。

（1）维护部门应以合理方式参与空调设备的招标

维护部门如能以合理的方式介入到工程招标、验收中，必定能对日后的网络设备维护起到良好的促进作用。工程部门对空调设备的招标应充分结合维护部门在维护过程中形成的对各种设备的认识进行，或由维护单位直接参与招标。

对新装的设备，维护部门应组织相关部门进行工程验收，验收合格后，方可投入试运行。试运行期间若出现问题，应由工程部门负责协调处理，试运行合格后方可正式投产使用。对于新建、调拨、报废、拆除的设备均应遵照公司有关固定资产管理办法办理交接手续，保持机件、部件和技术资料完整。

（2）维护方式应向高效率方向发展

面对越来越多的维护任务和逐渐紧张的人力资源，传统的维护和管理方法已不能适应新形势的要求。维护方式必须向使用人力少、效率高的集中监控、集中维护、集中管理方向发展。

数据中心空调集中监控管理是对分布在各处的各个独立的设备进行遥测、遥控，实时监视设备的运行状态，记录和处理相关数据，及时侦测故障，发现故障及时通知人员处理，从而实现数据中心的无人值守以及空调的集中监控、维护，提高空调的可靠性和通信设备的安全性。监控中心每季度应将数据库内保存的历史数据导入外部设备保存，张贴标签，妥善保管，以备日后统计查询。

（3）规章制度应予以完善

空调在网络中处于从属地位，其维护受到的重视程度不够，被维护能力也就不够强大。要改变这种状态，就要改变空调的从属地位，完善规章制度，按设备要求对其进行维护。

（4）选择合适的维护单位

在运营商减员增效的大环境下，为空调维护配备大批人员并不现实，代维队伍应运而生。在引入代维单位时，运营商要对代维公司的资质和人员素质进行审查和考核，确保代维单位符合要求。维护单位应按照运营商要求进行车辆、人员、仪器仪表及各种备品备件的组织管理，做好维护人员技术业务学习、技术培训和考核工作，确保人员素质优良。各种巡检、应急工作要到位，及时掌握人员、车辆动向，确保重要数据中心空调安全运行。

（5）完善质量管理

为完善设备运行中各个环节的质量控制，运营商应在内部建立和完善质量监督检查体系，贯彻执行维护规程及设备维护管理的有关规章制度和各项维护技术标准。对维护单位定期进行培训、考核，确保人员素质过硬。组织各种形式的质量监督检查，对检查中发现的各种问题应督促相关部门尽快解决。每次检查后应填写检查记录表上交被检单位，被检单位在收到记录表后，应在规定时间内将改进落实情况反馈至检查单位。发生重大质量事故时，应追究有关领导和维护人员的责任。

（6）巡检、维护分开，确保巡检到位

良好的巡检是空调正常运行的必要保障，巡检时应测量电压、电流是否正常，电缆是否完好，并检查室内机、室外机等部件清洁情况，紧固件、结构件防锈情况，空调排水、受压情况等。巡检时，夏季应将空调温度调至 25℃ 左右，冬天空调温度设定尽可能靠近下限。在巡视检查过程中，应确保巡检频次和巡检效果。

（7）故障处理应及时

空调维护厂家在保证维护车辆、人员、各种器材到位的前提下，应及时处理、上报各种故障事件。各类空调设备故障按照相关规定进行障碍上报。各类障碍要装订成册，每月进行一次集中总结。依据统计数据、设备和系统的日常检测和定期检测数据，分析空调设备运行状况，找出其产生故障和异常现象的原因，采取预防措施减少故障发生，提高运行质量。汇总统计时应根据故障类型，对各类问题进行汇总。对涉及设备质量方面的问题，应及时向有关部门报告。

除此之外，相关班组每月至少应召开一次质量分析会，针对设备运行的薄弱环节和存在的问题，定出改进措施，并落实责任人，上报主管领导。每年冬季相关班组应对本年度空调发生的各类故障进行统一整理统计，分析空调故障发展趋势，并对经常发生的故障展开专题研讨，务求在下一年度的维护中减少此类故障。

（8）空调应及时更新

数据中心空调未到规定使用年限但损坏严重的，更新时应经过技术鉴定和专题报批；对于已经到更新时间的空调，经检测性能仍然良好，经过主管部门的批准，则可以继续使用，但要对其及时监控，一旦出现不良现象，要立即更换。

2. 运维管理存在的问题

由于工程建设、维护投资、人力资源等多方面的关系，目前运营商在小型数据中心空调的管理维护方面还存在以下问题：

（1）维护能力跟不上形势发展的要求，空调系统多数无网管且无监控设备进行监控，相关配套设施不足。

（2）维护的形式同现实要求不统一，主要表现在炎热季节维护能力不足。

（3）维护人员技能不足，培训力度不够，实际操作不够熟练。

（4）部分人员执行力不足，对工程验收不到位，维护不到位。

小型数据中心空调是小型数据中心网络中不可缺少的一部分，如何管理、维护使其发挥最大的经济效益，降低运营成本，对于运营商的各级维护管理者来说还有很多工作要做。

3. 空调系统运维管理的技术要求

（1）控制系统的维护

对空调系统的维护人员而言，在巡视时第一步就是看空调系统是否在正常运行，因此应做到以下工作：

1）从空调系统的显示屏上检查空调系统的各项功能及参数是否正常；

2）如有报警的情况要检查报警记录，并分析报警原因；

3）检查温度、湿度传感器的工作状态是否正常；

4）对压缩机和加湿器的运行参数要做到心中有数，特别是在每天早上的第一次巡检时，要把前一天晚上压缩机的运行参数和以前的同一时段的参数进行对比，看是否有大的变化，根据参数的变化可以判断数据中心机房中的计算机设备运行状况是否有较大的变化，以便合理地调配空调系统的运行台次和调整空调的运行参数。

（2）压缩机的巡回检查及维护

一是用听声音的方法，能较正确地判断出压缩机的运转情况。因为压缩机运转时，它的响声应是均匀而有节奏的。如果它的响声失去节奏，而出现了不均匀噪声时，即表示压缩机的内部机件工作情况有了不正常的变化。

二是用手摸的方法，可知其发热程度，能够大概判断是否在超过规定压力、规定温度的情况下运行压缩机。

三是用看的方法，主要是从视镜观察压缩机的油位或制冷剂流动情况，看是否缺少润滑油或制冷剂。

四是用量的方法，主要是测量在压缩机运行时的电流及吸、排气压力，能够比较准确地判断压缩机的运行状况。

（3）冷凝器的巡回检查及维护

1）对专业空调冷凝器的维护相当于对空调室外机的维护，因此首先需要检查冷凝器的固定情况，看冷凝器的固定件是否有松动的迹象，以免对冷媒管线及室外机造成损坏。

2）检查冷媒管线有无破损的情况（从压缩机的工作状况及其他性能参数也能够判断冷媒管线是否破损），检查冷媒管线的保温状况，特别是在北方地区的冬天，这是一项比较重要的工作，如果环境温度太低而冷媒管线的保温状况又不好的话，对空调系统的正常运转有一定的影响。

3）检查风扇的运行状况，主要检查风扇的轴承、底座、电机等的工作情况，在风扇运行时是否有异常振动，及风扇的扇叶在转动时是否在同一个平面上。

4）检查冷凝器下面是否有杂物影响风道的畅通，从而影响冷凝器的冷凝效果；检查冷凝器的翅片有无破损的状况。

5）检查冷凝器工作时的电流是否正常，从工作电流也能够进一步判断风扇的工作是否正常。

6）检查调速开关是否正常，一般的空调的冷凝器都有两个调速开关，分为温度和压力调速，现在比较新的控制技术采用双压力调速控制，因此在检查调速开关时主要是看在规定的压力范围内，调速开关能否正常控制风扇的启动和停止。

（4）蒸发器、膨胀阀的巡回检查及维护

蒸发器、膨胀阀的维护主要是检查蒸发器盘管是否清洁，是否有结霜的现象出现，以及蒸发器排水托盘排水是否畅通。如蒸发器盘管上有比较严重的结霜现象或在压缩机运转时盘管上的温度较高的话（通常状况下，蒸发器盘管的温度应该比环境温度低 10℃ 左右），就应当检查压缩机的高、低压，如果压力正常的话，就应考虑膨胀阀的开启量是否合适。当然出现这种现象也有可能是其他环境的原因引起的，比如空调的制冷量不够、风机故障引起风速过慢等。

（5）加湿系统的巡检及维护

1）由于各个地方的环境空气不同，对加湿器的使用和影响也不一样，但在日常的维护工作中同样要做的事情是观察加湿罐内是否有沉淀物质，如有就要及时冲洗。因为现在空调的加湿罐一般都是电极式的，如沉淀物过多而又不及时冲洗的话，就容易在电极上结垢，从而影响加湿罐的使用寿命。当然现在有些加湿罐的电极是可以更换的。

2）检查上水和排水电磁阀的工作情况是否正常。在加湿系统工作的过程中，有一种情况经常出现，但又不容易判断，即在空调系统正常工作的时候，由于某种原因出现了一段时间的停水，后又恢复供水，在恢复供水后加湿罐不能够正常上水。出现这种现象的原因有多种，并且在大多数空调器的控制系统中直接对加湿系统复位通常是不能够解决问题的。根据多年来的维护来看，引起这种现象的主要原因是停水后的空气进到进水电磁阀前端，对进水电磁阀的正常开启造成了一定的影响，解决这种现象有两种办法：一是卸开进水口，排掉空气；二是关掉加湿系统的电源，重新给电磁阀上电也基本上能够解决这类问题。

3）检查加湿罐排水管道是否畅通，以便在需要排水和对加湿罐进行维修时顺利进行。

4）检查蒸汽管道是否畅通，保证加湿系统的水蒸气能够正常为计算机设备加湿。

5）检查漏水探测器是否正常。这对加湿系统来说是比较重要的一环，因为排水管道如果不畅通的话就容易形成出现漏水的情况，如漏水探测器不正常的话，就易出现事故。当然，对一般的空调系统而言，漏水探测器是选件，如空调系统未配有漏水探测器，那么更要注意监测排水管道是否畅通，同时也要做好机房防水墙的维护工作。

（6）空气循环系统的巡回检查及维护

对空气循环系统主要是考虑空调系统的过滤器、风机、隔风栅及计算机设备的风道等因素。因此在日常维护工作中要做好以下工作：

1）数据中心经常有设备移动的现象，而设备的移动一般又不是由空调设备的维护人员去完成，因此在设备移动后应及时检查机房内的气流状况，看是否有气流短路的现象发生，同时在新设备的位置是否存在送风阻力过大的情况。如有上述现象应及时调整，如果实在调整不过来，建议将设备移到新的合适的位置。

2）检查空调过滤器是否干净，如脏了就应及时更换或清洗。

3）检查风机的运行状况，主要是检查风机各部件的紧固情况及平衡，检查轴承、皮带、共振等情况。对风机的检查应该特别仔细，因为蒸发器的热交换过程主要是在风机的作用下使快速流动的气流经过低温的蒸发器盘管来完成的，从而使空调达到制冷的效果，所以风机是否正常运行是空调系统是否正常运行的最后体现；对风机而言，最重要的就是电机了，因此在日常维护中首先就应查看其皮带的状况、主从动轮是否在同一面上等；皮带调整的松紧程度要合适，太松容易打滑，太紧对皮带的磨损太快，皮带的松紧与外部对静压的需求也有比较大的关系，当然这种调整是在空调系统控制的范围之内进行的；现在部分比较先进的空调系统采用了一体化的风机，就解决了皮带调整的问题。

4）测量电机运转电流，看是否在规定的范围内，根据测得的参数也能够判断电机是否是正常运转。

5）测量温、湿度值，与面板上显示的值进行比较，如有较大的误差，应进行温度、湿度的校正，如误差过大应分析原因。出现这种情况从维护的经验来看有两种原因：一是控制板出现故障；二是温度、湿度探头出现故障，需要更换。

6）检查隔风栅的关闭情况是针对已经停机的空调而言的，这也是在日常维护工作中比较容易遗漏的一个环节，但也是一个比较重要的环节，因为一台空调停止运行，如果隔风栅未关闭，其温度、湿度探头检测到的是其他空调出口的温度和湿度，在空调下一次开启时控制系统就会根据其先前检测到的参数而对空调系统的运行情况做出控制，这时空调控制系统就会对压缩机、加湿、除湿系统的运行情况做出错误的指令。现在大多数空调设计时都没有考虑这种状况对空调系统的影响，因为这种影响的时间较短，在较短的时间内系统会根据新的信息达到正常的运行状况，所以没有设计隔风栅。这种影响虽然较小，笔者认为在要求很高的计算机机房中最好不要让系统出现一段时间的错误运行，因此可以为空调系统人为地增加隔风栅。

7）检查计算机及其他需要制冷的设备进风侧的风压是否正常，因为随着计算机设备的搬迁和增加，地板下面的线缆的增加有可能影响空调系统的风压，从而造成计算机及其他设备前的静压不够。这就需要设备维护和管理人员对空调系统的风道做出相应的调整或增加空调设备。

6.1.2　某小型数据中心运维情况

某通信公司数据中心，设计采用 4 台数据中心精密空调（3 用 1 备），单台制冷量为 85kW，送风量为 20000m³/h；合计制冷量为 340kW，风量为 80000m³/h。目前，数据中心的 IT 设备安装容量（电功率）为 170kW，数据中心设备散热量为 170kW×0.8＝

136kW，数据中心照明＋围护散热量大约为 30kW。数据中心总发热量＝136＋30＝166kW。

虽然精密空调的制冷量足够且数据中心还有很大的 IT 设备上架空间，由于气流组织不佳，机柜局部过热严重，影响设备正常运行，目前数据中心已经无法安装 IT 设备，甚至无法实现正常的运维。

究其原因，该数据中心空调系统采用传统的上送风方式，当数据中心设备散热量约为机柜空调系统设计制冷量的 26％ 左右时，数据中心就会出现局部过热；而当单个机柜设备发热量为 6kW 时，机柜亦会出现严重过热。另外，由于缺少能耗监控系统，数据中心、机柜内的环控情况不能实时掌握，发现问题时往往已出现宕机。维护、巡视人员须定时巡视，工作量大，容易出现死角，对事故的萌芽状态容易忽视。

因此，该公司的数据中心运维部门引入了全封闭冷通道精确送风系统和动态能耗管理系统，有效解决了局部过热的问题，大幅提升了 IT 设备上架率，实现数据中心的动态能耗管理，与空调系统无缝衔接：根据每个机柜设备实际负载，实时动态调节每个机柜的送风量，冷量与设备负载相匹配，空调冷风得以最充分利用，同时极大地减小运维人员的工作量，基本实现了数据中心的无人值守。因此，本案例值得传统数据中心的运维提升改造和新数据中心的设计借鉴。

1. 引入全封闭冷通道精确送风系统

全封闭冷通道精确送风系统，即空调冷风不经过数据中心环境而将冷风封闭直接送至机柜，先冷却机柜设备才排出，再冷却数据中心环境；并根据每个机柜设备实时负载对每个机柜送风量动态调节，能源利用最优化，如图 6.1-1 和图 6.1-2 所示。

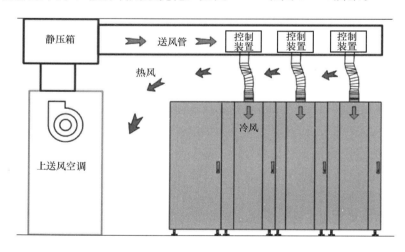

图 6.1-1　全封闭冷通道精确送风系统原理图

冷通道全封闭送风系统直接送冷风至机柜设备，冷空气流经设备后形成的热空气，排放到两排机柜之间中的"热通道"中，再回到空调系统。这种"先冷设备，再冷数据中心环境"的送风方式，不仅彻底解决了数据中心过热问题，还可充分利用冷源，减少能耗。

通过改装现空调静压箱，在每个机柜上方安装送风管，在送风管上开送风口，通过送风软管，将冷风送到每个机柜。

图 6.1-2 全封闭冷通道精确送风系统实物图

机柜送风端安装调节装置，即可按需调节机柜送风量，能源利用最优化，提高机柜设备上架率。根据机柜设备负载动态经过电量、风压等校核后动态优化空调运行台数，投入最少的精密空调台数来满足机柜设备冷却要求，避免不必要的能源浪费，延长空调运行寿命。

2. 引入动态能耗管理系统

如图 6.1-3 和图 6.1-4 所示，利用动态能耗管理系统，可以实现对单位机柜电源、制

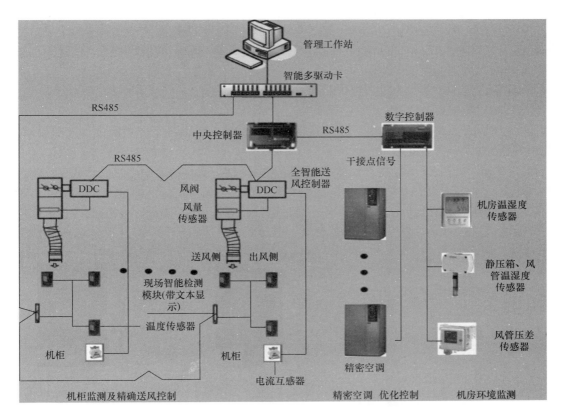

图 6.1-3 数据中心动态能耗管理系统架构

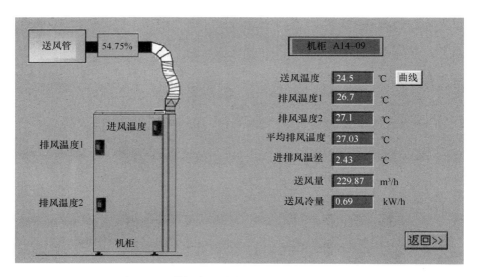

图 6.1-4　数据中心动态能耗管理系统机柜部分

冷量的规划管理，并对机柜的环境进行实时检测，避免不必要的供电和制冷量的产生。比如，用户可以通过该软件实时了解单位机柜温度的变化，依据合理的自动控制原理来调节机柜前出风量的大小，从而达到对数据中心能源环境的实时监控，精确了解数据中心的电流、温度、湿度、风量等参数，控制空调的运行状态，达到提升能源利用率，节约能源的目的。

在数据中心内服务器机柜的热风通道安装温度传感器，根据温度动态调节每个风口的送风量，以达到每个机柜可以精确分配制冷量，满足服务器机柜的散热要求，避免局部温度过高，同时做到能耗最优化。

本案例的运维改善，为该数据中心运维带来以下效益：

（1）解决数据中心局部过热问题，设备正常运行，为业务的正常开展提供保障。精确送风系统可以按照每个机柜的实际发热量精确分配冷量，满足各个区域的设备发热要求，彻底解决数据中心过热问题。

（2）数据中心上架率提高，数据中心扩容能力增加，减小数据中心建设总成本。改造前，数据中心的 IT 设备安装容量（电功率）为 170kW，精密空调制冷量为 340kW，由于局部过热，数据中心已经无法安装设备，通过运维改善，可以将精密空调的制冷量全部用于 IT 设备发热。改造后这些机柜的总容量（电功率）可达到 376kW，上架率较改善前提高一倍。

（3）数据中心精密空调机组运行能耗降低，电费节省，数据中心运行成本降低，节省大笔费用支出。每年至少节电 4.1 万度，按电费 1.1 元/度计算，改造后可节省电费 $4.1 \times 1.1 = 4.5$ 万元

6.2　某大型数据中心运行管理案例

6.2.1　某大型数据中心的基本情况

该数据中心是高端订制数据中心，位于上海北部郊区，总建筑面积约为 26000m²，多

层框架结构，设计耐火等级二级，建筑设计使用年限为 50 年，结构抗震设防烈度为 7 度。建筑一共三层，一层为离心机组室、网管室、客户调试区等功能区域，二层、三层为核心主用机房，共 3800 个机架，单机架功率 4.5kW，目前上架率为 97%。

数据中心市电为 3 路引入，电压等级为 10kV，其中两路为每路配置 9 台 2500kVA 变压器，每路工作负载低于最大负载的 45%；另一路配置 10 台 2500kVA 变压器，工作负载低于最大负载的 45%。后备电源共配置 16 台柴油发电机组，单台发电机常用功率为 1800kW，备用功率为 2000kW。油机冗余方式为 N；所有油机均采用自动启动方式，单机启动时间小于或等于 15s，并机系统采用电力调度控制。同时具备 4 个燃油库，燃油库总容量为 120m³，可支持油机运行的时间为 8h。共有 40 台 400kVA，2 台 100kVA UPS，80 台 800A HVDC（高压直流供电系统），UPS 系统按 2N 冗余设计进行部署，HVDC 系统采用一路市电，一路 HVDC 设计进行部署。电池设计使用寿命 10 年。其中机房设计等级及功能需要，大致可以分成两种方式，分别为：普通等级的配置 80 套 800A 的 HVDC，每套 HVDC 配 2 组电池，配备冗余时间 30min。这种机房主要设计 2-1、2-2 等普通设备机柜。核心等级单机架供电为 2 路 UPS 电源输入，分别从 2 套 UPS 系统引入，配有隔离变压器，2 架电源列头柜引入。共计采用 2×400kVA 并机组成的 800kVA 的机组，2N 系统组成并机机组，配备冗余时间为 30min。当然还有一些特殊核心设备采用的是 48V 的直流系统，其 DC 电池冗余时间为 60min。

该数据中心共配置 8 台离心冷水机组，制冷量为 3850kW/台；2 台双工况螺杆冷水机组，制冷量为 1150kW/台。根据测算，机房所需供冷量为约 22000（22079）kW，而数据中心配备总可供冷量约为 24000（24250）kW；完全可以满足机房需求。单个系统配置离心冷水机组 3（主用）、1（备用），双工况螺杆冷水机组 1 台，用简单的话来理解，就是所谓的 N+1 模式。螺杆冷水机组作为空调系统容量调节及蓄冷工况使用。配备 6 个主用冷却塔，2 个备用冷却塔，冷却塔容量为 4400kW/台。

6.2.2　运维组织架构

该数据中心为运营商与社会 IDC 合作，由运营商主导数据中心运营管理工作，社会 IDC 公司负责基础设施现场值守工作。园区的安防、消防系统，由园区统一负责。

在动力方面，其全方位运维结构为四级维护体系，一级为现场维护，二级为部门技术支撑人员，三级为公司专家，四级为原厂家。该数据中心运维组织架构如图 6.2-1 所示。

在基础维护过程中，采用了比较先进的管理体系和管理平台，特别是各管理层级的管理流程和信息沟通非常规范流畅。该机楼为一个数据园区的一部分，由运营保障中心的运维一部负责，在技术上接受技术部的指导和支撑，在流程上接受运管部领导。生产计划、计划执行考核、日常质量监督等，由运管部进行系统管理。管

图 6.2-1　数据中心运维组织架构

理流程如图 6.2-2 所示。

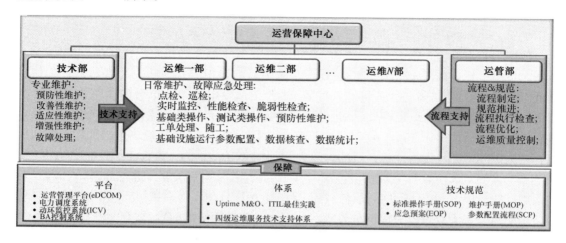

图 6.2-2　数据中心运维管理流程

技术部设置电气主管、暖通主管、电气工程师、暖通工程师等技术岗位。现场配置动力机务长 1 名，动力机务长助理 1 名，动力值班长 1 名，动力值守 2×4 名（一名电源专业，一名冷源专业），提供 7×24 小时服务，值班为四班三转，动力专业共配置 11 名专业人员。其具体岗位职责如表 6.2-1～表 6.2-6 所示。

电气/暖通主管岗位职责　　　　表 6.2-1

岗位名称	电气/暖通主管	所属部门	技术部
职系	技术型	直属上级	技术部部长

岗位概要：

　　在运维保障中心的规划和经营策略的指导下，组织开展数据中心基础环境电气设备的专业维护与保养工作，协助部门长，提升专业技术能力。

　　工作内容：

　　1. 负责制定电气/暖通设备专业维保计划并组织实施。

　　2. 审核电气/暖通设备维护管理细则、点检规范及点检表。

　　3. 组织实施电气/暖通设备管理。

　　4. 组织实施电气/暖通专业技术指导和培训。

　　5. 负责电气/暖通设备操作手册、应急预案、预案演练计划的审核，组织培训并实施。

　　6. 负责电气/暖通设备故障处理的技术支持，故障报告、纠正与预防措施的审核并组织实施。

　　7. 负责整理并汇报机房电气/暖通设备运行参数和设备运行状态，制定优化改进方案、节能措施并组织实施。

　　8. 协助部门长对部门日常事务进行管理。

电气/暖通工程师岗位职责　　　　表 6.2-2

岗位名称	电气/暖通工程师	所属部门	技术部
职系	技术型	直属上级	技术部部长

岗位概要：

　　在部门长的带领下，实施电气/暖通设备专业维保工作；参与隐患排查，纠正预防措施的制定与落实，增效节能方案制定与实施，确保电气/暖通设备设施安全正常运行。

工作内容：

  1. 实施电气/暖通设备的专业维保工作。

  2. 故障处理技术支持。

  3. 问题创建、处理，变更审核、实施。

  4. 应急预案编制、作业指导书编制/验证。

  5. 制定功能消缺、优化完善、节能措施方案及实施。

  6. 预防性维护实施。

  7. 专业维保项目的实施与管理。

  8. 运维人员公休顶班。

  9. 随工、监护。

  10. 参与维保外包项目的管理。

  11. 完成部门长交办的其他工作。

运维部长岗位职责　　　　　　　　　　　　　　　表 6.2-3

岗位名称	运维部部长	所属部门	运维部
职系	技术型	直属上级	运维部部长

岗位概要：

  在运维保障中心的规划和经营策略的指导下，带领部门员工开展实施日常运维工作，确保维护系统的安全、顺行；同时，推进运维服务规范，提升运维保障能力。

工作内容：

  1. 负责部门日常事务管理与实施。

  2. 负责制定并组织实施设备日常运维计划。

  3. 负责客户对口管理部门的沟通与协调工作。

  4. 合理调配部门人力资源，督导班组基础管理工作的开展和实施。

  5. 负责制定部门管理规章制度、操作规程、应急预案，并组织实施培训和演练。

  6. 负责制定部门培训计划并组织实施。

  7. 负责制定部门员工的绩效考核并实施。

  8. 组织部门员工对维护范围内的安全隐患进行排查，制定措施并实施整改。

  9. 有效进行 QHSE 体系各项工作，加快部门运维服务技术、质量及管理水平提高。

  10. 部门安全第一责任人。

运维部长助理岗位职责　　　　　　　　　　　　　表 6.2-4

岗位名称	运维部长助理	所属部门	运维部
职系	技术型	直属上级	运维部部长

岗位概要：

  协助部门长开展部门日常事务实施与管理，负责部门日常运维工作的落实安排、协调反馈。

工作内容：

  1. 协助部门长实施与管理部门日常事务。

  2. 协助制定并执行设备日常运维计划。

  3. 协助部门长安排落实与客户管理部门沟通后决定事项。

  4. 协助部门长督导各班组基础管理工作实施并及时反馈。

  5. 落实部门内部培训和演练。

  6. 部门培训计划的实施反馈。

  7. 协调安全隐患排查工作的安排与落实，纠正和预防措施的落实。

  8. 协助部门长开展 QHSE 体系各项工作。

运维部班长岗位职责   表 6.2-5

岗位名称	运维部班长	所属部门	运维部
职系	技术型	直属上级	运维部部长

岗位概要：

    带领班组成员开展日常维护工作

工作内容：

  1. 负责班组巡检工作的安排和执行（需要倒班）。

  2. 负责协调安排客户设备上架的配合工作。

  3. 负责事件及常见故障的处理与协调。

  4. 组织编制运维操作手册、点检表。

  5. 完成交接班工作。

  6. 组织班组安全学习，负责班组安全工作的开展实施。

运维部动力值守岗位职责   表 6.2-6

岗位名称	运维部动力值守	所属部门	运维部
职系	技术型	直属上级	运维部班长

岗位概要：

    在班组长的带领下，按规范要求实施机房设备日常巡检、监控工作；按流程和操作规范进行事件及常见故障的处理。

工作内容：

  1. 数据中心基础环境设备的日常巡检与监控。

  2. 按照操作规程，对巡检发现的异常、监控报警及常见故障进行处理。

  3. 及时响应服务请求。

  4. 按维护规程做好数据中心基础环境设备的例行维护工作。

  5. 配合客户设备上架安装的操作管理。

  6. 参加班组安全学习。

  7. 完成交接班工作。

  8. 完成班组长安排的其他工作。

6.2.3　数据中心主要运行参数

该数据中心主要运行参数如表 6.2-7 所示。

某数据中心主要运行参数   表 6.2-7

项 目 名 称	对 应 值	备 注
冷机供水温度	13℃	
冷机回水温度	18℃	
末端空调进水温度	14℃	
末端空调出水温度	19℃	根据负载情况稍有波动
末端空调送风温度	18℃	
末端空调回风温度	28℃	根据负载情况稍有波动
机房冷通道温度	22℃	根据负载情况稍有波动

项　目　名　称	对　应　值	备　　注
机房热通道温度	28℃	根据负载情况稍有波动
末端空调每千瓦制冷量风机耗能	8.1kW/180kW	额定工况
冷却水泵设计扬程	30m	
冷却水泵实际扬程	变频调整，不确定	
冷冻水泵设计扬程	32m	
冷冻水泵实际扬程	变频调整，不确定	
冷机制冷模式，预冷模式，节约模式三种模式转换	机楼北环室外湿球温度小于 5℃切冬季；机楼南环室外湿球温度小于 7℃切冬季	机楼分独立的南环和北环两个独立冷源。根据末端负载不同而分别调整

6.2.4　运维中优化

数据中心采用自动化巡检与人工巡检相结合的手段。在动环监控系统中，可以采用定点自动数据比对的方式，对系统运行参数进行巡检，当数据偏差达到 3%～5% 时，可以进行系统警示。同时，为保证现场实际运行的安全，采用每日三班：08：00、16：00、22：00 分别进行人工巡查。巡视路径为预先制定好的规范路线，巡检时间、具体点位、现场设备屏幕数据等，都通过 PAD 直接上传系统。

冷源系统分为冷机制冷模式、过渡制冷模式及自然冷却模式的运行逻辑，过渡季节采用冷机与板式换热器同时串联运行的模式，冬天则采用全板式换热器模式，可比全冷机制冷模式节电近约 50%。

（1）冷源系统设计值为 13℃/18℃，经过长期运维实效，在保证末端供水供冷安全的前提条件下，将冷冻水出水温度调节至 14～15℃，提高制冷效率。

（2）冷源系统水处理采用物理形式进行，微晶旁通水处理器及水过滤沙缸器，并定期进行水路自动反冲洗工作，保障水系统水质。

末端空调设置为大风量小焓差，以回风温度进行控制。空调 EC 风机采用低频多开、可变调频替代工频满载运行，空调运行采用热后备模式，所有空调都开启运行状态，这样便消除机房内气流不平均产生局部热点的情况。当一台空调出现故障时，其他空调随即提高风机频率，保障机房供冷平稳、安全。

6.2.5　提高可靠性的措施

（1）数据中心采用全自动电力调度系统及冷源自控 BA 系统，并且所有设备运行数据及告警参数均接入本地监控平台，达到了数据中心自动化运行的水平，现场机务员只需巡视并关注动环监控，减少人为操作带来的负面影响。

（2）数据中心编制配备了基础设施设备的运行维护资料、设施设备的操作手册、机房现场操作应急预案等。每季度进行应急预案的专项演练。该数据中心配备比较先进的 DCIM 系统，可以进行 3D 仿真模拟应急演示，基层机务员可以按场景输入相应参数，系统通过配置，可以在系统中形成相应的演练过程和结果。

（3）数据中心预先制定了场景式的应急预案，预案涉及冷源主用设备故障、管路阀门故障、市电全断、油机自动无法启动、UPS系统故障、末端空调故障、消防事件等各类紧急事件的场景，并进行月度专项演练。同时，DCIM系统可以提供模拟应急演练的仿真，运维人员在编写场景脚本后，系统会自动生成跑位、操作、模拟运行状态的3D仿真图像。该系统可以培训员工，也可以预先验证应急预案的正确性。在实际运行中，目前还未遇到真实启动应急预案的情形，日常运维中只是遇到需要系统倒换等系统性操作。

6.3　某云计算中心机房运行案例

6.3.1　项目基本情况

1. 基本情况概述

某云计算中心机房位于上海市青浦区，机房面积226㎡，共设计82台52U机架，单机架设计负荷8kW，IT总负荷656kW。在负载率大于30％的情况下，实现综合PUE为1.18。

制冷端采用两套制冷量为700kW的双冷源高效集成冷源联合供冷；配电采用一路市电加一路高压直流组成的双路电源配电；机房空气处理采用定制化的定向冷却机柜加分布式空气处理单元。机房平面布置图如图6.3-1所示。

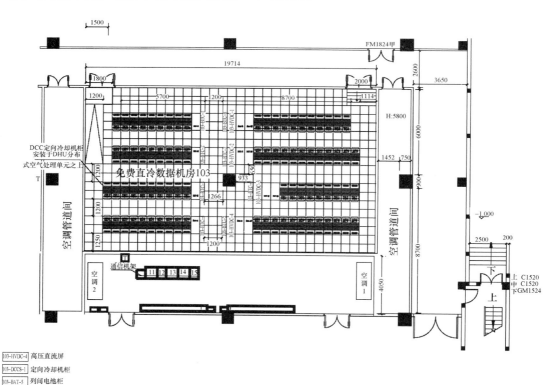

图 6.3-1　机房平面布置图

2. 冷源系统

（1）冷源概述

项目共设计两套集成冷源（见图 6.3-2），每套冷源均设计独立的传感器、执行器以及控制器，形成独立的供冷单元，两套冷源组成无中心结构，形成"双机热备"的供冷群对末端机房进行不间断的供冷。

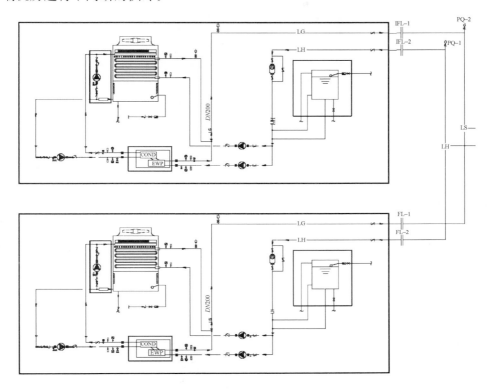

图 6.3-2　空调系统设计原理图

每套冷源含机械制冷和自然冷源。机械制冷即压缩机电制冷，含主机、冷冻水泵、冷却水泵、冷却塔风机；自然冷源即依靠闭式塔盘管散热，含冷却塔（含风机、喷淋泵）、循环泵。自然冷源与机械制冷共用冷却塔风机，机械制冷开启时，冷却塔风机运行，由冷却水泵抽水上塔；自然冷源开启时，冷却塔风机运行，由喷淋泵抽水上塔。

空调系统设计原理图如图 6.3-2 所示。

（2）冷源的启动与切换

在没有任何冷源设备故障的情况下，双冷源同时且独立运行，在冷源启动时，任何情况下均先启动自然冷源，冷源启动完成后进入可切换状态。

冷站采用 22℃ 高温供水，若室外环境湿球温度大于 19℃，由自然冷源立即切换至机械制冷；若室外环境湿球温度小于 17℃，由机械制冷切换至自然冷源。冷站系统采用一只电动蝶阀，切换过程简单、可靠，到目前为止，系统已完成自动切换百余次，整个启动过程、切换过程、调节过程均无需人为干预，由系统自动完成，实现冷源站真正无人值守。

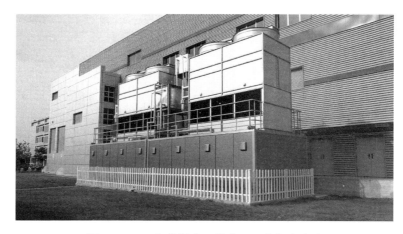

图 6.3-3　一期数据中心楼南面两套集成冷站

6.3.2　项目采用的技术

1. 冷源站

（1）磁悬浮主机＋自然冷源，冷站集成化、标准化、模块化；

（2）22℃的高温冷冻水供水，降低两器温差和主机压缩比，提高主机制冷效率，增加自然冷却利用时间。

2. 末端空气处理（见图 6.3-4）

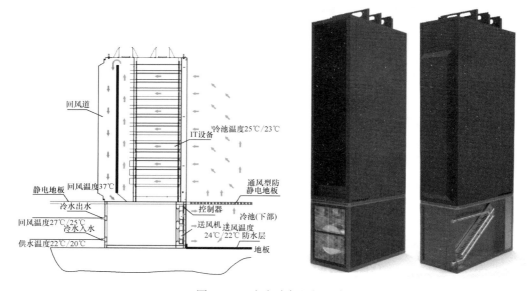

图 6.3-4　定向冷却机柜组合

（1）风机放置于机柜正下方，实现较短送、回风风程，降低空气输送功耗；

（2）柜级空调，根据负载自动调节送风量，单柜热通道封闭，精确控制回风温度；

（3）同程风道、负压回风，提升散热均衡性，消除热岛效应；

（4）柜级制冷，增加换热面积，提高送回风温差，降低风速，提高风水换热效率。

3. 无中心控制结构

每个供冷单元、空气处理单元均采用无中心控制结构，每套设备均具备独立的传感器、执行器、控制器，实现独立自主调节、智慧运行，不依赖于任何第三方控制系统，一个功能单元的失效不影响系统可用性，并且失效单元可以得到备用单元的代偿，提高系统可靠性和可用性。

6.3.3　系统运行状况

1. 运行基本数据表（见表 6.3-1）

运　行　数　据　　　　　　　　　　　表 6.3-1

项　　目	数据	备　　注
累计运行时间（h）	3769	2017 年 4 月、5 月、6 月、7 月、12 月、2018 年 1 月
IT 平均负载率（%）	36.3	总设计负载 656kW，实际运行 IT 负载为 245kW 左右
环境最高湿球温度（℃）	28.6	温湿度传感器安装于冷却塔进风口，出现在 2017 年 7 月
环境最低湿球温度（℃）	−3.8	出现在 2018 年 1 月
平均冷水供水温度（℃）	21.4	
平均冷水回水温度（℃）	23.8	
冷水总管流量（m³/h）	138	冷源 1 与冷源 2 总和
单机柜最高负载（kW）	5.36	
单机柜最低负载（kW）	1.48	
单机柜平均负载（kW）	2.98	
最高送风温度（℃）	25.6	
最低送风温度（℃）	18.8	
最高回风温度（℃）	35.3	
平均回风温度（℃）	33.3	
总输入能耗（kWh）	1032807	计量点为出线柜空开后端
IT 能耗（kWh）	874806	占总能耗 84.7%
冷源能耗（kWh）	92442	占总能耗 8.95%，包含主机、塔、水泵等全部冷站设备能耗
DHU 能耗（kWh）	30031	占总能耗 2.91%，包括机房空气处理设备能耗
其他能耗（kWh）	35528	占总能耗 3.44%，包括除 IT、冷源、空气处理之外的其他所有能耗
总冷量（kWh）	1030683	
电能利用效率（PUE）	1.1807	＝总能耗/IT 能耗
配电负载系数（PLF）	0.0407	＝其他能耗/IT 能耗
制冷负载系数（CLF）	0.1400	＝（冷源能耗＋DHU 能耗）/IT 能耗
冷源 EER	11.15	＝总冷量/冷源能耗

2. 湿球温度与 PUE 关系分析（见图 6.3-5）

从图 6.3-5 中看出，PUE 的分布区间可划分为三个，低于 17℃ 完全自然冷源区间，17～21℃ 为切换区间，大于 21℃ 为机械制冷区间。

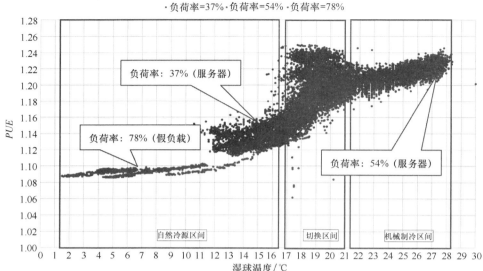

图 6.3-5　不同负荷率下湿球温度与 PUE 关系图

（1）完全自然冷源区间

1）37％负荷率

① 湿球温度为 0～15℃时，PUE 分布范围主要在 1.12～1.14，原因为各项附加能耗已降低至下限，在该负载率下，PUE 不再随湿球温度的降低而降低；

② 湿球温度为 15～17℃时，PUE 分布范围主要在 1.14～1.16，随着湿球温度的升高，PUE 也在上升；

③ 当湿球温度低于 14℃时，PUE 没有明显的下降趋势，原因是冷源设备基础电耗降低至下限时，其对总电耗的占比较大。

2）54％负荷率

① 湿球温度为 13～15℃时，PUE 分布范围主要在 1.11～1.13；

② 湿球温度为 15～17℃时，PUE 分布范围主要在 1.13～1.15；

③ 相同级别的湿球温度下，相比 37％负荷率时，PUE 明显降低 0.01 左右，原因是负荷率升高时，冷源的基础功率与总功率的占比缩小，CLF 降低。

3）70％～78％负荷率（假负载测试）

① 湿球温度低于 11℃时，PUE 低于 1.10，且随着湿球温度的降低，PUE 有降低趋势，但幅度较小，基本维持在 1.08～1.1 之间；

② 湿球温度为 11～13℃时，PUE 分布范围主要在 1.10～1.11；

③ 湿球温度为 13～15℃时，PUE 分布范围主要在 1.11～1.12；

④ 湿球温度为 15～17℃时，PUE 分布范围主要在 1.12～1.14；

⑤ 相同级别的湿球温度下，相比 37％负荷率时，PUE 明显降低 0.03～0.04 左右，相比 54％负荷率，PUE 明显降低 0.01 左右。

（2）切换区间

1）相比完全自然冷源区间，在切换区间，PUE 数据较为零散，分布的范围较大，同一个负荷率，同样的湿球温度下，PUE 存在 0.06～0.08 的变化范围。分析其原因：冷站采用的是湿球温度低于 17℃切换至自然冷源，湿球温度高于 19℃时切换至机械制冷，所以在该区间内，冷源运行组合情况较为复杂，有双冷站自然冷源运行、双冷站机械制冷运行、一台冷站机械制冷、一台自然冷源运行；

2）负荷率越高，平均 PUE 也较低。以湿球温度为 19℃为例，37％负荷率时，PUE 为 1.21～1.24，54％负荷率时，PUE 为 1.16～1.22，78％负荷率时，PUE 为 1.16～1.19；

3）相比其他两个区间，PUE 随着湿球温度升高变化的幅度较大，即湿球温度每上升 1℃，PUE 的变化幅度大于其他两个区间。

（3）完全机械制冷区间

1）随着湿球温度上升，PUE 会随之上升，幅度较小，较为平缓；

2）相比自然冷源运行区间，该区间内同一湿球温度下，PUE 的范围较大。分析其原因：在机械制冷时，压缩机存在加载和卸载两种状态，且两台压缩机可有三种组合，不同的组合下，瞬时功率均不相同，所以导致瞬时 PUE 变化较大，而自然冷源时，各类设备均通过变频调速以满足相同的供水温度，可变范围较小。

6.3.4　项目运行总结

在累计 3769h 的运行时间内包括夏季机械制冷，冬季自然冷却，平均 IT 负载率不到 50％的情况下，该云计算中心机房实现综合 PUE 为 1.1807，制冷系统 EER 为 11.15，PLF 为 0.0407，CLF 为 0.14。

双冷站经过百余次自然冷却与机械制冷之间的自动无故障切换，累计无故障运行时间超过 7000h，82 台机房空气处理单元累计无故障运行时间超过 30 万 h，系统实现真正无人值守。以目前实际运行数据，按定时结尾的方式定量评估系统可用性已达到 99.9997％。

6.4　数据中心信息化运维管理平台的应用案例

6.4.1　概述

近年来，随着信息化社会和互联网经济的发展，大数据、云计算、物联网、电子商务等新兴技术日益进步，促进了数据中心的市场需求，国内数据中心的建设规模和建设速度显著增加，各类数据中心不断投入使用，但是在巨额的投入后面临着诸如运营成本高昂、能耗大、安全性差、业务连续能力低等一系列问题与风险。众所周知，数据中心是数据传输、计算和存储的中心，集中了各种软硬件资源和关键业务系统，面临异构环境、业务融合、管理规范等非常复杂的问题，给数据中心的运维管理带来了巨大挑战；并且各类信息系统对于数据中心机房基础设施环境的依赖和要求也越来越高。传统的运维方式存在以下缺陷：传统的网络运维规章制度不适用现代数据中心的运维；传统的服务模式没有 SLA（Service-Level Agreement）的严格约束；没有国际认证质量体系；传统的运维平台独立运行，不能满足用户的灵活需求；缺乏自动化服务流程管理。数据中心的运维管理需要全新的管理模式和灵活的功能架构，要充分考虑基础设施、技术趋势、业务运行、运维服务等各种管理要素，结合运维管理工作实践，规划设计一个以 AP、SOP、MOP、EOP（4P）为核心的一体化制度规范体系，质量控制体系以达成 SLA 为目标，开放式、标准化、易扩展、可联动的统一智能运维管理体系，保障数据中心长期安全、可靠、稳定的运行（丁会芳等，2016）。

6.4.2 基于智能一体化运维管理实践

运维公司面向互联网、政府、教育、金融、物流等业务客户，提供数据中心、云计算、IT 基础设施等建设与服务，目标是为客户提供愉悦的客户体验，帮助客户提高核心竞争力。运维公司从目标出发，以"一体化、集中化、智能化"为方向，以"集中维护"为原则，以标准化的运维管理规程为核心，以集中监控运维管理的技术平台（OSS）为支撑，集中打造国际一流的智能一体化运维管理体系。

1. 构建一体化运维体系

根据运行维护管理的内容，结合集团－运维公司－运维分公司在维护体系中的定位，从专业化分工的角度出发，依据要素法，将数据中心运维管理工作分为若干个子模块，各级别公司通过 OSS 集中监控运维管理平台和电子运维平台、资源调度平台进行相互衔接和交流，从而形成一体化运维管理体系（见图 6.4-1）。一体化运维分工从管理角度可分为运维管理控制层（集团网运）、运维生产监控层（运维公司）和现场维护作业层（运维分公司），从功能角度可分为职能定位、服务响应、资源管理和信息化支撑方式。

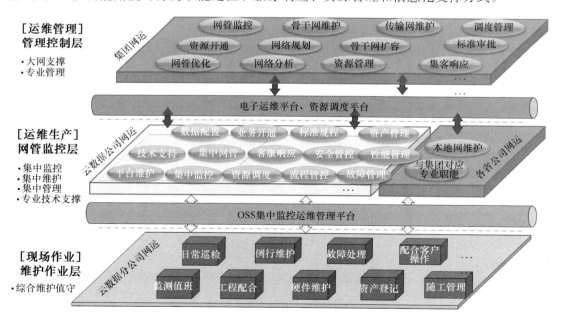

图 6.4-1　一体化运维体系

其中运维管理控制层的职能定位包括将基地运维纳入集团统一网络运营管理体系和负责各基地与 IP 骨干网、传输网间的运维管理和生产调度；运维管理控制层的服务响应是负责基地与 IP 骨干网、传输网间的故障响应、处理；运维管理控制层的资源管理是负责基地与 IP 骨干网、传输网间的资源配置、资源调度。以上职能的实现统一由集团网运电子运维系统（包括生产指挥调度系统、资源调度系统和客户服务管理系统）做支持。

运维生产监控层的职能定位包括负责集中监控、集中 IT 支撑、统一运行，制定运维生产办法、标准化运维管理规程，下达运维考核指标，承担各基地运维生产任务和客户响应工作；运维生产监控层的服务响应包括本部设立 7×24 小时客服中心统一受理、本部统一组织基地数据中心重保、抢修、故障反馈等工作；运维生产监控层的资源管理包括全网资源统一管理，组织资源普查和资源信息数据的收集，基地资源的直接管理和生产调度，名单制客户、跨域及全网性业务资源的统一生产调度。以上职能的实现依托于集团电子运维系统和集中一体化运维监控管理平台（OSS）。

现场维护作业层的职能定位包括负责所属数据中心、相关本地连接网络、系统、设备、设施的运维生产和客户响应，落实运维公司本部下达的各项运维指标、运维规程和生产任务；现场维护作业层的服务响应包括负责属地化客户服务与运营，配合本部落地的名单制客户服务响应，完成各类工单操作、故障报告、数据上报等工作；现场维护作业层的资源管理包括资源数据的统计报送，所属资源的日常管理和生产调度，落实运维公司名单制客户资源开通。以上职能的实现统一使用运维公司本部的运维生产管理系统。

2. 运维管理组织架构

为更好地实现一体化运维管理，在全国范围内组建维护团队，并在人员的组织架构上融合了流程驱动型的组织分工（图 6.4-2）和职能支撑型的组织分工（图 6.4-3），形成一体化的专业垂直管理模式。数据中心相关日常操作维护以职能支撑性分工为主。根据数据中心的运维管理对象将管理模块划分为网络、基础设施、IT、运营和服务五大模块，对应实体为网络维护中心、动力维护中心、IT 和集中监控中心、资源调度中心以及客户响应支撑中心。同时要求各专业的维护团队必须持有相应的资格认证，比如：网络专业要求有 CCIE、CCNP、CCDA、华为认证；基础设施类各专业要求有高低压操作证、制冷证、

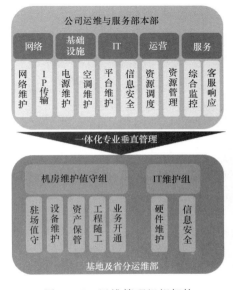

图 6.4-2　运维管理组织架构

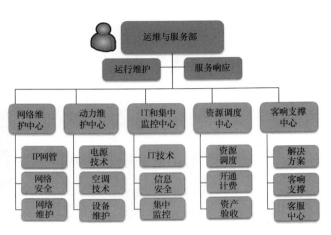

图 6.4-3　运维与服务部职能分工

电工作业进网证；IT 专业要求有 RHCE、RHCT、MCSE、系统集成 PM、项目规划师；信息安全类专业要求有 CISP、CCSP、审计员等，形成一个拥有专业技能并且技术精湛的专家团队。

3. 标准化的运维管理规程

面对全国范围内数据中心的一体化运维管理，只有建立一套权责清晰、分工明确、规制适度、流程顺畅的制度规范，才能把管理者从繁琐的运维事项中解放出来，也使各级技术人员明确工作定位和行动方向，有章可循，有据可依。

标准化规程文档包括 AP（行政管理规程）、SOP（标准操作规程）、MOP（维护操作规程）、EOP（紧急操作规程），建立以"4P"为核心的一体化运维管理制度规范体系（图 6.4-4）。标准化规程在这里是指经过不断实践总结出来的、在当前条件下可以实现的最优化的操作程序设计。简而言之，就是尽可能地将相关操作步骤进行标准化、细化、量化和优化。与此同时，将标准化文档划分为一级文件（AP）、二级文件（AP）、三级文件（SOP、EOP、MOP）和四级文件（AP、SOP、EOP、MOP 附件）进行组织管理。一级文件具体为管理手册和总纲，主要内容为定义目标，组织架构，总体策略；二级文件具体为流程手册和流程管理规范，主要内容为定义管理规范，说明过程定义要素，设计方法；三级及四级文件具体为操作规范、工作指导书、流程计划和记录、报告模板，主要内容为流程规范在执行和落地层面所需的操作步序、工作说明书、流程策略、计划指南、记录表及报告等。"4P"文档集中体现了数据中心标准化运维规程的职能分工、内容划分以及建立流程，以提高数据中心运维服务的工作效率以及与需求方建立规范化的对话机制。

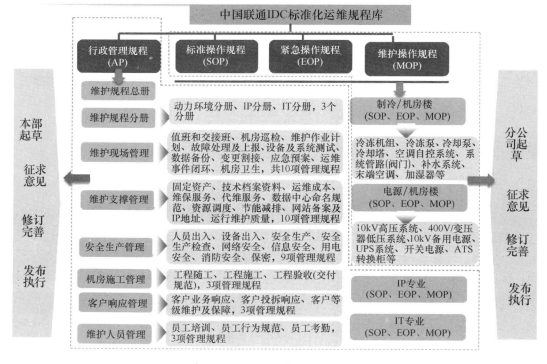

图 6.4-4　标准化运维规程

6.4.3　对标国际一流的运维服务模式

1. 基础设施

《数据中心电信基础设施标准》TIA-942 是专门用于数据中心设计和基础设施的全球公认的标准。TIA-942 提供了以下信息和指引：空间布局、布线、基础设施、等级、安全系统、机械系统和电气系统、冗余、环境考虑因素。所属云公司基地基础设施配置达到TIA-942 标准的 Tier3＋/Tier4 等级要求，对应国内 GB 50174 标准的 A 级。

2. 成熟度模型

全国数据中心统一采用先进的管理指引，成熟度模型定位为 V 级，由传统的主动级提升为智能优化级。从监控健康度、突发事件和问题的管理、自动发布和统一的数据四个方面实现统一优化，使 IT 和基础设施子系统集成，智能跟踪、软件定义、按需调整，实现数据模型预测，统一的服务管理。

3. 运行维护

运维管理模式发展趋向：运维管理以"一体化、集中化、智能化"为方向；管理模式趋于精简，实现集中维护逐步代替绝大部分现场维护作业；运维管理系统的智慧化，减少了大批人工；更关注核心专业，快速响应能力强；建立能力优势，包括服务提供能力、保障能力、成本控制能力、跨技术协同能力。

4. 数据中心认证

通过部署以下认证包括 TIA-942 基础设施等级评定，TGG（绿色网格组织）PUE，ISO 20000IT 服务管理，ISO 17799-27001 信息安全管理，ISO 22301 业务连续性，ISO 9001 质量管理，ISO 14001 环境管理，ISO 50001 能源管理，GB 50174 机房建设标准，OHSAS 18001 职业健康，使在所认证的标准范围内规范数据中心的管理，提升管理能力，督促数据中心维护管理体系，提高数据中心的竞争力。

5. 网络优化方向

运维基地部署多出口且直连 China169 骨干核心网，推动基地区域辐射周边省及热点城市，以最大限度最优覆盖用户群；依托联通骨干传输系统，建立十大基地高速大带宽互联平面；通过部署 SDN 智能网络实现对数据中心内及数据中心间的用户流量做动态调度，通过 SDN 控制器集中选路，优化选择出口流量，提升链路资源利用率，多种路径满足不同业务需求和 SLA 服务品质要求。

6. 统一 OSS 平台

建设统一 OSS 平台，形成统一门户，集跨区域、全方位、多层级监控为一体的监控平台（图 6.4-5）。

6.4.4　结语

现代数据中心运维面临的最大挑战就是如何实现全方位的自动化管理。面临的问题主要有数据中心架构和运维的复杂性、运维成本日益提高、同时满足内部服务要求和外部规范要求等。运维公司通过建设统一 OSS 集中监控平台，规范标准的运维规程体系，合理的组织架构和多维度交叉管理，构建先进的运维服务模式，从而提高 IT 服务速度，降低运维的复杂度，降低管理成本和风险，减少人为操作失误带来的故障，强化管理人员对操

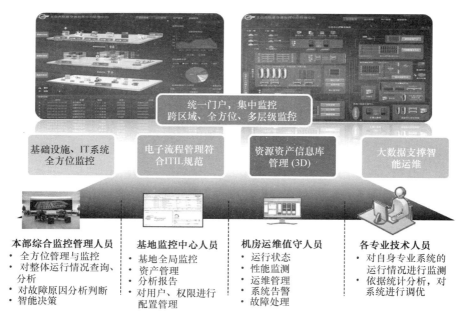

图 6.4-5　OSS 平台

作者和整个系统的控制和监管能力，减少日常重复运维工作的人力资源，使技术人员能够将主要精力放在系统、流程的优化上面，整个运维工作步入良性循环。日益增加的运维压力以及成熟的平台和技术使得一体化、集中化、智能化的运维管理系统已经成为现代数据中心必不可少的信息化工具，在现代数据中心的运行、维护、管理及服务等方面，不断发挥着越来越重要的作用。

本 章 参 考 文 献

[1]　丁会芳，康楠，金玉科．数据中心一体化运维体系实践//中国通信学会通信电源委员会．2016 年中国通信能源会议论文集[C]．北京：人民邮电出版社，2016，428-432．

第7章　国家及地方对数据中心建设相关政策走向、电价优惠、选址规范及设计标准

7.1　国家及地方政策

7.1.1　国家相关政策走向分析

通过分析 2015～2017 年国家相关部门颁布的有关数据中心建设及管理的政策、规范，可看出我国在数据中心建设和管理发展上的新思路和政策导向，总结出以下几个方面的特点。

1. 整合资源，严控新建

整合资源包括整合分散在各地的数据中心，充分利用现有政府和社会数据中心，让既有数据中心发挥更多作用，严控新建数据中心的规模，走区域性大数据基础设施发展之路。

2. 统筹布局，构建国家数据中心体系

在大数据、云计算等方面塑造国家竞争力，树立国家战略制高点，合理布局大数据基础设施建设。

探索建立"物理分散、逻辑互联、全国一体"的政务公共云，构建形成国家数据中心体系，面向本省市、其他省市和中央部门、行业企业以及中小型企业用户提供应用承载、数据存储、容灾备份等数据中心服务。

3. 倡导绿色数据中心建设，绿色节能仍为主要目标

加快推动现有数据中心的节能设计和改造，有序推进绿色数据中心建设。到 2018 年，云计算和物联网原始创新能力显著增强，新建大型云计算数据中心电能使用效率（PUE）值不高于 1.5；到 2020 年，形成具有国际竞争力的云计算和物联网产业体系，新建大型云计算数据中心 PUE 值不高于 1.4。

优化全国大型、超大型数据中心布局，在杜绝数据中心和相关园区盲目建设的同时，可以适度超前布局、集约部署云计算数据中心、内容分发网络、物联网设施，实现应用基础设施与宽带网络优化匹配、有效协同。鼓励在"一带一路"沿线节点城市部署数据中心、云计算平台和内容分发网络（CDN）平台等设施。

4. 加强数据资源规划，推动行业数据中心建设

推进政务数据资源、社会数据资源、互联网数据资源建设，建立国家关键数据资源目录体系，统筹布局区域、行业数据中心，建立国家互联网大数据平台。探索推进离岸数据中心建设，建立完善全球互联网信息资源库。

7.1.2 2015～2017 年国家相关部门颁布的有关数据中心建设及管理相关政策、规范等部分内容介绍

1.2015 年 9 月 5 日

国务院印发《促进大数据发展行动纲要》。

主要内容：统筹规划大数据基础设施建设。

核心宗旨：整合分散的数据中心资源，充分利用现有政府和社会数据中心资源。

具体措施：运用云计算技术，整合规模小、效率低、能耗高的分散数据中心，构建形成布局合理、规模适度、保障有力、绿色集约的政务数据中心体系。统筹发挥各部门已建数据中心的作用，严格控制部门新建数据中心。开展区域试点，推进贵州等大数据综合试验区建设，促进区域性大数据基础设施的整合和数据资源的汇聚应用。

2.2016 年 1 月 7 日

国家发展改革委印发《关于组织实施促进大数据发展重大工程的通知》。

主要内容：重点支持基础设施统筹发展。

核心宗旨：整合分散的政务数据中心，探索构建国家数据中心体系。

具体措施：强化政务数据中心的统筹布局，利用现有政务和社会数据中心资源，结合区域的能源、气候、地质、网络、交通、政策、市场需求等条件，采用云计算、绿色节能等先进技术，对规模小、效率低、能耗高的分散数据中心进行整合，形成布局合理、规模适度、保障有力、绿色集约的大型区域性政务数据中心，避免造成资源、空间的浪费损失。

依托大型区域性数据中心，运用云计算等技术，探索建立"物理分散、逻辑互联、全国一体"的政务公共云，构建形成国家数据中心体系，面向本省市、其他省市和中央部门、行业企业以及中小型企业用户提供应用承载、数据存储、容灾备份等数据中心服务。

开展绿色数据中心试点。鼓励采用可再生能源、分布式供能、废弃设备回收处理等绿色节能方式，强化新建工程项目的绿色采购、绿色设计、绿色建设，提高数据中心绿色节能水平，推动节能环保技术产品在已建数据中心的替代应用，引导数据中心走低碳循环绿色发展之路。

3.2016 年 3 月 7 日

环境保护部印发《生态环境大数据建设总体方案》。

主要内容：通过生态环境大数据发展和应用，推进环境管理转型。

核心宗旨：提升生态环境治理能力，为实现生态环境质量总体改善目标提供有力支撑。

具体措施：按照党中央、国务院决策部署，以改善环境质量为核心，加强顶层设计和统筹协调，完善制度标准体系，统一基础设施建设，推动信息资源整合互联和数据开放共享，促进业务协同，推进大数据建设和应用，保障数据安全。

4.2016 年 10 月 8 日

多部委联合批准：第二批七个国家大数据综合试验区。

主要内容：国家发展改革委、工业和信息化部、中央网信办发函批复，同意在京津冀等七个区域推进国家大数据综合试验区建设，这是继贵州之后第二批获批建设的国家级大

数据综合试验区。

核心宗旨：更加注重数据资源统筹，加强大数据产业集聚，发挥辐射带动作用，促进区域协同发展。

具体措施：此次批复的国家大数据综合试验区包括两个跨区域类综合试验区（京津冀、珠江三角洲），四个区域示范类综合试验区（上海市、河南省、重庆市、沈阳市），一个大数据基础设施统筹发展类综合试验区（内蒙古）。其中，跨区域类综合试验区定位是：围绕落实国家区域发展战略，更加注重数据要素流通，以数据流引领技术流、物质流、资金流、人才流，支撑跨区域公共服务、社会治理和产业转移，促进区域一体化发展；区域示范类综合试验区定位是：积极引领东部、中部、西部、东北"四大版块"发展，更加注重数据资源统筹，加强大数据产业集聚，发挥辐射带动作用，促进区域协同发展，实现经济提质增效；基础设施统筹发展类综合试验区定位是：在充分发挥区域能源、气候、地质等条件的基础上，加大资源整合力度，强化绿色集约发展，加强与东、中部产业、人才、应用优势地区合作，实现跨越发展。

第二批国家大数据综合试验区的建设，是贯彻落实国务院《促进大数据发展行动纲要》的重要举措，将在大数据制度创新、公共数据开放共享、大数据创新应用、大数据产业聚集、大数据要素流通、数据中心整合利用、大数据国际交流合作等方面进行试验探索，推动我国大数据创新发展。

5. 2017 年 1 月 17 日

工业和信息化部发布《大数据产业发展规划（2016—2020 年）》。

主要内容：为贯彻落实《中华人民共和国国民经济和社会发展第十三个五年规划纲要》和《促进大数据发展行动纲要》，加快实施国家大数据战略，推动大数据产业健康快速发展。

核心宗旨：塑造国家竞争力，树立国家战略制高点，合理布局大数据基础设施建设。

具体目标：提出了发展目标，将酝酿开启万亿级别市场规模，到 2020 年，大数据相关产品和服务业务收入突破 1 万亿元，年均复合增长率保持 30％左右；将建设 10～15 个大数据综合试验区，创建一批大数据产业集聚区，形成若干大数据新型工业化产业示范基地。

合理布局大数据基础设施建设。引导地方政府和有关企业统筹布局数据中心建设，充分利用政府和社会现有数据中心资源，整合改造规模小、效率低、能耗高的分散数据中心，避免资源和空间的浪费。鼓励在大数据基础设施建设中广泛推广可再生能源、废弃设备回收等低碳环保方式，引导大数据基础设施体系向绿色集约、布局合理、规模适度、高速互联方向发展。加快网络基础设施建设升级，优化网络结构，提升互联互通质量。

7.1.3　有关地方政策部分内容汇总

1. 2016 年 8 月 18 日

北京市发布《大数据和云计算发展五年行动计划（2016—2020 年）》。

主要内容：立足京津冀各自特色和比较优势，推动数据中心整合利用，创建京津冀大数据综合试验区。深化京津冀大数据产业对外开放，深入开展大数据国际交流与合作。

2. 2016 年 8 月 19 日

江苏省发布《江苏省大数据发展行动计划》。

主要内容：构建统一数据资源中心。完善自然资源和空间地理、宏观经济、公共信用、人口等基础信息资源库以及健康、就业、社会保障、能源、统计、质量、国土资源、环境保护、农业、安全监管、城乡建设、企业登记、旅游、食品药品监管、公共安全、交通运输、教育科研等重要领域信息资源库。建立信息资源共享服务平台和公共数据中心，逐步实现区域性信息系统集约化建设和统一运营维护管理。统筹协调数据中心项目建设，充分发挥已建项目和在建数据中心作用，严格控制政务部门新建数据中心，避免盲目建设和重复投资。鼓励有条件的地区和行业部门集约建设大数据基础设施，整合构建区域性、行业性数据汇聚平台，逐步实现设施集中、应用整合、数据共享、管理统一。

3. 2016 年 10 月 25 日

深圳市发布《深圳市促进大数据发展行动计划（2016－2018 年）》。

主要内容：大数据基础设施建设和政府数据开放共享，建成全市统一的政务云平台和政府大数据中心，建立大数据采集、存储、共享、开放和应用的工作机制，形成多层次建设和多主体共享的信息资源体系，全面支撑各政府部门开展大数据应用；建成全市统一的政府数据开放平台，数据开放单位超过 80％，带动社会机构开展大数据增值性、公益性和创新性开发利用。

4. 2016 年 11 月 4 日

内蒙古自治区发布《内蒙古自治区促进大数据发展应用的若干政策》。

主要内容：鼓励国家部委、相关省（区、市）、相关行业和企业在内蒙古自治区云计算基地设立数据中心和容灾备份中心。建立大数据中心用电价格与服务器租赁价格联动机制，自治区对大数据中心给予优惠电价，大数据中心运营商向用户提供与其享受电价水平相适应的服务器租赁价格。

以呼和浩特市为中心，东中西合理布局云计算大数据中心，鼓励区内相关部门、行业和未建云计算基地的盟市，采取服务外包等方式在自治区已经投入运行的云计算基地设立数据中心和容灾备份中心。

5. 2016 年 11 月 18 日

兰州市发布《关于促进大数据发展的实施意见》。

主要内容：统筹布局云计算数据中心建设。加快构建全市大数据基础平台集群，推进各电信运营商和广电数据中心基础设施共建共享、互联互通，引导大数据云计算中心优化布局，推动数据中心向规模化、特色化、集约化、绿色化发展。

6. 2016 年 11 月 25 日

海南省发布《海南省促进大数据发展实施方案》。

主要内容：统筹推进数据中心建设。统筹政府和社会数据中心资源，建设统一的省政务数据中心，严格控制部门新建数据中心，推进有条件的市县试点开展区域大数据基础设施的整合和数据资源的汇聚应用；充分利用现有企业数据中心资源，建设基于云计算的大数据基础设施和区域性、行业性数据中心，吸引社会各行业、各企业数据集中汇聚。推动社会力量参与物联网和数据采集基础设施建设。

7. 2016 年 12 月 5 日

贵阳市发布《贵安新区大数据港三年会战方案》。

主要内容：贵安新区以大数据港、大数据小镇、创客小镇为载体，大数据应用创新为主线，实现"大数据库"与"大人才库"的融合发展，将集聚区打造成为西部数据外包服务基地、大数据推进分享经济试验区、大数据"双创"引领区。

8. 2016 年 12 月 13 日

青岛市发布《关于促进大数据发展的指导意见（征求意见稿）》。

主要内容：将统筹政务大数据基础设施建设，推进数据资源整合共享，建立 26 个大数据行业应用示范工程。到 2020 年，率先在国内建设一流的政务大数据公共服务平台，将青岛市打造成全国重要的大数据创新中心和东部沿海重要的大数据产业基地。

9. 2017 年 1 月 4 日

上海市发布《上海市关于促进云计算创新发展培育信息产业新业态的实施意见》。

主要内容：制订了总体发展目标。完善基础设施，按照"绿色、高端、自给、集聚"的原则布局云计算数据中心，新建大型云计算数据中心能源利用效率（PUE）值优于 1.5，建成满足云计算发展需求的宽带网络基础设施。

10. 2017 年 1 月 4 日

福建省国土资源厅发布《积极保障福州大数据产业用地的五条措施》。

主要内容：用地审批开辟绿色通道。福州大数据产业的项目用地可单独组卷，开辟绿色通道。对符合报批条件的，即报即审，即审即批，提高报批效率，促进项目及时落地。

11. 2017 年 1 月 7 日

广州市印发《关于促进大数据发展的实施意见》。

主要内容：以夯实大数据基础设施、促进数据资源共享开放流通、推动大数据应用示范、完善大数据产业链、加强大数据安全防护等为主要任务，加快步伐打造"大数据之城"的规划和行动。

夯实大数据基础设施，强化发展支撑能力。加快政府大数据基础设施建设。建设广州市政府大数据中心，承载市政府信息化平台及政府大数据应用。加快社会大数据基础设施建设。发挥大型互联网企业和基础电信企业的技术、资源优势，合理布局和集约化建设一批企业数据中心，加速推进中国移动南方基地、中国电信亚太信息引擎、中国联通互联网应用创新基地等互联网数据中心建设，建成面向全国乃至亚太地区的云计算公共平台和大数据处理中心，保障城市基础功能及战略定位。

12. 2017 年 1 月 19 日

合肥市印发《合肥市大数据发展行动纲要（2016—2020）》。

主要内容：到 2020 年，建成市级大数据交易平台并投入运行，全面完成政府数据资产运营平台、公共基础大数据平台、宏观经济大数据监测示范平台及一批社会治理专项大数据平台，形成用数据说话、用数据管理、用数据决策的政府管理新机制。全市大数据及相关产业营业收入超 1000 亿元，营业收入超 100 亿元企业 1~2 家、超 10 亿元 20 家，从事云计算、数据处理服务、数据安全和行业综合解决方案的企业超 300 家。建成 1 个省级大数据产业基地和 5 个市级大数据产业园，大数据产业从业人员超过 1 万人。

13. 2017 年 2 月 6 日

福州市发布《关于加快大数据产业发展的三条措施》。

主要内容：以"免、补、奖"三大政策扶持企业发展。其中，为支持大数据行业龙头企业落地位于福州长乐的中国东南大数据产业园，福建推出免租政策。即，对于在园区内设立区域总部，根据企业需求，提供合计不超过 5000m² 的办公场所和人才公寓，免租 3 年；对于行业龙头企业在园区设立子公司，根据企业需求，给予提供合计不超过 1000m² 的办公场所和人才公寓，免租 2 年。

同时，为加快园区公共服务平台建设，政策明确将对符合条件的大数据行业相关企业进行资金补助。其中，对新认定的大数据国家级重点（工程）实验室、工程（技术）研发中心等创新平台，最高给予一次性 500 万元补助；对新认定的省部共建重点（工程）实验室和工程（技术）研究中心、国家企业重点实验室、国家企业技术中心，或教育部重点实验室、工程研究中心，给予一次性 200 万元补助；对大数据科技企业孵化器，经认定后给予一次性 200 万元补助。同时，积极推动福州市在健康医疗、智慧海洋、电子政务、航空航天、食品安全、环境保护等领域形成国家级数据处理和备份中心，对每个平台按照实际投资额的 30% 给予最高不超过 200 万元补助。

14. 2017 年 3 月 30 日

浙江省出台《浙江省数据中心"十三五"发展规划》。

主要内容：到 2020 年，全省基本形成数据中心有序化、规模化、集约化、绿色化、云计算化的发展格局，基本建立数据中心产业体系、服务支撑体系和检测评估体系，能有效支撑浙江省信息经济发展，满足国民经济和社会发展的需要。数据中心生产率（DCP）水平全国领先，新建数据中心 PUE 值低于 1.5，改造后的数据中心 PUE 值低于 2.0，绿色数据中心和云计算数据中心比例均超过 40%。数据中心年增长率控制在 30% 以下，至"十三五"末，数据中心机架数不超过 25 万个。

总体发展导向：

超大型数据中心：单体规模在 10000 个标准机架以上的超大型数据中心，原则上鼓励企业到符合国家布局导向的省外适宜地区建设。

大型数据中心：对浙江省社会、经济发展有重大推动作用的单体规模 3000～10000 个标准机架的大型数据中心，要综合考虑气候环境、能源供给、自然冷源等承载要素，可在电力保障稳定、地质灾害少、自然环境相对适宜的地区，建设高效率、低能耗的云计算数据中心，选址应避开设区市主城区。

中小型数据中心：单体规模 500～3000 个标准机架的数据中心，根据市场需求，可以在土地、电力资源等承载环境许可的情况下，在城市郊区或产业园区等靠近用户所在地灵活部署。

不支持类型：不支持建设 500 个标准机架以下的商业型中小型数据中心；不支持建设 50 个标准机架以下自用小微型数据中心；不支持新建和扩建以服务器托管、容灾备份等功能单一的各类传统型数据中心；限制新建和扩建 PUE 超过 1.5 的数据中心。

15. 2017 年 6 月 21 日

河南省出台《河南省云计算和大数据"十三五"发展规划》。

主要内容：加快推进中国联通中原数据基地、中国移动（河南）数据中心、中国电信郑州数据中心、奇虎 360 云计算及数据处理中心等重点项目建设，支持郑州大学超级计算中心建设，积极争取电信运营业、互联网、金融、证券、保险、物流等全国性或区域性后台服务中心落户，建成全国重要的区域性数据中心。鼓励数据资源在省内大型公共数据中心上部署。推动骨干企业采用可再生能源和节能减排技术建设绿色云数据中心，并向社会开放平台资源，逐步形成集约化、绿色化、标准化建设运营模式。

7.1.4　部分地区有关电价等相关优惠政策

数据中心最大的运营成本是电力支出，高电价意味着高成本。据工业和信息化部统计，全国在用的 255 户数据中心平均用电价格为 0.87 元/度，其中大型数据中心平均用电价格为 0.78 元/度，特大型数据中心平均用电价格 0.66 元/度。国内一些地区相继出台了一些数据中心电价优惠政策，本节将具有代表性地区的地方政府在 2015～2017 年间出台的相关政策、一些地区电价参考值等内容做汇总整理，供参考。

1. 贵州省

2016 年 4 月，贵州省经信委、省发改委、省能源局印发《关于降低大工业企业用电成本促进转型升级的实施方案》。根据方案，为促进工业经济快速增长，推动大工业企业综合用电价格由 0.56 元/kWh 平均降至 0.44 元/kWh，其中，大型数据中心用电价格降至 0.35 元/kWh。

2. 甘肃省

2016 年 1 月，甘肃省发展和改革委员会发布《关于进一步明确云计算数据中心电价有关问题的通知》，指出为支持省内云计算数据中心项目建设发展，依据《国家发展改革委办公厅关于云计算数据中心项目适用电价问题的批复》（发改办价格〔2013〕62 号）精神，省内受电变压器容量在 315kVA（kW）及以上的云计算数据中心项目用电，按省发展改革委《关于印发〈甘肃省电网销售电价说明〉的通知》（甘发改商价〔2014〕290 号）明确的大工业用电类别中的电子计算中心用电价格执行。

3. 乌兰察布市

乌兰察布市电力资源丰富，电力总装机达到 1340 万 kW。云计算执行 0.26 元/度的优惠电价，不足京津地区电价的 1/3。

4. 山西省

2017 年 3 月，山西省公布了《山西省大数据发展规划》，明确了"政府引导、市场主导"的基本原则，提出了"抓两头带中间"的发展思路，即：抢抓大数据基础设施建设，紧抓大数据发展应用，带动大数据产业发展。山西对大型以上数据中心设定了 0.35 元/度的目标电价，相比全国平均水平可降低电价成本一半以上。

5. 宁夏回族自治区

自 2013 年颁布《关于推进新一代数据中心建设发展的意见》起，宁夏回族自治区对符合国家布局导向要求，PUE（数据中心总设备耗能/IT 设备耗能）在 1.5 以下的新建数据中心，以及整合、改造和升级达到标准要求（暂定 PUE 降到 2.0 以下）的已建数据中心，自治区电力部门要重点加强电网设施建设，保障电力供应，提供政策咨询和安全、技术指导，开辟"绿色通道"，全过程跟踪服务，确保用电项目早接快送。对新建、改建的数据中心，符合大工业用电条件的可执行自治区大工业用电电价，为其办理用电业务提供便捷服务。各相关部门要在市政配套设施建设方面优先保障，在资金、人才、网络建设等方面予以支持。

6. 浙江省

2017 年 3 月，《浙江省数据中心"十三五"发展规划》对外发布，其中有关电价等政策支持章节（第六章保障措施第 2 小节）中提出：对技术先进、绿色节能且对区域经济社会发展有重要贡献的数据中心，地方政府应在用地、能耗指标、市政配套设施建设、网络基础设施建设、人才引进、财政专项资金等方面给予支持，优先支持其参加大用户直供电试点或参与发电企业直接交易试点。对满足布局导向要求，PUE 在 1.5 以下的新建数据中心，以及整合、改造和升级后 PUE 值低于 2.0 的已建数据中心给予重点支持，符合大工业用电条件要求的可执行大工业用电电价。支持企业利用能满足数据中心建设要求的工业废弃厂房和供配电设施等新建或改造建设高水平数据中心。

同时，（第六章保障措施第 3 小节）指出对于用电的惩罚措施：加快推进数据中心能源消耗限额标准制订工作，执行《浙江省超限额标准用能电价加价管理办法》（浙政发〔2010〕39 号）和《浙江省差别化电价加价实施意见》（浙政办发〔2013〕2 号），按照《数据中心服务能力成熟度评价要求》RB/T 206—2014，对电能利用效率（PUE）、数据中心生产率（DCP）和单位面积税收（UAR）等进行测评，对能源消耗超过能耗（电耗）限额标准的数据中心，实行惩罚性电价。其中，超过限额标准一倍以内的，比照限制类电价加价标准执行；超过限额标准一倍以上的，比照淘汰类电价加价标准执行。

7. 湖北省

2016 年 8 月 29 日，湖北省物价局、省能源局、省通信管理局印发《关于实施省内互联网企业用电价格支持政策有关问题的通知》（鄂价环资〔2016〕89 号），决定从 2016 年 7 月 1 日起，对省内互联网企业用电实行价格支持政策。

享受电价支持政策的主要是该省内互联网基础性平台或机房，必须同时符合三个条件：一是国家《电信业务分类目录（2015 年版）》分类中具备经营性互联网信息服务（ICP）、互联网接入服务（ISP）、互联网数据中心（IDC）、内容分发网络（CDN）、互联网国际数据传送业务、互联网国内数据传送业务、互联网本地数据传送业务、100 席位及以上的呼叫中心业务、在线数据处理及交易处理业务许可以及获得宽带接入网试点批复文件等其中之一；二是省内具备独立机房，且在机房内安装有开展上述互联网业务的相关设施；三是省内设立独立法人公司或分公司。

电价支持政策的主要内容包括：对符合条件的互联网企业，无论是大工业用电还是一般工商业用电，均给予 0.15 元/kWh 的补贴。为保证支持政策的可持续性，从 2017 年开始，通过修改交易规则，将符合条件的互联网企业用电量（包括大工业用电量和一般工商业用电量）全部纳入 2017 年及以后的直接交易，通过电力直接交易"以量换价"或"直接交易＋补贴"的方式，对符合条件的互联网企业给予与 0.15 元/kWh 相当的价格支持政策。对互联网企业暂停执行大工业峰谷分时电价政策。受电变压器容量在 100kVA 以上的，企业可根据自身用电负荷在大工业用电和一般工商业及其他用电中自主选择用电类别，执行相应类别的目录销售电价。对集中在某一园区或同一建筑物内且各企业报装的总容量超过 100kVA 的，即可视为同一用户，可选择执行大工业电价。对选择执行大工业电价的，电力部门根据企业按实际用电负荷提出的申请调整优化报装容量。

相对于上述地区给出的有关用电政策优惠，一些大城市则加紧了对于数据中心能耗的管理。2015 年 8 月 31 日，国务院下发《促进大数据发展行动纲要》中明确提出，"开展区域试点，推进贵州等大数据综合试验区建设，促进区域性大数据基础设施的整合和数据资源的汇聚应用。"其中，贵州是唯一在纲要中提及的省份，据了解，大数据基地建在北京可能需要 1 块钱一度电，而贵阳只需要 0.4 元/度，这也意味着，在总成本支出恒定的情况下，能源消耗量是一个更为庞大的数字。与之相反，发达地区则开始套上政策"紧箍咒"，北京市经信委曾明确规定：禁止新建和扩建数据中心，PUE（数据中心实际耗电与IT 设备耗电之比）值在 1.5 以下的云计算数据中心除外。上海、浙江等地也纷纷出台了类似提高建设标准的规定。

7.2　相关数据中心选址规范与环保要求

7.2.1　综述

数据中心的高耗能，以及对于电力供应充沛等要求，必须在建立时充分考虑所选位置的电力供应能力是否充裕，供电价格是否有竞争力，另外还有一些环境因素必须考虑。因此，数据中心的选址是一项需要综合考评的工作。目前对于企业建立数据中心来讲，综合各种因素，其中财政激励、当地气候、电力资源、光纤基础设施、专业人才五个方面，是最为重要的考量方面。

7.2.2　五大因素分析

综合一些技术研究文献，可以归纳整理如下在选址方面应该考量的因素：

1. 良好的财政政策支持

虽然各地对于建立数据中心越来越呈谨慎趋势，但这多为耗能因素所致。国内一些省份和地区，还是出台了一些支持和吸引数据中心建设的政策，提供各种优惠措施，并将建立云中心、大数据中心作为区域经济的拉动因素之一，这些都是吸引企业前往的原因。比如贵州、内蒙古、山西等地相继出台的政策。

参考美国的发展经验，在美国，只有五个州提供了更为强大的激励措施。例如明尼苏达州，企业建立数据中心或网络运营中心的空间至少为 2.5 万平方英尺，在前四年投资至少 30 万美元，将在计算机和服务器、冷却和能源设备、能源使用和软件方面提供 20 年的销售免税的优惠。这种豁免也适用于为这些数据中心或网络运营中心购买设备的客户，因此这既适用于独资建设的数据中心，也适用于合资建设的大型数据中心。

有时改造和扩建现有数据中心比建设新的数据中心更有意义。在明尼苏达州，在前两年内改造数据中心或网络运营中心，其空间至少 2.5 万平方英尺，投资 50 万美元的企业才有资格获得州的数据中心销售税收优惠。此外，明尼苏达州不会对个人财产、仓库、公用设施、互联网接入、信息服务或定制软件进行税收。这些豁免为数据中心创造了极为有利的条件。

2. 地理位置的选择应该综合考虑气候和风险因素

备选地址的相关地理、环境因素，常年气温数值等应综合考量，其发生自然灾害的频率，比如飓风、洪水等；另外所选之地的气候因素，是否可有综合利用的自然冷却资源等。

气候风险中的自然灾害应该在选址时作重要考量，要选择那些不太可能受到严重自然灾害，如龙卷风、洪水、地震等影响的地点。

另外，数据中心中冷却成本之高，也是选择数据中心地址的首选条件。在相对较冷的气候下，可以提供更多自然冷却空气的地域，可以显著降低运营成本，因此作为首选的条件之一。

建设数据中心的地理位置的平均温度和历史湿度数据与企业的长期成本分析相关。虽然凉爽的气候是积极因素，空气的湿度（在凉爽的气候）也是一个积极的因素。

3. 能源电力要有利于数据中心长期发展

能源及电力供应能力是确保数据中心安全运行的关键因素，因此需要充分分析当地的能源结构及电力供应情况。需综合考虑成本（每千瓦时动力源成本）、是否有电力供应优惠政策、备用资源情况、是否具有绿色、可再生能源的长期有效供应等相关因素。

数据中心选址工作中重要的一环是考察各地正在执行的工业用电政策，以及有什么优惠政策，并且了解用电政策使用的条件。有经验指出，最好能与当地电力提供方直接合作，这样可控的程度更好。

另一个有关电力的重要因素是必须考量电力系统的可靠性，并且应该选择规模较大、实力较强的大型电力供应良好的地区。在考察这些因素时，还应关注到区域电力传输方面的情况，因为每个地方都将依赖区域电网。

数据中心的用水量不容小觑，应该尽量采用一些技术模式来减少用水量。但必须满足的高峰用水量和消防用水是硬性指标。数据中心冷却技术领域的专家们也正在努力通过各种冷却新技术而减少对于水量的需求，也有可能更多循环利用水资源，这些都要求考察每个地点的水量情况和水质。数据中心运营商要评估提供水资源的现实情况，对于水排放及能源再次利用，要与当地水供应机构开展合作。

4. 基础设施

建设数据中心之地的基础设施包含很多内容，如当地建筑以及建设能力的支持。因为数据中心作为一种特殊的建筑，对于建设有很多特殊的要求；另外，当地的通信基础设施更是重要因素之一。如光纤主干线路及其距数据中心的距离的考量，这将有助于衡量从光纤主干线路到数据中心选址所需投资的确切数据；当地通信所用光纤类型，这会影响传输速度；所在地通信服务运营商的类型及其支持的服务模式；延迟因素，传输和交付延迟时间也将是一个重要的因素。

另一个有关基础设施的是当地交通能力的考查。目前大部分适合数据中心建立的地区，因气候自然条件优越而成为备选，但也会因交通不便存在困扰。数据中心选址对于当地交通能力的考量，也是极为重要的方面之一。交通运输成本的估算，也应在选址可行性研究时进行综合分析。

5. 专业人才

数据中心建设之后需要更加专业的人才，如网络安全、系统分析师、数据服务工程师等，另外还需要专业技术工人，包括电工、水暖工、管道工等，才能维持数据中心完成建造和营业的维护。对于建立数据中心选址的预备考察，往往容易忽略对于当地专业人才的考察，工程师和大量的成熟技术工人都是同等重要的事，应该引起重视。

另外，当地税收政策、人员工资水平等都会直接影响数据中心运营管理的效果，因此一些影响经济运行的综合因素也应充分考虑。

7.2.3　国内现有数据中心设计规范中关于选址的要求

为保证数据中心内服务器及各种设备能够持续、安全的运行，我国对于数据中心建设的选址有明确的要求。2017 年 5 月之前一直是按照《电子信息机房设计规范》GB 50174—2008 的要求，新规范 GB 50174—2017 更名为《数据中心设计规范》，主要目的是适应目前国内数据中心的建设需要以及更好地进行国际交流。

对照表 7.2-1 中 GB 50174—2008 关于数据中心选址的描述，GB 50174—2017 有了一些新变化。

GB 50174—2008 关于数据中心选址的描述　　　　　　表 7.2-1

项　　目	技术要求			备　　注
	A 级	B 级	C 级	
机房位置选择				
距离停车场距离	不宜小于 20m	不宜小于 10m	—	
距离铁路或高速公路的距离	不宜小于 800m	不宜小于 100m	—	
化学工厂中的危险区域、掩埋式垃圾处理场的距离	不应小于 400m	不应小于 400m	—	不包括各场所自身使用的机房
距离军火库	不应小于 1600m	不应小于 1600m	不宜小于 1600m	不包括军火库自身使用的机房
距离核电站的危险区域	不应小于 1600m	不应小于 1600m	不应小于 1600m	不包括核电站自身使用的机房
有可能发生洪水的地区	不应设置机房	不应设置机房	不应设置机房	
地震断层附近或有滑坡危险区域	不应设置机房	不应设置机房	不应设置机房	
机场航道	不应靠近	不宜靠近	—	
高犯罪率的区域	不应设置机房	不宜设置机房	—	

根据近年来数据中心建设情况，对数据中心选址增加了补充条款，数据中心选址应符合下列要求：

（1）电力供给应充足可靠，通信应快速畅通，交通应便捷；

（2）采用水蒸发冷却方式制冷的数据中心，水源应充足；

（3）自然环境应清洁，环境温度应有利于节约能源；

（4）应远离产生粉尘、油烟、有害气体以及生产或贮存具有腐蚀性、易燃、易爆物品的场所；

（5）应远离水灾、火灾和自然灾害隐患区域；

（6）应远离强振源和强噪声源；

（7）应避开强电磁场干扰；

（8）A 级数据中心不宜建在公共停车库的正上方；

（9）大中型数据中心不宜建在住宅小区和商业区内。

在保证电力供给、通信畅通、交通便捷的前提下，数据中心的建设应选择气候环境温度相对较低的地区，这样有利于降低能耗。

电子信息系统受粉尘、有害气体、振动冲击、电磁场干扰等因素影响时，将导致运算差错、误动作、机械部件磨损、腐蚀、缩短使用寿命等。数据中心位置选择应尽可能远离产生粉尘、有害气体、强振源、强噪声源等场所，避开强电磁场干扰。

水灾隐患区域主要是指江、河、湖、海岸边，A 级数据中心的防洪标准应按 100 年重现期考虑；B 级数据中心的防洪标准应按 50 年重现期考虑。在园区内选址时，数据中心不应设置在园区低洼处。

从安全角度考虑，A 级数据中心不宜建在公共停车库的正上方，当只能将数据中心建在停车库的正上方时，应对停车库采取防撞防爆措施。

空调系统的冷却塔或室外机组工作时噪声较大，若数据中心位于居民小区内或距离住宅太近，噪声将对居民生活造成影响。居民小区和商业区内人员密集，不利于数据中心的安全运行。

对于 A 类机房，有些具体的数值变化对比，如表 7.2-2 所示。

GB 50174—2008 与 GB 50174—2017 关于机房位置要求区别　　　表 7.2-2

项　　目	技术要求	项　　目	技术要求
	2008 版本 A 级		2017 版本 A 级
机房位置选择			
距离停车场的距离	不宜小于 20m	距离停车场的距离（包括自有停车场）	不宜小于 20m
距离化学工厂中的危险区域、垃圾填埋场	不应小于 400m	距离化学工厂中的危险区域、垃圾填埋场	不应小于 2000m
距离军火库	不应小于 1600m	距离军火库	不应小于 3000m
距离核电站的危险区域	不应小于 1600m	距离核电站的危险区域	不应小于 40000m
		距离住宅	不宜小于 100m
		从火车站、飞机场到达灾备数据中心的交通道路	不应少于 2 条道路

1. 自然环境标准

（1）区位条件：要求远离危险区域、海岸、交通要道、机场、大城市等，这些区域会产生硫化污染问题，同时还需额外考虑在意外情况下的安全防护问题。

（2）地形地势：要求地势平坦、排水良好、无挡土墙、无沙土崩塌危险。

（3）地质条件：要求地基坚固、无活断裂带，地震危险度低、大地抵抗率高。

（4）气象条件：要求远离空气污染地区、远离经常落雷地区、年间温差较小、没有大雨等引起洪水的可能性。

2. 社会环境标准

（1）城市基础设施：要求水源充足，电力供应稳定可靠，交通、通信方便。数据中心在选址的时候必须要明确当地电力的分布条件以及在未来几年内的趋势。如果当地有其他重要的公用设施在未来的几年内电力需求大幅上涨，那么有可能使数据中心的电力得不到充足的供应。电价也是数据中心选址的关键，不同地区的电价差别很大。美国越来越多的企业选择在电价低廉的北卡罗来纳州建立数据中心，包括 Facebook、谷歌、苹果、IBM

等。我国的内蒙古、青海、黑龙江、贵州等地也充分利用电力价格低廉的优势逐步吸引国内外相关企业进驻该地建设数据中心。

（2）周边建筑环境：要求远离产生粉尘、油烟、有害气体以及生产或储存具有腐蚀性、易燃、易爆物品的工厂、仓库、堆场等；远离容易引起火灾的建筑和设施；远离强震源和强噪声源，避开强电磁场干扰；避开高犯罪率地区，接近警察局、消防队和医院；地下土壤无污染，无障碍物。

（3）政策环境：在数据中心选址时需要详细地研究当地的各种政策环境，主要包括：

土地政策：主要考察开发区通过出让、租赁等形式，提供哪些优惠条件，土地使用的期限和土地的价格、土地的补偿费用等。

税收政策：数据中心企业所在园区享受哪些优惠政策、以什么形式进行优惠、进出口环节的增值税有哪些优惠政策、有无其他优惠政策等。

行业优惠扶持政策：对于高新技术企业或国家政策支持项目，有无一定数量的贷款贴息扶持和基础设施补助；数据中心需要增加电力扩容，园区是否承担电力的接入费用；如果要进行对物业内容改造，是否提供改造费用等。

人才政策：开发区内的企业引进高级人才时，是否有引进人才的专项经费；有无高科技人才培训专项基金、科研支持经费等；对于企业高管人才，有哪些生活条件方面的优惠，如住房补贴等。

7.2.4　小结

数据中心选址是一个复杂而多元的问题，从降低数据中心能耗的角度，选取能够适当使用自然冷却方式的地理位置变得越来越重要，这一点在之前的选址中并未得到重视。目前全国性的数据中心和灾难备份中心主要集中在北京、上海和广东这几个地区，北京是各行业主管机关的所在地以及全国众多的主要金融机构总部所在地，因此也是多数总部级数据中心的天然所在地。上海目前已经成为全国银行业数据中心的集中地，广东作为中国经济最发达地区之一，也是数据中心/灾备中心的集聚地。

但这样的数据中心布局现状也带来了诸如环保和节能的大问题，这些都是数据中心建设选址中的倾向性所带来的结果。

造成数据中心选址倾向性有几个原因：一个是总部所在地的原因。第二是银行数据中心选址，对其他行业有影响。第三，由于信息不对称，很多决策没有充分考虑很多问题，凭感觉或者经验就决定了。第四，缺乏系统的考察指标。

另外，从分析国家相关大数据战略发展的布局和政策中，可以看出未来对于数据中心建设的发展大方向，将更加倾向于各级数据中心资源的整合，科学合理地用能，遵循工业和信息化部等五部委发布的《关于数据中心建设布局的指导意见》提出资源环境优先原则，充分考虑资源环境条件，引导大型数据中心优先在能源相对富集、气候条件良好、自然灾害较少的地区建设，推进"绿色数据中心"建设。地质环境、气候条件、政策支持、能源供给等都是新建数据中心选址最重要的要素。

综合分析，数据中心选址的要求按重要性排序为：自然地理条件、配套设施、周边环境、成本因素、政策环境、高科技人才资源环境、社会经济人文环境等，这也是多项工程总结后的经验。

7.3 设 计 标 准

数据中心空调系统的主要任务是为数据处理设备提供合适的工作环境（如温度、湿度、空气含尘浓度等），以保证数据处理设备运行的可靠性、稳定性和有效性。当前中国数据中心机房空调系统设计的标准规范主要有《数据中心设计规范》GB 50174—2017、《数据中心制冷与空调设计标准》T/CECS 487—2017、《通信机房用恒温恒湿空调系统》YD/T 2061—2009，这些标准规范对于数据中心空调系统的各项参数要求大同小异。国际上关于数据中心机房空调系统设计的标准主要包括 TIA-942 标准、ASHRAE 90.4 标准等。

《数据中心设计规范》GB 50174—2017 中有针对数据中心空调系统的条款，是数据中心空调系统设计的主要依据，但作为数据中心综合型设计规范，不宜对空调系统做出过于细致的要求。有鉴于此，在完全遵循《数据中心设计规范》GB 50174—2017 和其他国家标准的基础上，有关部门专门组织制定了《数据中心制冷与空调设计标准》T/CECS 487—2017，针对数据中心的环境需求，深化和细化了相关内容。《数据中心制冷与空调设计标准》T/CECS 487—2017 编制启动会于 2016 年 3 月在京召开；2017 年 1 月征求意见稿开始网上公示；2017 年 10 月经中国工程建设标准化协会批准，正式发布，自 2017 年 12 月 1 日起施行。

7.3.1 空调系统可靠性的要求

为了保证数据中心长期稳定、高效地运行，各标准对空调系统的可靠性均有所要求。表 7.3-1 为国家标准 GB 50174—2017 与美国 TIA-942 标准对空调系统可靠性要求的对比表。

从表 7.3-1 来看，对于空调系统的可靠性，国家标准 GB 50174—2017 的 A 级与 TIA-942 标准的 T3 级和 T4 级的要求基本对应，国家标准 GB 50174—2017 的 B 级与 TIA-942 标准的 T2 级要求基本对应，国家标准 GB 50174—2017 的 C 级与美国 TIA-942 标准的 T1 级要求大部分对应，但是对于蓄冷罐和供暖散热器，国家标准 GB 50174—2017 中作了明确的要求，而美国 TIA-942 标准则无相关要求。

空调系统可靠性的要求 表 7.3-1

项　　目	GB 50174—2017			TIA-942 标准			
	A 级	B 级	C 级	T1	T2	T3	T4
主机房保持正压	应	可	无要求	保持正压	保持正压	保持正压	
制冷机组、冷水和冷却水系统	N+X 冗余 (X=1～N)	N+1 冗余	N	无冗余	N+1 备份，发生故障后，足以维持关键区域		
机房专用空调	N+X 冗余 (X=1～N)	N+1 冗余	N	无冗余	关键区域一个冗余	数量应该能够保证一路电源故障时，关键区域的制冷不受影响	
采用蓄冷罐	应	可	未提及	未提及	未提及	未提及	未提及
主机房设置采暖散热器	不应	不宜	允许，不建议	无要求	无要求	无要求	无要求

7.3.2　机房设计温湿度要求

国家标准《数据中心设计规范》GB 50174—2017 中对机房的设计温度、湿度做了明确规定，与美国标准对比如表 7.3-2 所示。

表 7.3-2

机房设计温湿度要求

项　目	GB 50174—2017		TIA-942 标准 ASHRAE 90.4 标准
	A 级、B 级、C 级	备注	T1～T4
主机房环境温度（推荐值）	18～27℃	不得结露	18～27℃
主机房露点温度和相对湿度（推荐值）	5.5～15℃，同时相对湿度不大于 60%		最低露点温度 5℃，最高 60%
主机房环境温度（允许值）	15～32℃	当电子信息设备对环境温度和相对湿度可以放宽要求时可以采用此参数；不得结露	—
主机房相对湿度和露点温度（允许值）	20%～80%，同时露点温度不大于 17℃		—
主机房环境温度和相对湿度（停机时）	5～45℃，8%～80%，同时露点温度不大于 27℃	不得结露	—
主机房和辅助区温度变化率（开、停机时）	使用磁带驱动时<5℃/h 使用磁带驱动时<20℃/h		无要求
辅助区温度、相对湿度（开机时）	18～28℃、35%～75%		无要求
辅助区温度、相对湿度（停机时）	5～35℃、20%～80%		
不间断电源系统电池室温度	15～25℃		

从表 7.3-2 来看，美国 TIA-942 标准与 ASHRAE 90.4 标准对于数据中心的温湿度要求大体相同。在 GB 50174 的上一版本中，对室内温度要求为 23±1℃，而现在已经将要求放宽到 18～27℃，主要是因为随着电子工业的不断发展，新型产品逐渐出现，能够适应更宽泛的温湿度变化范围，由此降低了精密空调系统的设计精度。而且通过适当提高数据中心的室内设计温度，不但可以很大程度上有利于数据中心的节能，而且可以增加更多节能手段的应用，特别是自然冷却使用的时间和方式。当机柜或机架采用冷热通道分离方式布置时，主机房的环境温度和露点温度应以冷通道的测量参数为准，没有采用冷热通道分离方式布置时，主机房的环境温度和露点温度应以电子信息设备进风区域的测量参数为准。

《数据中心制冷与空调设计标准》T/CECS 487—2017 规定数据中心用来支持电子信息设备稳定运行的空调及其配套设施，需要依照室外空气参数选型时湿球温度宜采用有气象记录以来的极端湿球温度；夏季干球温度宜采用极端最高干球温度，统计年份宜为 30 年，不足 30 年者，也可按实有年份采用，但不宜少于 10 年；冬季干球温度宜采用极端最低干球温度，统计年份宜为 30 年，不足 30 年者，也可按实有年份采用，但不宜少于 10 年。国外某些认证机构要求数据中心的干球温度统计年份不低于 20 年，湿球温度应为有气象记录以来的极限值为基准，需要获取认证的数据中心应满足相关认证机构的要求。

7.3.3 机房洁净度要求

数据中心机房对空调系统有严格的空气洁净度要求。灰尘在高湿环境中会加快设备的腐蚀，使用寿命下降，在散热地板上堆积也将增加热阻，降低换热效率。另外，腐蚀性气体会快速破坏印刷电路板上的金属薄膜和导电体，导致末端连接处电阻增大。

《数据中心制冷与空调设计标准》T/CECS 487—2017 规定数据中心主机房宜维持房间正压，防止污染物渗入室内，主机房与相邻的其他房间或走廊的静压差不宜小于 5Pa，与室外静压差不宜小于 10Pa。虽然大多数数据中心内人员较少，但有人值守的辅助房间如值班室、监控室、应急指挥中心等，也需要确保室内人员的新风需求和卫生要求。规定空调系统的新风量应取下列两项中的最大值：按工作人员计算，每人 40m³/h；维持室内正压所需风量。

《数据中心设计规范》GB 50174—2017 中要求主机房的空气含尘浓度，在静态或动态条件下测试，每立方米空气中大于或等于 $0.5\mu m$ 的悬浮粒子数应少于 17600000 粒。而美国 TIA-942 标准中，除 T1 级别对主机房保持正压无要求外，其他级别的主机房均要求辅助房间与主机房保持正压。

本 章 参 考 文 献

［1］ 陈如波. 大型数据中心选址应注意的几个新问题[J]. 信息通信，2015(9)：294-295.
［2］ 王铁楠，王志强. 数据中心选址的研究[J]. 智能建筑与城市信息，2012(4)：12-16.

第8章 国外发展介绍

8.1 英国数据中心发展现状

8.1.1 市场概述

英国数据中心总保有面积在 8 亿 m^2 左右，其中最主要的市场需求来自金融和高新技术两大行业。现有的数据中心以 Tier 3 级和 Tier 4 级为主，其中 Tier 4 级的数据中心主要用于金融行业。由于英国在欧洲金融市场的地位非常重要，并且英国是欧洲四大金融数据节点之一，因此金融等专业服务领域的数据中心从传统上一直都是投资的热点领域。但从 2012 年开始，电信数据中心和 IT 行业数据中心首次超过了金融数据中心成为扩张最快的领域。随着人们对能源效率的关注，更多的新技术也被应用于提升数据中心的能效。

英国数据中心业务的供应商非常多，市场十分分散。从选址上看，英国的数据中心建设主要围绕在伦敦周边的 M25 公路周围，并且主要是在英格兰（见图8.1-1）。由于伦敦拥有充足的电力供应以及便利的交通，因此超过一半的新建数据中心，特别是一些要求严格的金融业数据中心仍被部署在伦敦周边。随着英国金融行业的复苏，每年银行业对数据中心的投入也在增加，这将是继续推动伦敦以及 M25 公路周边数据中心产业发展的重要推动力。此外，伦敦周边地区优越的宽带网络环境也在数据中心选址过程中占有很大优势，由于数据中心对数据传输速度有着严格的标准（50～100微秒），因此伦敦及 M25 公路周边区域在未来一段时间仍将是数据中心选址的首选区域之一。

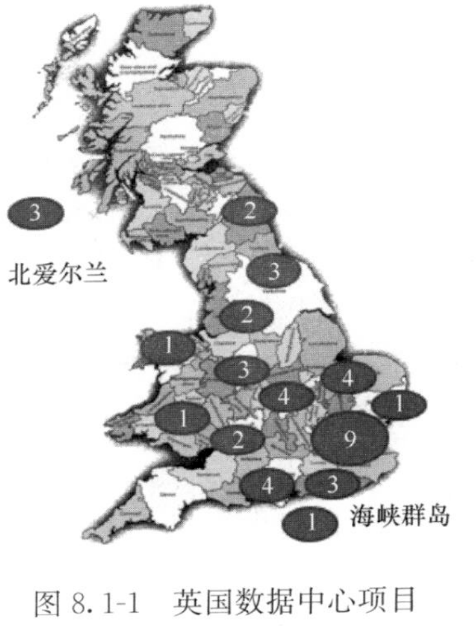

英国全境平均每年托管数据中心的增量在 30MW 左右。其中，科技和云服务的发展是托管数据中心增长的主要动力，每年大约贡献了 80% 左右的市场增量。其中仅伦敦平均每年新增托管数据中心就在 20MW 左右，

图 8.1-1 英国数据中心项目
分布示意（2013～2015）

注：大多数数据中心在 M25 公路上和附近建立，在苏格兰目前还没有建立数据中心。

是法兰克福的两倍。但伦敦在托管业务方面的优势正在下降，伦敦的托管业务增量于 2014 年首次低于阿姆斯特丹，这其中最重要的原因是阿姆斯特丹、法兰克福这类枢纽城市在交通便利性方面逐渐显露出了优势。税收减免政策也对英国托管数据中心的发展产生了很大影响，托管数据中心作为重度能源消耗行业，在英国享有 10% 的税收优惠，这一

政策受到很多数据中心服务提供商的欢迎，同时也促进了相关配套设备产业在英国的发展。为了获得税收减免，英国的服务提供商也承诺在 2020 年之前将能源消耗下降 30%。服务提供商负担的减轻也有助于最终用户得到更大的实惠。

英国数据中心平均温度设定在 24～25℃。一些托管数据中心为了遵照服务协定的要求，温度会设定的更低，在 22～23℃。但与若干年前 18～19℃ 的设定温度相比，英国数据中心的温度已经有了大幅度提高，这主要是由于服务器耐受性的提高以及 ASHRAE 指导方针的变化（见表 8.1-1）。2014 年，英国数据中心 PUE 的平均范围是 1.8～2.5，梅林（Swindon）的凯捷（Capgemini）数据中心声称其 PUE 是 1.08。

ASHRAE 2004 和 2008 指南对比

表 8.1-1

年份	2004		2008	
指南	推荐值	允许值	推荐值	允许值
温度	20～25℃	15～32℃	18～27℃	10～35℃
湿度	40%～55%	20%～80%	5.5～60C	20%～80%

2011 年，推荐的范围保持在 2008 年水平，A1 的准许温度是 15～32℃，下一个级别是 5～45℃；准许的湿度范围是 8%～90%。

8.1.2 功率密度

在英国，尽管人们都预期数据中心的负载和功率密度会大幅提升，但目前来看这一预期还没有成为现实。短期来看，英国数据中心的功率密度甚至还有可能出现下降，目前大型托管数据中心的功率密度为 4～5kW，这是由于对于数据中心的运营商来说，购买场地比购买电力要更加合算，这就解释了数据中心密度可能会出现下降的原因。唯一可能促进功率密度上升并推动近端冷却和液体冷却发展的动力是高性能计算的发展，但遗憾的是高性能计算市场还没有出现非常明显的增长。目前英国高性能数据中心的平均功率密度是 20～30kW，个别高性能数据中心甚至还低于 20kW。

从刀片式服务器的使用也可以看出英国数据中心的功率密度并不高。在英国，刀片式服务器的采用并不普遍。大多数情况下，每个数据中心可能只配备 2～3 个机柜的刀片式服务器，这对提升整个数据中心功率密度的影响微乎其微。

BSIRA 专门针对英国数据中心的功率密度进行过研究，研究发现英国数据中心平均每个机架的负荷为 4～5kW，处于一个比较低的水平。导致这一结果的因素有很多：（1）托管数据中心和云计算服务业务的增长。云计算提供商通常不需要太高功率密度的设备，特别是在公有云方面，他们最迫切的需求是尽可能多地降低成本。（2）CPU 性能的提升。处理器性能的提升使得更少服务器承担更多任务成为可能。（3）5～6kW 是投资性价比最高的负载区间。如果负载高于 5～6kW，服务商在 IT 设备方面的成本投入将明显上升，特别是如果把电力消耗和机架购置成本也考虑进来之后，服务商所付出的成本将更加高昂。（4）综合布线成本。如果想要解决密度提高后的发热问题，在多数情况下需要将铜缆更换为价格更高的光纤，这也会带来成本的上升。在这种情况下，很多数据中心拥有者，特别是托管数据中心会更加倾向使用铜缆，以最小化成本投入。

8.1.3　垂直市场

把英国数据中心市场分为企业数据中心、托管数据中心、互联网数据中心三大类。传统的企业数据中心在英国的占比已经不到一半，而托管数据中心的占比达到了 50%，科技的发展以及云服务的快速应用促进着市场对托管业务的需求（见图 8.1-2）。随着更多资金的投入，托管数据中心在英国数据中心行业中已经占有最大的比重，由此导致的结果就是数据中心制冷解决方案提供商也付出很大精力用于服务托管数据中心客户。而互联网数据中心在英国的占比仅为 5% 左右。互联网巨头们喜欢将他们的数据中心设立在税收更优惠的地区，以最小化运营成本，因此英国不是他们在欧洲的首选地点。因此，互联网巨头企业往往更倾向爱尔兰和北欧，除了可以在税收方面获得实惠，他们在这里还可以更加充分地利用自然冷源，从而进一步降低运营成本。目前在英国本土的互联网巨头企业并不太多，主要有 Salesforce、IBM、HP 和 Rackspace。

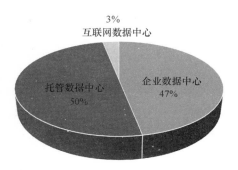

图 8.1-2　2014 年英国数据中心垂直市场规模占比（投资额）

互联网巨头企业在新技术方面更加敏锐。几乎所有的互联网巨头企业对蒸发式冷却解决方案都显露出兴趣，不论是直接式蒸发冷却还是间接式蒸发冷却都是他们关注的重点。这些企业还普遍倾向利用自然冷源，比如 HP 在温亚德（Wynyard）的数据中心，以及 Salesforce 在斯劳（Slough）的数据中心。随着这些公司数据中心功率密度的不断提升，他们也在积极采用一些更有效的冷却方式，比如背板换热等方式。

8.1.4　模块化数据中心

BSRIA 研究显示，英国的模块化数据中心仅占整体数据中心市场份额的 2% 左右。主要有三种模块化数据中心：室外集装箱式（Outdoor Container）、室内模块（Indoor Modules（Rack/Row Level or Modular））、预制装配的灵活解决方案（Pre－fabricated Flexible Solutions）。尽管模块化和集装箱数据中心在英国的份额正在增长，但总体还维持在一个很低的水平。拖累模块化数据中心发展的重要因素之一是托管数据中心和云服务提供商在英国持续扩张，这两类服务的提供商在大多数情况下更倾向于投资传统的数据中心。当然，这种倾向也正在被扭转，由于传统数据中心很难实现 16～18 周的快速部署，因此已经有越来越多的投资者开始考虑模块化的解决方案。

尽管英国的模块化数据中心是一个慢热的市场，但其后续的发展仍然被看好，市场上有很多模块化数据中心的解决方案提供商，也有很多厂商通过并购来为未来的市场布局，比如 Schneider 收购了 AST Modular。也有一些来自其他相关行业的厂商看好模块化的市场，比如 CommScope。以及一些新出现的模块化解决方案，比如 HP 的 Facility-as-a-service。当然也有一些厂商由于各种原因退出了这个市场，比如 Colt 由于自身原因的退出。

预计英国对模块化市场最大的需求将来自银行和托管数据中心等领域。但尽管市场对模块化的需求越来越高，一些需要快速部署或现有设施需要改造的场合也越来越习惯模块化的设计，但这并不意味着英国的模块化市场在短期内会出现爆发式的增长，模块化解决方案的市场仍需要一定的时间去培育。

8.1.5 数据中心冷却

英国数据中心冷却市场正在发生着变化，即由机房空调冷却方式向间接蒸发冷却方式转变。2014 年数据中心冷却市场规模同比增长 20％。另外，紧凑式制冷（或称就近制冷）未来也在吞噬传统的机房空调份额，但在有高热密度制冷需求的情况下，这些新兴的解决方案通常还是会与机房空调相结合进行应用。另外，可搭配干式冷却器、直膨式冷却器或冷水机组的 RDHX 系统（背板热交换冷水冷却系统）也被一些用户作为一种独立的解决方案采用。

2013 年和 2014 年，英国数据中心冷却市场规模分别约为 5400 万英镑和 6450 万英镑（见图 8.1-3）。

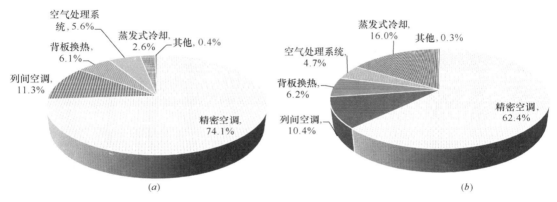

图 8.1-3　英国数据中心冷却市场容量（2013 年，2014 年销售额）
（a）2013 年整体市场规模；（b）2014 年整体市场规模

8.1.6 近端冷却（close-coupled）

近端冷却设备主要适用于数据中心的高密度区域，在近几年有增长的趋势。近端冷却在一些情况下与液体冷却有一些竞争关系。目前，选择近端冷却或液体冷却主要取

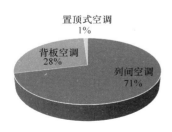

图 8.1-4　2016 年英国近端冷却解决方案市场规模占比（销售额）

决于服务器的设计以及用户是否能够接受液体接近 IT 设备。英国近端冷却市场的增长在一定程度上反映了刀片式服务器应用的增加。在各种近端冷却方式中，列间空调是最常见的解决方案，大约占整体近端冷却市场的 7成左右（见图 8.1-4），列间空调经常被用于冷却刀片式服务器，并且无须抬高地板，主要与直膨式空调系统一起使用；除了列间空调以外的其他近端冷却方案在英国相对少见，比如置顶式空调由于受到技术和场地的限制，在英国的市场很小，市场也没有明显的增长；背板

换热市场的增长也不明显，并且其市场每年随着项目数量的变化而波动较大，预计未来的市场增长也会比较温和。大多数的背板换热会采用冷冻水系统，使用背板换热也同样可以降低地板的高度。

8.1.7　蒸发式冷却

蒸发式冷却在英国的快速增长始于 2013 年，其中绝大部分是间接蒸发冷却（见图 8.1-5）。由于担心空气污染和湿度控制等问题，人们对直接蒸发冷却始终有一定的疑虑。目前，直接蒸发冷却主要用于一些小型项目，而大型项目更偏好使用间接蒸发冷却或冷冻水系统。出于对高效能的追求，人们对蒸发冷却的接受度的也在上升。相对来说，间接蒸发冷却的市场增长更快，特别是在托管数据中心领域。

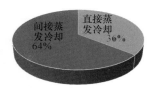

图 8.1-5　2016 年英国蒸发式冷却解决方案市场规模占比（销售额）

8.1.8　自然冷却、冷暖通道封闭

在英国，自然冷却似乎正在发展成为一个标准选项。采用自然冷源，包括直接引入室外空气或作为冷冻水系统的节能经济器，都在英国呈现出增长的趋势。

冷暖通道封闭技术在英国有高达 80％左右的使用率，其中大部分是冷通道封闭。有时还可以见到通过使用风幕来限制空气流动以实现冷热通道封闭的案例。在高密度区域使用冷热通道封闭技术是十分必要的，因此冷热通道封闭方案经常与近端冷却技术同时出现。最常见的是案例是将列间空调与冷热通道方案配合使用，相对来说，背板换热在英国较少与冷热通道技术相结合。尽管冷热通道封闭技术会提升 50％～60％的机架成本投入，但用户可以从后期节约的用电开支中得到实惠。

8.1.9　英国数据中心行业标准

- TIA-942-updated 2012-energy efficiency added
- ASHRAE TC 9. 9-2011-wider range of t°
- EN 50174-2
- ANSI T1. 336-Cabinets and Racks
- ISO/IEC 24764
- ASHRAE 90. 4
- ANSI/BICSI-002 Data Centre Design and
- Implementation Best Practices-2011
- ANSI/TIA-862-A (Building Automation Systems)

8.1.10　新技术在数据中心中的应用

不断上涨的能源价格给数据中心领域带来了一波新技术的应用，未来将得以更广泛的认同。但新型创新技术同时也被视为是数据中心稳定运行的一大风险，必须谨慎采用。例如，为确保数据中心可以正常运行，即使使用蒸发冷却系统，还必须有 DX 冷凝器备用，以防系统出现问题。因此，随着时间的推移，尽管能源成本的增加导致更多的对新系统的

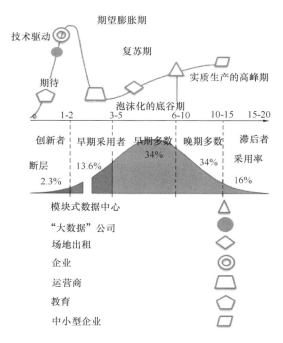

图 8.1-6　新技术采用的规划曲线

来源：改编自高德纳

需求，但是市场上只有一小部分数据中心正在采用新技术。教育领域，主要是大学在引领新技术的尝试和部署，这是由于其数据中心的规模、可以利用拨款以及与最新的技术研发相关；"大数据"公司更愿意接受新技术，因为他们的服务不太关键，并且可以从所采用技术的市场营销中获利。然而，这一趋势更可能在全球范围适用，并非英国当地，主要是因为"大数据"公司会选择他们的"最佳位置"。企业方面，主要是财务的关键性不能停工，因而在采纳新技术方面相对保守；模块化数据中心在标准化的解决方案里，给小规模的整合能效技术提供了机会，因此对新技术接受度较高（见图 8.1-6）。

8.1.11　未来趋势

根据 BSRIA 的预测，英国的蒸发冷却市场将随着产品价格的下降取得瞩目的增长；混合式的冷却方案将变得更加流行，蒸发冷却技术将会与更多其他冷却方案结合使用；传统的精密空调在普通负载情况下仍然是市场的主流，但随着 IT 负载的提升，近端冷却（close-coupled）将会取代一部分传统精密空调的市场，同时，蒸发冷却也会侵蚀一部分传统精密空调产品的市场；集成了液体冷却方案的服务器在英国主要被用于高性能计算领域，例如 HP 公司研发的 HP Apollo 8000 服务器，尽管他们的价格比较昂贵，但也有一定的发展潜力。

随着用户对数据中心阶段化建设需求的增加，模块化设备的市场将保持增长。企业数据中心在设计之初为了应对将来可能出现的不确定因素，往往会在设计上会考虑一定的冗余，而托管数据中心通常不会达到最大负载。但不管怎样，过载或低于设计载荷都是困扰数据中心运营商和用户的难题。因此，很多公司将会考虑模块化的解决方案去应付一些短期的需求。

英国目前正处在一个投资网络科技的新阶段。在过去若干年中，英国开展建设了超高速宽带网络、新的 4G 移动宽带网络、公共 Wi—Fi 热点以及新的高清电视网络。尽管英国政府对一些农村地区的建设进行了投资，但总的来说，私人投资仍然在上述项目的投资中占据着主导地位。英国的通信监管机构（Ofcom）预计，英国在 2020 年前会将下一代高速网络覆盖到全国范围内的所有家庭。针对电信基础设施领域的大规模投资将为电信行业数据中心的发展提供有力支持。

英国数据中心冷却市场规模如图 8.1-7 所示。

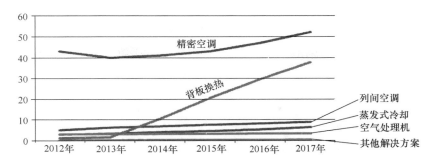

图 8.1-7 　英国数据中心冷却市场（单位：百万英镑）
来源：BSR1A

8.2 　日本数据中心发展现状

虚拟化信息技术在全球范围内快速发展，日本的数据中心市场规模也随之迅速增长，而数据中心的高能耗也越来越为人们所关注。本节主要介绍近年来数据中心在日本的发展动态，包括发展规模、用能情况和主要的节能对策，并对其进行基本分析。

8.2.1 　日本数据中心发展现状

近年日本数据中心的发展日益增长，日本的可持续发展与 IT 设备的运行高速增长息息相关，加强管理高效安全的社会基础设施的数据中心极为非常重要。另一方面，数据中心的电力耗能大幅增加是一个愈发凸显的关键问题。在 2011 年东日本大地震之后，日本的能源供给方式发生了巨大的改变。特别是福岛核电站事故，让日本之前想要大力发展核电的想法被无限期搁置，同时日本政府也关闭了全国的多处核电站，电力供应极为紧张。这种情况也使人们更加意识到能耗管理对未来发展的制约的重要性。

随着互联网、大数据的发展，数据中心在日本的建设比例逐年上升。与之相随的是数据中心的电力消耗。2007 年日本总耗电量约为 1 兆 kWh，其中数据中心的耗电量为 57 亿 kWh，仅占总体的 0.57%。如图 8.2-1 所示，当时预计今后将以 13% 的速度逐渐增长。而以近期更新的数据为例，如图 8.2-2 所示，2015 年数据中心市场规模已达到 1.839 兆日元，比 2014 年同期增加 108%。用户企业的云端使用量的增大和服务器的外包是市场规模增加的主要原因，也是数据中心持续性增长的主要原因。2016 年同样是持续增长，达到 1.936 兆日元，比上一年同期增加 105.3%。今后日本的数据中心将在综合基础设施平台系统的建设上大力发展数据的综合利用。按照年平均增长率 5% 的计划，预计 2020 年市场规模将达到 2.28 兆日元。

2016 年 MIC 经济研究所针对日本的 31 家企业进行了数据中心用能现状调查。如图 8.2-3所示，2015 年和 2016 年的已建成和建设中的数据中心总面积达到 99978m²，其中东京地区的数据中心占地面积为 24878m²，关东地区的总占地面积为 49000m²，中部和其他地区的占地面积为 1900m²。随着大数据、云计算的发展，未来还会有更多的数据中心投入建设。图 8.2-4 是对数据中心未来建设面积的预测。

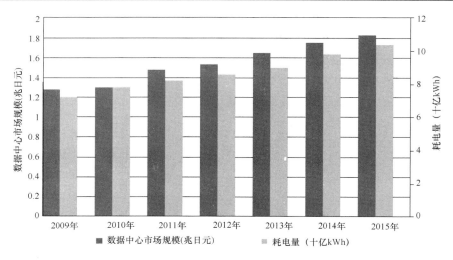

图 8.2-1　2009～2015 年日本数据中心的实际耗电量

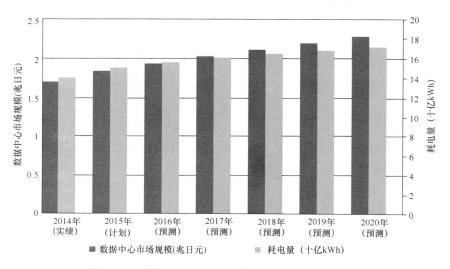

图 8.2-2　数据中心的市场规模、耗电量的发展预测

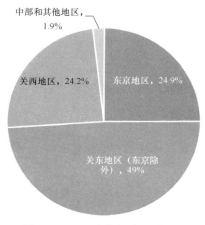

图 8.2-3　日本数据中心分布图

图 8.2-4　数据中心建筑面积发展预测

在此次调查的 31 家企业中，除 5 家企业耗电量不明以外，剩余 26 家企业的 *PUE* 及耗电量分别如表 8.2-1 和表 8.2-2 所示。传统的数据中心的 *PUE* 约为 1.9，日本从 2010 年左右开始推行利用新风冷却降温系统的新型数据中心，如表 8.2-3 的分析预测所示，虽然数值上还没有达到期待的接近于 1.0，但 *PUE* 数值的逐年降低证实了数据中心节能的可能性。

日本 31 家企业数据中心 *PUE* 平均值　　　　　　　　　　　表 8.2-1

耗电量划分	企业数量	*PUE* 平均值	耗电量划分
5	3	1.9	5：50000 万 kWh 以上
4	17	1.78	4：10000 万～50000 万 kWh
3	1	1.73	3：5000 万～10000 万 kWh 以下
2	5	1.82	2：1000 万～5000 万 kWh 以下
1	0	—	1：1000 万 kWh 以下

日本 31 家企业数据中心耗电量（单位：万 kWh）　　　　　　　表 8.2-2

用电设备	2014 年 （实绩）	2015 年 （计划）	2016 年 （预测）
IT 设备	344000	368500	391900
UPS·照明·其他＋空调	284200	301500	317700
耗电量合计	628200	670000	709600

日本数据中心市场规模与 *PUE* 发展　　　　　　　　　　　表 8.2-3

年份	2008 年 （实绩）	2011 年 （实绩）	2014 年 （实绩）	2016 年 （预测）	2020 年 （预测）
PUE	1.96	1.88	1.83	1.81	1.65
数据中心 市场规模	1 兆 2400 亿日元	1 兆 3900 亿日元	1 兆 7027 亿日元	1 兆 9361 亿日元	2 兆 2207 亿日元
PUE 假设—— 传统型 DC	1.96	—	1.9～1.95		1.8
PUE 假设—— 新型 DC			1.3～1.4		1.2～1.3

8.2.2　日本数据中心的特点

1. 数据中心内的主要设备

在数据中心内，为了高度集中数据储存和系统处理，在多处位置安装设置了服务器，使用降低服务器散热故障的冷却设备和电压稳定的电源装置。数据中心的能耗主要由服务器、机房空调制冷、UPS 主机、照明设备等所影响。其中空调制冷占数据中心总耗电量的 1/3，所以空调制冷的节能是数据中心节约能耗的最重要因素。本节将重点介绍目前在日本采用的一些数据中心空调制冷的节能对策。

2. 数据中心的节能对策

日本数据中心的节能对策一直处在不断发展中，在目前已经实施的措施中，被认为较为有效的节能措施主要总结为以下五点。（1）采用高效率的设备（包括空调、UPS 等）；（2）引入室外空气或其他免费冷源系统，从而减少空调机的运行时间；（3）优化控制机房内气流组织形式，将冷空气和热空气进行彻底分离；（4）机房内温度控制管理；（5）最新型的服务器、IT 设备的使用。其中，新型服务器是使用了最大化利用虚拟空白区域的服务器，在软件技术上进一步提升，使服务器数量减少，从而实现节能效果。

在 MIC 经济研究所 2016 年及其以前的数据中心现状和能耗调查中，包含了日本主要的 46 家经营数据中心的企业所持有约 110 处机房信息。如图 8.2-5 所示，关于空调系统形式的结果显示，利用空冷式的数据中心为 54 个，占有效回答总数的 63%。利用水冷式的数据中心有 19 个，占总数的 22%。特别需要指出的是，因为空冷式的冷却能力有限，应用电容量超过 10kVA 的超高密度机架的数据中心采用水冷式空调是当下的一大趋势。

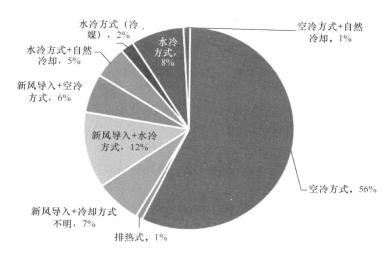

图 8.2-5　日本数据中心空调方式

调查的 110 个数据中心中有 40 处（37%）利用了新风冷却，其中 21 处（19%）采用了将新风直接引入机房内的直接冷却方式，15 处（14%）是运用新风冷却冷媒或冷水的间接新风冷却形式。在采用直接新风冷却形式的数据中心中，2012 年以后开设的较新的数据中心为 14 处（占 67%），特别是 2013 年增加了 7 处。而在采用间接新风冷却形式的数据中心中，2012 年后的新开设量为 12 处（占 80%），2012 年一年就有 6 处新建。NT-TCOMWARE 公司在其持有的数据中心中，尝试了完全不使用空调，仅用新风进行冷却的排热式系统，从而削减消费电量。通过采用这种方式，PUE 达到了 1.1 以下。

3. 空调设备的节能对策

（1）机房内的温度管理

目前，日本的数据中心企业大都以 ASHRAE 的标准所设定的温湿度范围来管理机房内的空气温度和湿度。但是具体指标是根据数据中心的环境、机壳、主机和云服务的不同而决定的。以前的数据中心的温度设定几乎全部都在 22℃左右，而最近的调查结果显示，随着技术的不断提高，精密设备的耐高温性能也在不断更新，在 IT 设备可正常运行的前提下，机房内温度设定有升高的趋势。但是设定温度差的出现，也使得提升温度的节能对策和改变主机环境温度变得困难。机房温度设定越高，空调侧的热负荷越少，节能效果也越好，但同时也必须考虑环境整体温度升高对 IT 设备工作的影响。另外，ASHARE 的标准是在美国环境下的推荐管理方式，很多数据中心的经营者也在探讨这种方式在日本的环境下是否可以拿来就用。例如，IIJ 公司就正在实际机房内进行环境设定温度管理的实验实测。

（2）新风冷却系统

有效利用室外空气来代替全部由空调机来提供冷量的方式是这几年新增的数据中心节能对策之一。冷却方式主要可以分为：1）将室外空气直接送入机房的"直接新风冷却方式"；2）通过免震层等生成的冷风来冷却空调机的冷媒（例如，水）的"间接新风冷却方式"；3）同样用生成的冷风去冷却空调室外机的"设备冷却方式"。如图 8.2-6 所示，目前日本大部分数据中心使用的节能技术为直接新风冷却和间接新风冷却方式。

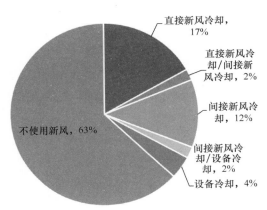

图 8.2-6　日本数据中心空调室外空气利用率

直接新风冷却方式在实验阶段取得了公认的节能效果。但在日本投入运用后便立刻出现了各种各样的问题。

第一，用户的信赖度。因为是室外空气直接送入机房中，需要用过滤器除去盐类化合物等有害物质。虽然到目前为止并没有出现由于引入了室外空气而导致 IT 设备发生故障的案例，但数据中心的经营者和实际使用者仍然存在很大的不安。

第二，温湿度的管理问题。在日本以外的国家，直接利用新风来冷却室内环境的数据中心多建在一年四季温湿度基本恒定的沙漠地带。可反观日本的气候条件，四季温湿度变化幅度很大，以温度来进行判断是否导入新风的话，其实全年能够利用新风的时间是有限的。调查中，某数据中心一年能用到的新风的时间仅有几周。如果再按照 ASHARE 的湿度标准来进行控制的话，将耗费更多的电力，投入更多的管理精力。

第三，直接新风冷却方式通常是按照机房内服务器满负荷运行情况而设计的系统，当服务器工作率较低时，会出现过度冷却的情况，从而无法巧妙地利用室外空气。因此，在数据中心投入使用后，应尽快按照适当的服务器工作率来进行出力调节。

在实际应用方面，数据中心白河 1 号楼、2 号楼，北九州 1～5 号楼均采用了直接新风冷却一体化空调方式，不同于一般的写字楼，设计理念即是比舒适性要求更注重空调效率的建筑物，因此空调系统的效率很高。通过在北九州 1～4 号楼的设计和运行管理中积累的经验技术，在白河 1 号楼、2 号楼及北九州 5 号楼的设计中采用了室内侧尽可能不使用送风机的第二代新风冷却系统。

在该系统中，从二层和三层的机房侧面引入新风，完成室内侧冷却后，通过贯穿建筑物二～四层的烟囱上升到屋顶排出。利用一整栋楼形成了一个空调设备。机房内按照数据中心的环境标准进行温湿度控制。控制方式包括：室外空气直接送入的"全量新风"模式；不直接送入室外空气，而只是将从烟囱内部排出的热空气冷却后再送回机房内的"全流循环"模式；将室外空气和回风进行混合后，再送入机房室内的"新风回风混合"模式。这些模式根据室外温湿度的变动可随时自动切换。"新风回风混合"模式可根据冷却、除湿、加湿的有无，又分为四种类型。从全年负荷的角度来看新风的利用率的话，白河DC 的新风利用率是九成，北九州 DC 则为八成左右。夏季的白天和冬季的严寒期会停止使用新风，但在夏季夜间可以引入新风。直接新风冷却方式在温湿度的微调节是必要的，不过优点是可以减少冷却水循环泵的动力消耗。

间接新风冷却方式不如直接新风冷却系统的节能效率高，但有水冷式系统和免费冷源的优势，在考虑利用新风的时候，会更具有普遍应用性。因为不是将新风直接送入室内的构造，所以用户对其安全性的担心也较少。但是，冷却塔是电力驱动工作，这使得系统整体与以前的空调系统相比，在能源效率方面并没有较大的提高，今后有必要开发更高效的冷却系统。

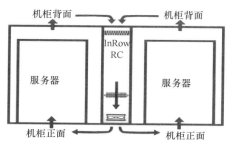

图 8.2-7 水冷式系统实例

（3）采用水冷式空调

水冷式系统因为水的比热较大，冷却效率较高，开始大量应用到数据中心的节能上。其基本形式如图 8.2-7 所示。在调查的 110 个数据中心里，有 23 个数据中心是水冷式空调（见图 8.2-6）。在水冷式空调的数据中心中，引入室外空气等利用室外免费冷源的有 14 个，占到水冷方式总数的 13％。由于水冷方式存在漏水的可能性，需要防漏水方面下功夫，目前在日本还没有得到大量普及。但今后随着高发热高密度型机柜的增加，再考虑到空冷方式有限的冷却能力，水冷方式必将成为今后设计的主流。

（4）局部式空调

局部式空调是把空调机放在服务器和机柜附近，按照服务器和机柜的单位来进行温度管理的方式。此外，通过利用吊顶式空调系统可以抑制高发热服务器产生的热量在某一处积存带来过热的问题，从而实现稳定、高效的冷却。在电力负载很高的机柜上，可以通过增设局部空调和变更位置的方法来集中冷却。今后，机柜将朝着更加高密度化的方向发展，耗电在 10kVA／机柜以上的情况下，将进一步采用局部式空调系统。

日立制作所公司开发的冈山第三数据中心的冷却系统"Ref Assist"，就是采用了冷媒自然循环系统和局部冷却的组合，实现了数据中心更高的冷却效率。通过布置在服务器周边的局部冷却单元，与放置于地板上的室内全空气循环空调相比，用于输送空气的能耗大大降低。

（5）优化温度测点位置和空调设定

数据中心的温度测量布点可以有空调机送风口、机房回风口、机柜正面（进风口）、机柜背面（排风口）、空调侧回风口等多种选择，每家数据中心的经营公司都有其不同的选择和组合方式。此外，在监测范围方面各公司也不尽相同，有的以一个机架为单位，有的以一个机房为单位。

例如，TIS 公司的东京第 3 数据中心是一个投入使用年限较长的老式数据中心，这里并没有导入新型的节能技术，而是通过探讨空调设定温度的合理调节范围来实现降低电耗的目的。首先，以冷却目标温度为基准，将温度传感器位置改为机柜的吸入口位置，在保证机柜吸入空气温度的前提下，探讨可以实现这一温度目标的上限。其次，定位出那些冷通道的冷风尚未冷却机柜，就直接返回了的区域，设置冷通道屏障，还用热成像仪确认了各部分的温度情况。这种方法几乎不增加投入成本就可以大大改善冷却效果，直接利用市面上在售的屏障轨道和不燃屏障即可。通过这类细节处的不断优化改善，空调的设定温度平均提高了 2～3℃，同时还停启了 13 台不必要的空调压缩机。概算一年可以降低 140 万 kWh 的耗电量。这种优化方法无论对于新旧型数据中心的节能改造都适用，2015 年东京第 1、东京第 2 以及大阪数据中心均实施了此方案。

（6）相变过程冷却（相变吸热）

相变过程冷却模块是在标准机柜背面安装冷却板和循环制冷剂的配管，通过汽化热原理（即相变），用机柜背面的制冷剂来吸收 IT 设备散发出的热量。相比较于 30℃时水的汽化能力，制冷剂具有更强的吸收热量的能力。汽化后的制冷剂在自然对流的作用下上升到机柜上部，在散热后相变回到液体状态，又利用自身重力自然流回到机柜背面，如此反复。相变过程冷却主要是 NEC 公司的技术。在 NEC 神奈川数据中心中，通过引入双层顶棚式空调和相变冷却等最新技术，其设计 PUE 达到 1.26。

（7）多联机空调

多联机空调方式是指在服务器的地板下方积存冷空气，然后通过地板下送风方式将冷风送达机房内，这种方式比直接送到机房内能够更均匀地冷却机房室内空间。NTT Communication 公司在高松的第 2 数据中心就是采用了此方式来应对高密度的电力消耗。

（8）排热型数据中心

排热型数据中心是指全年都不使用冷却装置，把 IT 设备散发的热量直接排出到室外，通过外部冷却的数据中心。像这样不使用 IT 设备以外的大功率电源的冷却装置，可以使 PUE 无限接近 1。如日本的 NTT 公司于 2011～2012 年进行了实验，结果显示 PUE 年平均值低于 1.1。

（9）蓄热系统的最佳运行技术

位于东京的"@东京"公司的数据中心，采用了高效率的制冷机和蓄热层，在冷冻机工作效率较高的夜间大量制造冷水并进行水蓄冷，以作为应对白天负载变动的需求，实现冷冻机的最佳运行。

（10）排热回收型冷冻机和直燃吸收式空调

除了单纯考虑降低室内制冷的用电需求，从整个能源系统上来考虑数据中心的节能也是一个重要的思路。OGIS 总研的大阪第一数据中心使用了燃气发电机作为电源，提供数据的各项用电需求。发电的同时，会产生大量的排热，将这部分排热作为吸收式冷冻机的热源，进一步来制造冷水，从而形成能源的分级综合利用。

（11）导入高效率的空调机

针对服务器的实际使用状况，通过高效变频控制来实现空调系统的节能（例如 F—MACS 的高效率空调），这里所说的高效率空调是指可以根据热负荷变动对空调运行进行细微调整控制从而达到节能效果的方式。

（12）室外机的冷却

通过降低空调室外机的温度来提高空调机的效率的方法。通过向室外机喷洒水雾等方式来对室外机进行冷却。这些水雾不仅可以使用一般的自来水供水，也可以使用积蓄的雨水来产生。

（13）地下冷源

相比于室外空气温度，地表浅层的温度是较为稳定的，特别是相对于温度较高、热负荷较大的数据中心，可作为冷源直接应用于空调。TISD 公司在御殿山的数据中心就采用了这种方式。在地下设置冷坑，通过地下较低的温度将空气冷却，再应用到空调系统中。另外，在 TOKAI Communications 公司的数据中心中，将经由冷坑冷却降温的空气与一部分机房的热排气混合，从机房地板下将调整了温度和湿度的冷风送入机房，由地下吹向服务器室。

8.2.3　数据中心的资格认证

部分数据中心取得了日本建筑环境性能指标 CASBEE（Comprehensive Assessment System for Built Environment Efficiency，是在 2001 年日本国土交通省住宅局的支持下，和产官学共同计划、设立的建筑综合环境评价研究委员会）和"城市环境保护条例最高事务所"的认定。同时，大部分数据中心取得了日本数据中心协会的"环境友好型数据中心认定"和东京的"关注环境数据中心认定"。

需要指出的是，"环境友好型数据中心认定"的水平等级分为 1～3 级，大部分运营中的数据中心都只是通过一般的系统和运行方式，初步达到基本要求的第 1 级。此制度刚刚开始实施，就今后的认定取得等方面，各个数据中心的经营方仍然处在探讨阶段。另一种情况是，在用户对节能提出具体要求时，经营方去设计和取得更高等级的认证。

本 章 参 考 文 献

［1］　山岸隆男 . 2011 年度データセンタ省エネ活動実態調査及びエネルギー効率評価指標の測定実証［J］. 一般財団法人关西情报（KIIS Quarterly），2009，12：1-4.

［2］　有賀章，佐久間尚基 . データセンタ市場と消費電力・省エネ対策の実態調査 2016 年版［R］. 日本：ミック経済研究所，2016，2：（5，48，75，130-131，156-162）.

［3］　総務省連携事業者，省エネ型データセンタ構築・活用促進事業［Z］. 日本：地球環境局地球温暖化対策課，2013：2.

［4］　宇田川陽介，福光超，関口圭輔，柳正秀 . データセンタ空調の新風冷热利用に関する研究—各空調方式の年間消費エネルギーおよびリスク評価比較［J］. 環境工学専題討論会，2017，7：315.

［5］　小川裕克，永井義明，データセンタ事業及びデータセンタの技術動向に関する研究［J］. 産業経済研究所紀要第 25 号，2015，3：2.

［6］　新村浩一，山下植也，直接型と間接型を組合せたデータセンタ向け新風冷房システムに関する研究［J］. 日本空調衛生工学会，2014，9：2.